"十四五"时期国家重点出版物出版专项规划项目

现代数学基础丛书 210

随机反应扩散方程

王常虹　苏日古嘎　考永贵　夏红伟　著

科学出版社

北　京

内 容 简 介

本书介绍 Itô 型马尔可夫跳变随机反应扩散方程和脉冲(随机)反应扩散方程(包括随机泛函反应扩散方程与中立型脉冲反应扩散方程)的稳定性基本理论与研究进展. 在第 1 章, 给出了马尔可夫跳变随机反应扩散方程的稳定性一般理论, 然后讨论了几类具有重要应用价值的随机反应扩散神经网络的稳定性. 在第 2 章, 利用 Itô 公式、比较原理和 Lyapunov 直接法等, 讨论了具有脉冲影响的时滞随机模糊神经网络等系统的稳定性的新判据. 在第 3 章, 利用有向图理论, 研究网络上耦合随机反应扩散系统, 考虑了网络动力系统的拓扑结构对稳定性的影响.

本书可作为数学与控制论相关专业的高年级本科生、硕士研究生和博士研究生的参考书.

图书在版编目 (CIP) 数据

随机反应扩散方程 / 王常虹等著. -- 北京：科学出版社, 2025. 3.
(现代数学基础丛书). -- ISBN 978-7-03-079429-1

I. O175.26

中国国家版本馆 CIP 数据核字第 2024QB8999 号

责任编辑：王丽平　贾晓瑞 / 责任校对：彭珍珍
责任印制：张　伟 / 封面设计：陈　敬

科 学 出 版 社 出版

北京东黄城根北街 16 号
邮政编码：100717
http://www.sciencep.com

北京中科印刷有限公司印刷

科学出版社发行　各地新华书店经销

*

2025 年 3 月第 一 版　开本：720×1000　1/16
2025 年 3 月第一次印刷　印张：13 1/2
字数：270 000

定价：128.00 元
(如有印装质量问题, 我社负责调换)

"现代数学基础丛书"序

在信息时代，数学是社会发展的一块基石．

由于互联网，现在人们获得数学知识和信息的途径之多和便捷性是以前难以想象的．另一方面，人们通过搜索在互联网获得的数学知识和信息很难做到系统深入，也很难保证在互联网上阅读到的数学知识和信息的质量．

在这样的背景下，高品质的数学书就变得益发重要．

科学出版社组织出版的"现代数学基础丛书"旨在对重要的数学分支和研究方向或专题作系统的介绍，注重基础性和时代性．丛书的目标读者主要是数学专业的高年级本科生、研究生以及数学教师和科研人员，丛书的部分卷次对其他与数学联系紧密的学科的研究生和学者也是有参考价值的．

本丛书自 1981 年面世以来，已出版 200 卷，介绍的主题广泛，内容精当，在业内享有很高的声誉，深受尊重，对我国的数学人才培养和数学研究发挥了非常重要的作用．

这套丛书已有四十余年的历史，一直得到数学界各方面的大力支持，科学出版社也十分重视，高专业标准编辑丛书的每一卷．今天，我国的数学水平不论是广度还是深度都已经远远高于四十年前，同时，世界数学的发展也更为迅速，我们对跟上时代步伐的高品质数学书的需求从而更为迫切．我们诚挚地希望，在大家的支持下，这套丛书能与时俱进，越办越好，为我国数学教育和数学研究的继续发展做出不负期望的重要贡献．

席南华

2024 年 1 月

前　言

反应扩散方程在力学、化学、生物学和生态学等领域中有着许多重要的应用. 现实世界中存在许多结构突变的系统, 如计算机控制系统、化学过程和通信系统, 都可以用马尔可夫跳变系统来描述. 脉冲现象经常出现在物理学、化学、种群动力学以及神经网络等许多领域. 网络上的耦合系统是由大量高度关联在一起的动态节点组成的, 每个节点是一个具有特定意义的单元. 在现实世界中, 许多系统都可用网络上的耦合系统来进行模拟, 如通信网络、社会网络、电网、移动网络、万维网、代谢系统、食物链、疾病传播网络等等. 此外, 随机因素的影响在实际系统中不可避免. 因此, 研究具有马尔可夫跳变、脉冲现象、随机扰动的反应扩散系统和网络上耦合的随机反应扩散系统具有重要的实际背景和理论意义.

稳定性是动力系统的重要指标. 1892 年, 俄国著名数学力学家 Lyapunov 院士提出了运动稳定性理论. 苏联控制论专家 Ioel Gilievich Malkin、美国数学家 LaSalle 以及我国著名科学家钱学森和宋健等众多学者对稳定性都有重要论述. 本书将目标限定在 Itô 型随机 (脉冲) 反应扩散方程, 旨在将稳定性研究中扮演重要角色的 Lyapunov 直接法等方法, 应用到带有马尔可夫跳变的随机反应扩散系统、脉冲反应扩散系统、几类反应扩散神经网络、随机耦合反应扩散系统等的稳定性研究中, 给出一系列新结果.

对于抛物型随机偏微分方程, 已有学者利用随机核理论和 Malliavin 积分等方法讨论了其解的存在唯一性[1-4,65]、解的爆炸性[5]、解的最大原理[6]、比较原理[7,8]和稳定性问题[9,10]. 1961 年, Krasovskii 等提出了马尔可夫跳变系统, 这类系统能够模拟许多实际系统的结构或参数发生随机突变的情况, 如组件随机故障、改变子系统的互联和环境干扰等. 1982 年, John Hopfield 根据物理学原理设计了 Hopfield 神经网络, 2024 年, John Hopfield 因在人工神经网络领域的杰出贡献, 获得诺贝尔物理学奖. 1983 年, Michael Cohen 和 Stephen Grossberg 首次提出 Cohen-Grossberg 神经网络, 它包含种群生物学、神经生物学和进化理论等学科中许多著名模型. 所以, 第 1 章我们讨论了带有马尔可夫跳变的随机反应扩散系统、Hopfield 神经网络、Cohen-Grossberg 神经网络的 Lyapunov 稳定性理论, 包括依概率稳定、依概率渐近稳定、均方指数稳定、关于部分变量的均值稳定等.

除了时滞和随机的影响, 脉冲效应可能在某些时刻状态突然改变各种各样的进化过程. 脉冲微分系统已成功地应用于医药、生物学、经济学、电子和电信[11] 学科领域. 脉冲微分方程的基本理论在文献 [12] 中得到发展. 实际应用中, Cohen-Grossberg 神经网络, 包括 Hopfield 神经网络和细胞神经网络, 往往遭受脉冲扰动的影响, 进而影响系统的动力学行为, 因此当研究神经网络的稳定性时, 有必要同时考虑脉冲和时滞的影响. 所以, 第 2 章我们给出了几类 (脉冲) 随机反应扩散系统的 Lyapunov 稳定性的新结果, 包括一致渐近稳定、均方指数稳定、鲁棒均方稳定等.

对于复杂网络, 一个重要的问题就是要了解大型网络动力系统的整体动态变化[13]. 因此, 要建立耦合网络系统的稳定性判据与网络拓扑性质之间的联系[14–16]. 所以, 第 3 章我们给出了两类网络上耦合的随机反应扩散系统与网络拓扑结构相关的稳定性判据.

感谢国家自然科学基金 (61873097,62373119) 的资助.

由于作者水平所限, 本书难免有不足之处. 恳请读者不吝赐教. 如有意见或建议, 请发送邮件至: kaoyonggui@sina.com.

王常虹　苏日古嘎　考永贵　夏红伟

2024 年 5 月

目　录

第 1 章　马尔可夫跳变反应扩散系统

本章, 主要讨论马尔可夫跳变反应扩散系统的稳定性问题.

在 1.1 节, 我们利用 Lyapunov 直接法研究带有马尔可夫跳变的随机反应扩散系统, 建立了关于带有马尔可夫跳变的随机反应扩散系统的 Lyapunov 稳定性理论, 包括依概率稳定、依概率渐近稳定、均方指数稳定. 此外, 应用所获得的结论, 本章研究了带有马尔可夫跳变的 Hopfield 神经网络的依概率稳定性. 新的研究成果有助于分析复杂系统的动力学特性.

在 1.2 节, 我们致力于研究带有马尔可夫跳变的随机反应扩散系统局部变量的均值稳定性, 通过对带有马尔可夫跳变的随机常微分方程的解对应的空间向量的轨迹进行积分变换, 并利用 Itô 公式, 我们导出了局部变量的均值一致稳定、均值渐近稳定、均值一致渐近稳定、均值指数稳定的充分条件.

在 1.3 节, 我们研究高阶马尔可夫跳变时滞反应扩散 Hopfield 神经网络在一般不确定转移速率下的均方指数稳定性. 马尔可夫跳变过程中的转移速率作为一个主要因素影响系统的行为. 但是在实际应用中, 很难准确计算转移速率. 因此, 许多学者致力于研究具有一般不确定转移速率的反应扩散马尔可夫跳变系统的稳定性问题. 对于一般不确定转移速率模型, 它可以退化为区间有界不确定转移速率模型和部分未知转移速率模型. 本节利用线性矩阵不等式技巧, 分三种情况讨论得到了该系统的均方指数稳定的充分性判据.

在 1.4 节, 我们研究带有马尔可夫跳变参数和混合时滞的反应扩散的 Cohen-Grossberg 神经网络的鲁棒随机指数稳定性. 假设参数不确定性是范数有界的, 并且假设时滞随时间在一个给定的时间间隔内变化, 也就是说时滞变化的区间是有界的. 利用线性矩阵不等式建立了带有马尔可夫跳变参数的反应扩散 Cohen-Grossberg 神经网络时滞相关鲁棒指数稳定性的判据.

在 1.5 节, 讨论一类带有马尔可夫跳变参数和模式依赖时滞的随机反应扩散神经网络的鲁棒稳定性. 文中的时滞是随着网络模式的改变而随机改变的, 我们利用一个引理和 Lyapunov-Krasovskii 泛函, 得到了以线性矩阵不等式表示的与时滞大小和扩散系数都相关的鲁棒指数稳定性判据.

在 1.6 节, 由于时滞中立型随机系统已经广泛应用于计算机芯片接口电路、分布式网络、种群动力学和化学过程控制等重要领域. 目前, 对于具有马尔可夫跳变和反应扩散项的时滞中立型随机反应扩散神经网络稳定性问题的研究成果不多见. 因此, 在本节主要考虑一类具有马尔可夫跳变时变时滞中立型随机反应扩散神经网络的均方指数稳定性问题. 利用 Lyapunov-Krasovskii 泛函方法和线性矩阵不等式, 得到了马尔可夫跳变时变时滞中立型随机反应扩散神经网络均方指数稳定的充分条件.

1.1 随机稳定的马尔可夫跳变随机反应扩散系统

1.1.1 本节预备知识

令 $(\Omega, \mathcal{F}, \mathcal{F}_t, \mathrm{P})$ 是一个带有滤子 $\{\mathcal{F}_t\}_{t \geqslant t_0}$ 的完备概率空间, 满足通常的条件 (即它是单增且右连续的, 而 $\mathcal{F}_0$ 包含了所有的 P-空集). 令 $\{\gamma(t), t \geqslant 0\}$ 是概率空间上的一个右连续的马尔可夫过程在有限空间 $\mathbb{S} = \{1, 2, \cdots, \tilde{N}\}$ 上取值. 转移速率矩阵 $\Gamma = (\pi_{kj})\ (k, j \in \mathbb{S})$ 如下所示:

$$\mathrm{P}\{\gamma(t+\Delta) = j | \gamma(t) = k\} = \begin{cases} \pi_{kj}\Delta + o(\Delta), & k \neq j, \\ 1 + \pi_{kk}\Delta + o(\Delta), & k = j, \end{cases}$$

这里 $\Delta > 0$ 且 $\lim\limits_{\Delta \to 0} o(\Delta)/\Delta = 0$, $\pi_{kj} \geqslant 0$ 是从 k 到 j $(k \neq j)$ 的转移速率. $\pi_{kk} = -\sum\limits_{j \neq k} \pi_{kj}$. 我们假设马尔可夫链 $\gamma(\cdot)$ 与布朗运动 $W(\cdot)$ 是相互独立的.

考虑以下的带有马尔可夫跳变的随机反应扩散系统:

$$\mathrm{d}v(t, x) = (\partial_x^2(v(t, x)) + f(t, x, v(t, x)), \gamma(t))\mathrm{d}t$$
$$+ g(t, x, v(t, x), \gamma(t))\mathrm{d}W(t), \quad (t, x, \gamma(t)) \in \mathbb{R}_{t_0}^+ \times G \times \mathbb{S}, \tag{1.1}$$

初始条件:

$$v(t_0, x, \gamma_0) = \phi(x), \quad x \in G, \gamma_0 \in \mathbb{S}, \tag{1.2}$$

边界条件:

$$\frac{\partial v(t, x, \gamma_0)}{\partial \mathcal{N}} = 0, \quad (t, x, \gamma_0) \in \mathbb{R}_{t_0}^+ \times G \times \mathbb{S}, \tag{1.3}$$

这里 $G = \{x, |x| < \eta < +\infty\} \subset \mathbb{R}^r$; $f \in [\mathbb{R}_+ \times G \times \mathbb{R}^n \times \mathbb{S}, \mathbb{R}^n]$, $g \in [\mathbb{R}_+ \times G \times \mathbb{R}^n \times \mathbb{S}, \mathbb{R}^n]$ 均是 Borel 可测函数; $W(t) = [w_1, \cdots, w_m]^{\mathrm{T}}$ 是定义在完备概率空间 $(\Omega, \mathcal{F}, \mathcal{F}_t, \mathrm{P})$ 上具有滤子 $\{\mathcal{F}_t\}_{t \geqslant t_0}$ 的 m-维的布朗运动; $\mathcal{N}$ 是 ∂G 的单位外法向量;

$$\partial_x^2(v(t, x)) \triangleq \left[\sum_{k=1}^r \frac{\partial}{\partial x_i} \left[D_{1k}(t, x, v(t, x)) \frac{\partial v_1}{\partial x_i} \right], \cdots, \right.$$

$$\sum_{k=1}^{r} \frac{\partial}{\partial x_i} \left[D_{nk}(t,x,v(t,x)) \frac{\partial v_n}{\partial x_i} \right] \right]^{\mathrm{T}},$$

其中 $D_{ik}(t,x,v) \geqslant 0$ 是足够光滑的.

为叙述方便, 以下记系统 (1.1)—(1.3) 为系统 (1). 若 $g(t,x,v(t,x),\gamma(t))$ 满足线性增长条件, 同时 $f(t,x,v(t,x),\gamma(t))$ 与 $g(t,x,v(t,x),\gamma(t))$ 满足 Lipschitz 条件, 即存在常数 $c > 0$, 使得

$$\|g(t,x,v(t,x),\gamma(t))\|_G \leqslant c(1 + \|v\|_G),$$

$$\|f(t,x,v_1(t,x),\gamma(t)) - f(t,x,v_2(t,x),\gamma(t))\|_G \leqslant c\|v_1 - v_2\|_G, \qquad (1.4)$$

$$\|g(t,x,v_1(t,x),\gamma(t)) - g(t,x,v_2(t,x),\gamma(t))\|_G \leqslant c\|v_1 - v_2\|_G,$$

其中

$$v(\cdot, x) \triangleq \left\| \int_G v(\cdot, x) \mathrm{d}x \right\|.$$

由于随机反应扩散系统可以用半群方法转化成含有一个无界线性算子项与一个非线性项叠加的 Banach 空间中的抽象微分系统, 参考文献 [17] 运用通常的逐步迭代法证明了系统 (1) 的解的存在性和唯一性. 因此, 我们假设上文中的条件 (1.4) 在本节中始终成立. 不失一般性, 假设 $\gamma(t) = i \in \mathbb{S}$, $f(t,x,0,i) \equiv g(t,x,0,i) \equiv 0, t \geqslant t_0$, 那么, 系统 (1) 存在零解即平凡解 $v(t,x) = 0$. 接下来, 我们将介绍一些新的定义便于稍后使用.

定义 1.1 若对任意的 $\varepsilon_1 \in (0,1)$, $\varepsilon_2 > 0$, $t_0 \geqslant 0$, 存在 $\eta = \eta(\varepsilon_1, \varepsilon_2, t_0) > 0$, 使得

$$\mathrm{P}\{\|v(t,x,t_0,v_0,\gamma_0)\|_G < \varepsilon_2, t \geqslant t_0\} \geqslant 1 - \varepsilon_1$$

对任意的 $(v_0, \gamma_0) \in \mathbb{S}_\eta \times \mathbb{S}$ 都成立, 称系统 (1) 的平凡解是随机稳定的或依概率稳定的. 否则称系统 (1) 的平凡解是随机不稳定的.

定义 1.2 如果系统 (1) 的平凡解是随机稳定的, 同时满足对任意的 $\varepsilon \in (0,1)$, $t_0 \geqslant 0$, 选择 $\eta_0 = \eta_0(\varepsilon, t_0) > 0$, 使得

$$\mathrm{P}\left\{ \lim_{t \to \infty} \|v(t,x,t_0,v_0,\gamma_0)\|_G = 0 \right\} \geqslant 1 - \varepsilon$$

对于任意的 $(v_0, \gamma_0) \in \mathbb{S}_{\eta_0} \times \mathbb{S}$ 成立, 则称系统 (1) 的平凡解是随机渐近稳定的或依概率渐近稳定的.

定义 1.3 若对于任意的 $(v_0, \gamma_0) \in \mathbb{S}_\eta \times \mathbb{S}$, 有

$$\lambda \triangleq \limsup_{t \to \infty} \frac{1}{t} \lg \|v(t,x,t_0,v_0,\gamma_0)\|_G < 0 \quad \text{a.s.},$$

其中 λ 称作系统 (1) 解的 Lyapunov 指数, 则称系统 (1) 的平凡解是几乎必然指数稳定的. 显然, 系统 (1) 的平凡解是几乎必然指数稳定的当且仅当 $\lambda < 0$.

定义 1.4　若系统 (1) 的平凡解随机稳定的, 且对任意的 $\eta > 0$, $(v_0, \gamma_0) \in \mathbb{S}_\eta \times \mathbb{S}$, 满足

$$\mathrm{P}\left\{\lim_{t \to \infty} \|v(t, x, t_0, v_0, \gamma_0)\|_G = 0\right\} = 1,$$

则称系统 (1) 的平凡解是随机全局渐近稳定的.

定义 1.5　若 $\mu(\cdot) \in C[[0, r], \mathbb{R}]$ 是严格的单调递增函数, 且有 $\mu(0) = 0$, 则称函数 μ 是 $\mathcal{K}$ 类函数, 简记为 $\mu \in \mathcal{K}$. 若 $\mu(\cdot) \in C[\mathbb{R}^+, \mathbb{R}^+]$, $\mu \in \mathcal{K}$, $\lim\limits_{r \to +\infty} \mu(r) = +\infty$, 则 $\mu \in \mathcal{K}R$.

1.1.2　马尔可夫跳变随机反应扩散系统的随机稳定性

定理 1.1　假设存在正定函数 $V(t, \xi, i) \in C^{1,2}[\mathbb{R}^+ \times \mathbb{R}^n \times \mathbb{S}, \mathbb{R}^+]$, 满足

A1. 存在 $\mu \in \mathcal{K}$, 使得

$$\mu(\|v(t, x)\|_G) \leqslant \int_G V(t, v(t, x), i)\mathrm{d}x, \quad (t, v(t, x), i) \in \mathbb{R}^+ \times S_h \times \mathbb{S},$$

其中 $v(t, \cdot) \in S_h = \left\{\zeta : G \to \mathbb{R}^n \,\middle|\, \left\|\int_G \zeta(x)\mathrm{d}x\right\| < h\right\}, t \geqslant t_0$;

A2. $V(t, \xi, i)$ 关于 ξ_l $(l = 1, 2, \cdots, n)$ 是分离变量的, 这里 $i \in \mathbb{S}$;

A3. $\partial^2 V(t, \xi, i)/\partial \xi_j^2 \geqslant 0, (t, \xi) \in \mathbb{R}^+ \times S_h, i \in \mathbb{S}, j = 1, 2, \cdots, n$;

A4. $\int_G \mathcal{L}V(t, v(t, x), i)\mathrm{d}x \leqslant 0$, $(t, v(t, x), i) \in \mathbb{R}^+ \times S_h \times \mathbb{S}$, 这里

$$\mathcal{L}V(t, \xi, i) = V_t(t, \xi, i) + V_\xi^{\mathrm{T}}(t, \xi, i)f(t, x, \xi, i)$$

$$+ \frac{1}{2}\mathrm{Trace}[g^{\mathrm{T}}(t, x, \xi, i)V_{\xi\xi}(t, \xi, i)g(t, x, \xi, i)] + \sum_{\bar{j}=1}^{\tilde{N}} \gamma_{ij}V(t, \xi, j).$$

那么方程 (1) 的平凡解是随机稳定的, 其中 $V_t(t, \xi, i) = \dfrac{\partial V(t, \xi, i)}{\partial t}, V_\xi^{\mathrm{T}}(t,$
$\xi, i) = \left(\dfrac{\partial V(t, \xi, i)}{\partial \xi_1}, \cdots, \dfrac{\partial V(t, \xi, i)}{\partial \xi_n}\right), V_{\xi\xi}(t, \xi, i) = \left(\dfrac{\partial^2 V(t, \xi, i)}{\partial \xi_k \partial \xi_j}\right)_{n \times n}.$

证明　对任意的 $\varepsilon_1 \in (0, 1) > 0$ 和 $\varepsilon_2 > 0$, 假设 $\varepsilon_2 < h$, 由 $V(t, \xi)$ 的连续性, $V(t_0, 0, i) = 0$, 存在 $\eta = \eta(\varepsilon_1, \varepsilon_2, t_0) > 0$, 使得

$$\frac{1}{\varepsilon_1} \sup_{v(t, x) \in S_h} \int_G V(t_0, v(t, x), i)\mathrm{d}x \leqslant \mu(\varepsilon_2). \tag{1.5}$$

由假设条件 A1 和 A3 可得 $\eta < \varepsilon_2$. 对任意的 $v_0(t,x) \in S_\eta$, 记 $\bar{v}(t) = \int_G v(t,x,t_0, v_0, \gamma_0)\mathrm{d}x$. 令 ϑ 是 $\bar{v}(t)$ 从 $\mathbb{S}_{\varepsilon_2}$ 首次超出的时刻, 即

$$\vartheta = \inf\{t \geqslant t_0 | \bar{v}(t) \notin \mathbb{S}_{\varepsilon_2}\}.$$

沿着系统 (1) 对 $\int_G V(t, v(t,x), i)\mathrm{d}x$ 应用 Itô 公式可得, 对任意的 $t \geqslant t_0$,

$$\int_G V(\vartheta \wedge t, v(\vartheta \wedge t, x), \gamma(\vartheta \wedge t))\mathrm{d}x$$

$$= \int_G V(t_0, v_0, \gamma_0)\mathrm{d}x + \int_{t_0}^{\vartheta \wedge t} \int_G \mathcal{L}V(s, v(s, v, t_0, v_0), i)\mathrm{d}x\mathrm{d}s$$

$$+ \int_{t_0}^{\vartheta \wedge t} \int_G \left(\frac{\partial V(t, v, i)}{\partial v}\right)^{\mathrm{T}} \Delta v(s, x)\mathrm{d}x\mathrm{d}s$$

$$+ \int_{t_0}^{\vartheta \wedge t} \int_G \left(\frac{\partial V(t, v, i)}{\partial v}\right)^{\mathrm{T}} g(t, x, v(t, x, t_0, v_0), i)\mathrm{d}x\mathrm{d}W(t). \quad (1.6)$$

再由假设条件 A2 可得, $\partial^2 V(t,v)/\partial v_i \partial v_j = 0$ $(i \neq j, i, j \in 1, 2, \cdots, n)$. 然后利用分步积分法并结合假设条件 A3 和边界条件 (1.3), 有

$$\int_G \left(\frac{\partial V(t, v, i)}{\partial v}\right)^{\mathrm{T}} \partial_x^2(v(t, x))\mathrm{d}x$$

$$= \sum_{i=1}^n \sum_{k=1}^r \frac{\partial V}{\partial v_i} D_{ik}(t, x, v) \frac{\partial v_i}{\partial x_i}\Big|_{\partial G}$$

$$- \int_G \sum_{i=1}^n \sum_{k=1}^r \frac{\partial V}{\partial v_i} D_{ik}(t, x, v) \frac{\partial^2 V}{\partial v_i^2} \left(\frac{\partial v_i}{\partial x_i}\right)^2 \mathrm{d}x \leqslant 0. \quad (1.7)$$

又由于 $V_v(t, v(t,x), i)$ 在 $[t_0, \vartheta \wedge t] \times S_h \times \mathbb{S}$ 上连续, 故必然存在一常数 $L_1 > 0$, 使得 $\|(V_v(t, v(t,x), i))^{\mathrm{T}}\| \leqslant L_1$ 成立, 这里 $(t, v, i) \in [t_0, \vartheta \wedge t] \times S_h \times \mathbb{S}$, 又因为 $g(s, x, v(s, x))$ 满足线性增长条件, 所以, 对 $(t, v(t, x)) \in [t_0, \vartheta \wedge t] \times S_h$, 有

$$\left\| \left(\frac{\partial V(t, v, i)}{\partial t}\right)^{\mathrm{T}} g(t, x, v(t, x), i)\right\|_G \leqslant L_1 L(1 + \|v(t, x)\|_G) \leqslant L_1 L(1 + h).$$

由文献 [37] 中的定理 2.8, 有

$$\mathrm{E}\left[\int_{t_0}^{\vartheta \wedge t} \int_G \left(\frac{\partial V(t, v, i)}{\partial t}\right)^{\mathrm{T}} g(t, x, v(t, x), i)\mathrm{d}x\mathrm{d}W(s)\right] = 0. \quad (1.8)$$

对 (1.4) 式两边同时取数学期望, 且利用假设条件 A4 和 (1.5) 式可得

$$\mathrm{E}\left[\int_G V(\vartheta \wedge t, v(\vartheta \wedge t), \gamma(\vartheta \wedge t))\mathrm{d}x\right] \leqslant \int_G V(t_0, v_0, \gamma_0)\mathrm{d}x. \tag{1.9}$$

注意到 $\|v(\vartheta \wedge t, x)\|_G = \|v(\vartheta, x)\|_G = \varepsilon_2$, 若 $\vartheta \leqslant t$, 由假设条件 A1 可得

$$\mathrm{E}\left[\int_G V(\vartheta \wedge t, v(\vartheta \wedge t), \gamma(\vartheta \wedge t))\mathrm{d}x\right]$$

$$\geqslant \mathrm{E}\left[\mathcal{X}_{\vartheta \leqslant t}\int_G V(\vartheta, v(\vartheta, x), \gamma(\vartheta))\mathrm{d}x\right] \geqslant \mu(\varepsilon_2)\mathrm{P}\{\vartheta \leqslant t\}.$$

那么由 (1.5) 和 (1.9) 可得 $\mathrm{P}\{\vartheta \leqslant t\} \leqslant \varepsilon_1$. 令 $t \to \infty$, 便可得 $\mathrm{P}\{\vartheta \leqslant \infty\} \leqslant \varepsilon_1$, 即

$$\mathrm{P}\{\|\bar{v}(t)\| < \varepsilon_2, \forall t \geqslant t_0\} \geqslant 1 - \varepsilon_1.$$

于是有

$$\mathrm{P}\{\|v(t, x, t_0, v_0, \gamma_0)\| < \varepsilon_2, \forall t \geqslant t_0\} \geqslant 1 - \varepsilon_1. \qquad \square$$

1.1.3 马尔可夫跳变随机反应扩散系统的随机渐近稳定性

定理 1.2 若将定理 1.1 中的条件 A1 改成

B1. 存在 $\mu_1, \mu_2, \mu_3 \in \mathcal{K}$ 使得, 对任意的 $(t, v(t, x)) \in [t_0, \infty) \times S_h$, 有

$$\mu_1(\|v\|_G) \leqslant \int_G V(t, v(t, x), i)\mathrm{d}x \leqslant \mu_2(\|v\|_G),$$

$$\int_G \mathcal{L}V(t, v(t, x), i)\mathrm{d}x \leqslant -\mu_3(\|v\|_G),$$

其他条件不变, 则系统 (1) 的平凡解是随机渐近稳定的.

证明 由于定理 1.2 的条件蕴含定理 1.1 的条件, 由定理 1.1, 显然定理 1.2 中的平凡解是随机稳定的, 对任意的 $\varepsilon \in (0, 1)$, 由定理 1.1 知, 存在 $\eta_0 = \eta_0(\varepsilon, t_0) > 0$, 使得对任意的 $(v_0, \gamma_0) \in S_{\eta_0} \times \mathbb{S}$,

$$\mathrm{P}\left\{\|v(t, x, t_0, v_0, \gamma_0)\|_G < \frac{h}{2}\right\} \geqslant 1 - \frac{\varepsilon}{4} \tag{1.10}$$

成立. 记 $\bar{v}(t) = \int_G v(t, x, t_0, v_0, \gamma_0)\mathrm{d}x$, 对任意 $\alpha < \beta < \|v_0\|_G$, 选择足够小的 $0 < \alpha < \beta$, 使得

$$\frac{\mu_2(\alpha)}{\mu_1(\beta)} \leqslant \frac{\varepsilon}{4}. \tag{1.11}$$

定义停时为 $\vartheta_\alpha = \inf\{t \geqslant t_0, \|\bar{v}(t)\| \leqslant \alpha\}$, $\vartheta_h = \inf\left\{t \geqslant t_0, \|\bar{v}(t)\| \geqslant \dfrac{h}{2}\right\}$. 由 Itô 公式, (1.7), (1.8) 式以及条件 B1, 能推出对任意的 $t \geqslant t_0$, 有

$$0 \leqslant \mathrm{E}\left[\int_G V(\vartheta_\alpha \wedge \vartheta_h \wedge t_n, v(\vartheta_\alpha \wedge \vartheta_h \wedge t, x, t_0, v_0, \gamma_0), \gamma(\vartheta_\alpha \wedge \vartheta_h \wedge t_n))\mathrm{d}x\right]$$

$$= \int_G V(t_0, v_0, \gamma_0)\mathrm{d}x + \mathrm{E}\left[\int_{t_0}^{\vartheta_\alpha \wedge \vartheta_h \wedge t} \int_G \mathcal{L}V(s, v(s, x, t_0, v_0, \gamma_0), \gamma(s))\mathrm{d}x\mathrm{d}s\right]$$

$$\leqslant \int_G V(t_0, v_0, \gamma_0)\mathrm{d}x - \mu_3(\alpha)(\vartheta_\alpha \wedge \vartheta_h \wedge t - t_0).$$

因此

$$(t - t_0)\mathrm{P}(\vartheta_\alpha \wedge \vartheta_h \geqslant t) \leqslant \mathrm{E}(\vartheta_\alpha \wedge \vartheta_h \wedge t - t_0) \leqslant \frac{1}{\mu_3(\alpha)}\int_G V(t_0, v_0, \gamma_0)\mathrm{d}x.$$

由此推得 $\mathrm{P}(\vartheta_\alpha \wedge \vartheta_h < \infty) = 1$. 由 (1.9) 可得 $\mathrm{P}(\vartheta_h < \infty) \leqslant \dfrac{\varepsilon}{4}$. 因此

$$1 = \mathrm{P}(\vartheta_\alpha \wedge \vartheta_h < \infty) \leqslant \mathrm{P}(\vartheta_\alpha < \infty) + \mathrm{P}(\vartheta_h < \infty) \leqslant \mathrm{P}(\vartheta_h < \infty) + \frac{\varepsilon}{4},$$

即

$$\mathrm{P}(\vartheta_\alpha < \infty) \geqslant 1 - \frac{\varepsilon}{4}. \tag{1.12}$$

选取充分大的 τ, 使得

$$\mathrm{P}(\vartheta_\alpha < \tau) \geqslant 1 - \frac{\varepsilon}{2}.$$

那么

$$\mathrm{P}(\vartheta_\alpha < \vartheta_h \wedge \tau) \geqslant \mathrm{P}\{(\vartheta_\alpha < \vartheta) \cap (\vartheta_h = \infty)\}$$

$$\geqslant \mathrm{P}(\vartheta_\alpha < \tau) - \mathrm{P}(\vartheta_h < \infty) \geqslant 1 - \frac{3\varepsilon}{4}. \tag{1.13}$$

现定义两个停时:

$$\eta = \begin{cases} \vartheta_\alpha, & \vartheta_\alpha \leqslant \vartheta_h \wedge \tau, \\ \infty, & \vartheta_\alpha > \vartheta_h \wedge \tau, \end{cases} \qquad \vartheta_\beta = \inf\{t \geqslant \eta, \|\bar{v}(t)\| \geqslant \beta\}.$$

利用给出的 Itô 公式, 对任意的 $t \geqslant 0$, 有

$$\mathrm{E}\left[\int_G V(\vartheta_\beta \wedge t, v(\vartheta_\beta \wedge t, x), \gamma(\vartheta_\beta \wedge t, x))\mathrm{d}x\right]$$

$$\leqslant \mathrm{E}\left[\int_G V(\eta \wedge t, v(\eta \wedge t, x), \gamma(\eta \wedge t, x))\mathrm{d}x\right].$$

注意到

$$\int_G V(\vartheta_\beta \wedge t, v(\vartheta_\beta \wedge t, x), \gamma(\vartheta_\beta \wedge t, x))\mathrm{d}x = \int_G V(\eta \wedge t, v(\eta \wedge t, x), \gamma(\eta \wedge t, x))\mathrm{d}x$$
$$= \int_G V(t, v(t, x), \gamma(t))\mathrm{d}x,$$

由于 $\omega \in \{\vartheta_\alpha \geqslant \vartheta_h \wedge \tau\}$, 我们可得

$$\mathrm{E}\left[\int_G \chi_{\{\vartheta_\alpha < \vartheta_h \wedge \tau\}} V(\vartheta_\beta \wedge t, v(\vartheta_\beta \wedge t, x), \gamma(\vartheta_\beta \wedge t, x))\mathrm{d}x\right]$$

$$\leqslant \mathrm{E}\left[\chi_{\{\vartheta_\alpha < \vartheta_h \wedge \tau\}} \int_G V(\vartheta_\alpha, v(\vartheta_\alpha \wedge t, x), \gamma(\vartheta_\alpha \wedge t, x))\mathrm{d}x\right].$$

根据 $\{\vartheta_\beta \leqslant t\} \subset \{\vartheta_\alpha < \vartheta_h \wedge \tau\}$ 和 (1.13) 可得

$$\mu_1(\beta)\mathrm{P}\{\vartheta_\beta \leqslant t\} \leqslant \mu_2(\alpha).$$

再由 (1.12) 式可得

$$\mathrm{P}\{\vartheta_\beta \leqslant t\} \leqslant \frac{\varepsilon}{4}.$$

同样利用 (1.11) 式可推出

$$\mathrm{P}\{\eta < \infty, \vartheta_\beta = \infty\} \geqslant (\vartheta_\alpha < \vartheta_h \wedge \tau) - \mathrm{P}\{\vartheta_\beta < \infty\} \geqslant 1 - \varepsilon.$$

这意味着

$$\mathrm{P}\{\omega : \limsup_{t \to \infty} \|\bar{v}(t)\| \leqslant \beta\} \geqslant 1 - \varepsilon,$$

由于 β 是任意的, 故有

$$\mathrm{P}\{\omega : \limsup_{t \to \infty} \|\bar{v}(t)\| = 0\} \geqslant 1 - \varepsilon.$$

即

$$\mathrm{P}\{\omega : \limsup_{t \to \infty} \|v(t, x, t_0, v_0, \gamma_0)\|_G = 0\} \geqslant 1 - \varepsilon. \qquad \square$$

1.1.4 马尔可夫跳变随机反应扩散系统的均方指数稳定性

以下讨论系统 (1) 的平凡解的均方指数稳定性.

定理 1.3 假设

C1. 对于 $i \in \mathbb{S}$, 存在函数 $V(t, \xi, i) \in C^{1,2}[(t_0, +\infty) \times \mathbb{R}^n \times \mathbb{S}, \mathbb{R}^+]$ 关于 ξ_l ($l \in 1, 2, \cdots, n$) 是分离变量的;

C2. 存在常数 $c_1 > 0, c_2 > 0, c_3 > 0$, 使得对 $\gamma(t) = i \in \mathbb{S}$, 有

$$c_1 \|v(t,x)\|_G^2 \leqslant \int_G V(t, v(t,x), i)\mathrm{d}x \leqslant c_2 \|v(t,x)\|_G^2,$$

$$\int_G \mathcal{L}V(t, v(t,x), i)\mathrm{d}x \leqslant -c_3 \|v(t,x)\|_G^2. \tag{1.14}$$

对任意的 $t \geqslant t_0$, $v(t, \cdot) \in S_h = \left\{ \zeta : G \to \mathbb{R}^n \left| \left\| \int_G \zeta(x)\mathrm{d}x \right\| < h \right. \right\}$ 都成立. 那么, 下面的不等式对任意的 $t \geqslant t_0$, $v_0 \in \mathbb{R}^n$, $\gamma_0 \in \mathbb{S}$ 成立:

$$\mathrm{E}(\|v(t,x,t_0,v_0,\gamma_0)\|_G^2) \leqslant \frac{c_2}{c_1} \|v_0{}^2\|_G \mathrm{e}^{-c_3(t-t_0)}, \tag{1.15}$$

即系统 (1) 的平凡解是均方指数稳定的.

证明 对任意的 $v_0 \in \mathbb{R}^n$, 记 $v(t,x) \triangleq v(t,x,t_0,v_0,\gamma_0)$, 对每个 $n \geqslant \|v_0\|_G$ 定义以下停时:

$$\vartheta_n = \inf\{t \geqslant t_0 : \|v(t,x)\|_G \geqslant n\}.$$

显然, 当 $n \to \infty$ 时, $\vartheta_n \to \infty$ 几乎必然成立. 利用 Itô 公式, 对 $t \geqslant t_0$, 有

$$\mathrm{d}\left\{ \mathrm{e}^{c_3(t-t_0)} \int_G V(t, v(t,x), i)\mathrm{d}x \right\}$$

$$= \mathrm{e}^{c_3(t-t_0)} \left\{ \left[c_3 \int_G V(t, v(t,x), i)\mathrm{d}x \right. \right.$$

$$+ \int_G \mathcal{L}V(t, v(t,x), i)\mathrm{d}x$$

$$+ \int_G \sum_{k=1}^r \frac{\partial V(t, v(t,x), i)}{\partial v} \frac{\partial}{\partial x_i} \left(D_k \frac{\partial v}{\partial x_i} \right)\mathrm{d}x \bigg] \mathrm{d}t$$

$$\left. + \left(\int_G \frac{\partial V(t, v(t,x), i)}{\partial v} g(t, x, v(t,x), i)\mathrm{d}x \right)\mathrm{d}W(t) \right\}. \tag{1.16}$$

由于 $V(t,v)$ 关于 v_l $(l=1,2,\cdots,n)$ 是分离变量的, 因此, 有

$$\frac{\partial^2 V(t,x)}{\partial v_i \partial v_j} = 0 \quad (i \neq j,\ i,j = 1,2,\cdots,n).$$

利用分部积分法以及不等式 (1.14) 和边界条件 (1.3), 有

$$\int_G \left(\frac{\partial V(t,v)}{\partial v}\right)^{\mathrm{T}} \partial_x^2(v(t,x))\mathrm{d}x$$

$$= \sum_{i=1}^n \sum_{k=1}^r \frac{\partial V}{\partial v_i} D_{ik}(t,x,v)\frac{\partial v_i}{\partial x_i}\Big|\partial G$$

$$- \int_G \sum_{i=1}^n \sum_{k=1}^r \frac{\partial V}{\partial v_i} D_{ik}(t,x,v)\frac{\partial^2 V}{\partial v_i{}^2}\left(\frac{\partial v_i}{\partial x_i}\right)^2 \mathrm{d}x \leqslant 0. \tag{1.17}$$

考虑到 $V_v(t,v,i)$ 在 $[t_0,\vartheta_n \wedge t] \times S_h \times \mathbb{S}$ 上连续, 故必定存在常数 $L_1 > 0$, 使得当 $(t,v,i) \in [t_0,\vartheta_n \wedge t] \times S_h \times \mathbb{S}$ 时, 有 $\|V_v(t,v,i)\| \leqslant L_1$; 再由 $g(s,x,v(s,x),i)$ 满足线性增长条件可得, 对 $(t,v,i) \in [t_0,\vartheta_n \wedge t] \times S_h \times \mathbb{S}$, 有

$$\left\|\left(\frac{\partial V(t,v,i)}{\partial v}\right)^{\mathrm{T}} g(t,x,v(t,x),i)\right\|_G \leqslant L_1 L(1 + \|v(t,x)\|_G) \leqslant L_1 L(1 + h).$$

由文献 [65] 中的定理 2.8, 可得

$$\mathrm{E}\left[\int_{t_0}^{\vartheta_\alpha \wedge t} \int_G \left(\frac{\partial V(s,v,i)}{\partial v}\right)^{\mathrm{T}} g(s,x,v(s,x),i)\mathrm{d}x\mathrm{d}W(s)\right] = 0. \tag{1.18}$$

对 (1.16) 式的两边从 t_0 到 $t \wedge \vartheta_n$ 积分后取数学期望, 并由 (1.17) 式和 (1.18) 式, 有

$$\mathrm{E}\left[\mathrm{e}^{c_3(t\wedge\vartheta_n - t_0)} \int_G V(t \wedge \vartheta_n, v(t \wedge \vartheta_n, x), \gamma(t \wedge \vartheta_n))\mathrm{d}x\right]$$

$$\leqslant \int_G V(t_0, v_0, \gamma_0)\mathrm{d}x + \mathrm{E}\left\{\int_{t_0}^{t\wedge\vartheta_n} \mathrm{e}^{c_3(s-t_0)}\left[c_3 \int_G V(s,v(s,x),i)\mathrm{d}x\right.\right.$$

$$\left.\left. + \int_G \mathcal{L}V(s,v(s,x),i)\mathrm{d}x\right]\mathrm{d}s\right\}.$$

再由 (1.14) 式可得

$$c_1 \mathrm{e}^{c_3(t\wedge\vartheta_n - t_0)} \mathrm{E}(\|v(t \wedge \vartheta_n, x)\|_G^2)$$

$$\leqslant \mathrm{E}\left[\mathrm{e}^{c_3(t\wedge\vartheta_n-t_0)}\int_G V(t\wedge\vartheta_n,v(t\wedge\vartheta_n,x),\gamma(t\wedge\vartheta_n))\mathrm{d}x\right]$$

$$\leqslant \int_G V(t_0,v_0,\gamma_0)\mathrm{d}x \leqslant c_2\|v_0{}^2\|_G.$$

令 $n\to\infty$ 便得到

$$c_1\mathrm{e}^{c_3(t-t_0)}\mathrm{E}\|v(t,x)\|_G^2 \leqslant c_2\|v_0{}^2\|_G.$$

这样就推出结论 (1.15) 式. □

下面, 给出例子说明结论的有效性.

例子 1.1 考虑 n-维带有马尔可夫跳变的随机微分方程组

$$\mathrm{d}v(t,x) = \big[D(t,\gamma(t))\Delta v(t,x) + f(t,\gamma(t))v(t,x)\big]\mathrm{d}t$$
$$+ \sum_{k=1}^m g_k(t,\gamma(t))v(t,x)\mathrm{d}w_i(t), \tag{1.19}$$

这里 $f(t,\gamma(t))$ 与 $g_k(t,\gamma(t))$ 都是 $n\times n$ 的 Borel 可测矩阵函数. 初始条件和边界条件分别如 (1.2) 和 (1.3) 所示.

推论 1.1 若存在一个主对角线上元素为正的 $n\times n$ 的对角矩阵 Q_i, 使得

$$Q_i f_i(t) + f_i^{\mathrm{T}}(t)Q_i + \sum_{k=1}^m g_{ki}^{\mathrm{T}}(t)Q_i g_{ki}(t) + \sum_{\tilde{j}=1}^{\tilde{N}} \pi_{ij}Q_j$$

关于 $\forall t \geqslant t_0$ 是一致负定的, 即

$$\lambda_{\max}\left(Q_i f_i(t) + f_i^{\mathrm{T}}(t)Q_i + \sum_{k=1}^m g_{ki}^{\mathrm{T}}(t)Q_i g_{ki}(t) + \sum_{\tilde{j}=1}^{\tilde{N}} \pi_{ij}Q_j\right) \leqslant -\lambda < 0 \tag{1.20}$$

一致成立. 则系统 $((1.19), (1.2), (1.3))$ 的平凡解是随机稳定的, 这里 $\lambda_{\max}(A)$ 表示矩阵 A 的最大特征值.

证明 构造函数 $V(t,\xi,i) = \xi^{\mathrm{T}}Q_i\xi$, 则显然 $V(t,\xi,i)$ 是凸的, 由

$$\int_G \mathcal{L}V(t,v(t,x))\mathrm{d}x = \int_G\left[v^{\mathrm{T}}\left(Q_i f_i(t) + f_i^{\mathrm{T}}(t)Q_i\right.\right.$$
$$\left.\left. + \sum_{k=1}^m g_{ki}^{\mathrm{T}}(t)Q_i g_{ki}(t) + \sum_{\tilde{j}=1}^{\tilde{N}} \pi_{ij}Q_j\right)v\right]\mathrm{d}x$$

$$\leqslant - \int_G \lambda v^{\mathrm{T}} v \mathrm{d}x \leqslant 0.$$

因此, 由定理 1.1, 系统 ((1.19), (1.2), (1.3)) 的平凡解是随机稳定的.   □

注 1.1 我们知道, Hopfield 神经网络的稳定性研究具有深远的理论意义和广泛的应用背景[18,19]. 由于超大规模集成电路是神经网络实现的主要途径, 其基本器件电路热噪声不可避免. 因此, 许多专家认为随机神经网络模型更加符合实际情形. 文献 [20] 研究了随机神经网络模型的稳定性. 文献 [21, 22] 研究了具有扩散项的神经网络的稳定性和指数稳定性. 由于电磁场密度分布不均匀, 出现扩散现象是不可避免的, Luo 等[24] 同时考虑到了随机因素和扩散因素, 但是没有考虑马尔可夫跳变的影响. 实际上, 在神经网络的应用中, 信息自锁现象经常发生, 这说明神经网络能够用有限的模式描述, 在不同时刻, 这些模式可能从一个切换到另一个. 带有马尔可夫跳变延迟的神经网络的稳定性研究也受到了极大的关注[23]. 然而, 现有文献中利用线性矩阵不等式方法所获得的结果都是关于均方稳定的或是 p 阶矩稳定的. 利用随机分析和 Lyapunov 直接法对带有马尔可夫跳变的神经网络的稳定性进行研究的理论较少.

因此, 我们讨论以下一类带有马尔可夫跳变的 Hopfield 随机神经网络:

例子 1.2

$$\mathrm{d}v_l(t,x) = \left\{ \sum_{k=1}^{r} \frac{\partial}{\partial x_l} \left[D_{lk}(t,x,v,\gamma(t)) \frac{\partial v_l(t,x)}{\partial x_l} \right] - b_l(\gamma(t)) v_l(t,x) \right.$$
$$\left. + k_l(\gamma(t)) u_l(t,x) + \sum_{j=1}^{n} a_{lj}(\gamma(t)) g_j(v_j(t,x), \gamma(t)) \right\} \mathrm{d}t$$
$$+ \sum_{s=1}^{m} \sigma_{ls}(v_l(t,x), \gamma(t)) \mathrm{d}w_l(t), \quad (t,x) \in \mathbb{R}^+ \times G, \qquad (1.21)$$

其相应的初始和边界条件分别为 (1.2) 与 (1.3).

注 1.2 我们可以证明参考文献 [25] 中的主要结果都是本节的推论, 涉及的符号可以参考文献 [25].

推论 1.2 假设

(I) $v_l(t,x)$ $(l=1,2,\cdots,n)$ 在 $\mathbb{R}^+ \times G$ 上有界;

(II) 存在常数 $\mu > 0$, 使得对 $\gamma(t) \in \mathbb{S}$, $\mathrm{Trace}(\sigma^{\mathrm{T}}(v(t,x),\gamma(t))\sigma(v(t,x),\gamma(t)))$ $\leqslant \mu v^2(t,x)$;

(III) 存在 $k_l > 0$ $(l=1,2,\cdots,n)$, 使得 $\gamma(t) = i \in \mathbb{S}$, 矩阵

$$H(\gamma(t)) = \left[\begin{array}{cc} Q(\gamma(t)) & A(\gamma(t)) \\ A(\gamma(t))^{\mathrm{T}} & -P(\gamma(t)) \end{array} \right]$$

是负定的, 记 $-\lambda_i$ 是矩阵 $H(\gamma(t))$ 的最大特征值, $Q(\gamma(t)) = \mathrm{diag}(-2b_{1i} - 2k_{1i} + \mu, \cdots, -2b_{ni} - 2k_{ni} + \mu)$, $P(\gamma(t)) = \mathrm{diag}\left(\dfrac{2k_{1i}}{\beta_{1i}}, \cdots, \dfrac{2k_{ni}}{\beta_{ni}}\right)$, $A(\gamma(t)) = (a_{lj}(\gamma(t)))_{n \times n}$.

那么满足初边值条件的系统 ((1.21), (1.2), (1.3)) 有如下 Lyapunov 均方指数估计:

$$\overline{\lim_{T \to \infty}} \left(\frac{1}{T}\right) \lg(\mathrm{E}(\|v(T, x)\|^2)) \leqslant -\alpha.$$

证明 构造模式独立的反馈控制器为

$$u_l(t, x, i) = -v_l(t, x) - g_l(v_l(t, x), i). \tag{1.22}$$

同时构造 Lyapunov 函数

$$V(t, v(t, x), i) = \int_G \bar{V}(t, v(t, x), i)\mathrm{d}x = \int_G \sum_{l=1}^n v_l^2(t, x)\mathrm{d}x. \tag{1.23}$$

显然 $V(t, v(t, x), i)$ 是正定的, 且满足

$$\frac{1}{n\|G\|}\|v(t, x)\|^2 = \frac{1}{n\|G\|}\left(\sum_{l=1}^n \int_G v_l(t, x)\mathrm{d}x\right)^2 \leqslant \frac{1}{\|G\|}\sum_{l=1}^n \left(\int_G v_l(t, x)\mathrm{d}x\right)^2$$

$$\leqslant \int_G \sum_{i=1}^n v_l^2(t, x)\mathrm{d}x = \int_G v^2(t, x)\mathrm{d}x = \|v^2(t, x)\|_G,$$

这里 $\|G\| = \int_G \mathrm{d}x$. 由 (1.21) 式可得

$$\int_G \mathcal{L}V(t, v(t, x))\mathrm{d}x = \left\{ \int_G 2\sum_{l=1}^n v_l(t, x)\left[-(b_{li} + k_{li})v_l(t, x) - k_{li}g_l(v_l(t, x), i)\right.\right.$$

$$\left.+ \sum_{j=1}^n a_{lj}(\gamma(t))g_j(v_j(t, x))\right]\mathrm{d}x$$

$$+ \int_G \mathrm{Trace}(\sigma^{\mathrm{T}}(v(t, x), i)\sigma(v(t, x), i))\mathrm{d}x$$

$$\left.+ \int_G \sum_{k=1}^r \frac{\partial \bar{V}}{\partial v_l}\frac{\partial}{\partial x_l}\left(D_{lk}(t, x, v, i)\frac{\partial v_l(t, x)}{\partial x_l}\right)\mathrm{d}x\right\}\mathrm{d}t. \tag{1.24}$$

由分步积分法以及边界条件 (1.3) 可得

$$\int_G \sum_{k=1}^r \frac{\partial \bar{V}}{\partial v_l}\frac{\partial}{\partial x_l}\left[D_{lk}(t, x, v, \gamma(t))\frac{\partial v_l(t, x)}{\partial x_l}\right]\mathrm{d}x$$

$$= \sum_{l=1}^{n} \sum_{k=1}^{r} \frac{\partial \bar{V}}{\partial v_l} D_{lk}(t,x,v,\gamma(t)) \frac{\partial v_l(t,x)}{\partial x_l} \Big|_{\partial G}$$

$$- \int_G \sum_{l=1}^{n} \sum_{k=1}^{r} D_{lk}(t,x,\bar{v},\gamma(t)) \frac{\partial^2 \bar{V}}{\partial v_l^2} \left(\frac{\partial v_l(t,x)}{\partial x_l} \right)^2 \mathrm{d}x \leqslant 0. \qquad (1.25)$$

由 Sigmoid 函数的性质, 对每个 $\gamma(t) = i \in \mathbb{S}$, 容易推得

$$v_l(t,x) g_l(v_l(t,x),i) \geqslant \frac{1}{\beta_l} g_l^2(v_l(t,x),i). \qquad (1.26)$$

结合条件 (II) 及式 (1.25) 和 (1.26), 有

$$\int_G \mathcal{L}\bar{V}(t,v(t,x),i)\mathrm{d}x$$

$$= \int_G \Bigg[\sum_{l=1}^{n} (-2b_{li} - 2k_{li} + \mu) v_l^2(t,x)$$

$$+ 2 \sum_{l=1}^{n} \sum_{j=1}^{n} a_{lj}(\gamma(t)) v_j(t,x) g_j(v_j(t,x)) - \sum_{i=1}^{n} \frac{2k_i}{\beta_i} g_i^2(v_i(t,x)) \Bigg] \mathrm{d}x. \qquad (1.27)$$

根据矩阵 $H(\gamma(t))$ 的定义, 有

$$\int_G \mathcal{L}\bar{V}(t,v(t,x))\mathrm{d}x \leqslant \int_G \Bigg[v^{\mathrm{T}}(t,x) Q(\gamma(t)) v(t,x) + v^{\mathrm{T}}(t,x) A(\gamma(t)) g(v(t,x))$$

$$+ g^{\mathrm{T}}(v(t,x)) A(\gamma(t))^{\mathrm{T}} v(t,x)$$

$$- g^{\mathrm{T}}(v(t,x)) P(\gamma(t))(\gamma(t)) g(v(t,x)) \Bigg] \mathrm{d}x$$

$$\leqslant - \lambda \int_G (v^2(t,x) + g^2(v(t,x))) \mathrm{d}x. \qquad (1.28)$$

至此, 定理 1.3 的条件全部满足. 因此, 推论 1.2 成立. 此外, 参考文献 [20, 22, 25—28] 中的主要结论均可作为本节对应定理的推论. □

1.1.5　本节小结

　　Lyapunov 直接法仍然是研究常微分方程和随机微分方程稳定性的最有效的方法. 随机偏微分系统的理论缺少一个重要的工具, 即没有很好的可用的公式, 从而无法将研究常微分系统与随机常微分系统稳定性的行之有效的 Lyapunov 方法推广到带有马尔可夫跳变的随机偏微分系统. 本节, 我们将 Lyapunov 直接法应

用到带有马尔可夫跳变的 Itô 型随机反应扩散系统中, 并建立了相应的 Lyapunov
稳定性理论, 包括随机稳定性、随机渐近稳定性、随机均方指数稳定性. 为了应用
得到的稳定性定理, 本节讨论了带有马尔可夫跳变的 Hopfield 神经网络的稳定性,
给出了相应判据.

1.2 均值稳定的马尔可夫跳变随机反应扩散系统

1.2.1 本节预备知识

在本节, 我们考虑以下带有马尔可夫跳变的随机反应扩散系统:

$$\mathrm{d}v(t,x) = \big[\alpha(t,\gamma(t))\Delta v(t,x) + f(t,x,v(t,x),\gamma(t))\big]\mathrm{d}t$$
$$+ g(t,x,v(t,x),\gamma(t))\mathrm{d}w(t), \quad (t,x,\gamma(t)) \in \mathbb{R}_+ \times G \times \mathbb{S}, \qquad (1.29)$$

其边界和初始条件为

$$\frac{\partial v(t,x)}{\partial \mathcal{N}} = 0, \quad (t,x) \in \mathbb{R}_+ \times \partial G,$$

$$v(t_0,x) = v_0 = \varphi(x), \qquad (1.30)$$

这里 $v = \mathrm{col}(y,z) \in \mathbb{R}^n$, $y \in \mathbb{R}^m$, $z \in \mathbb{R}^p$ $(m+p=n)$, $\Delta v = \sum\limits_{i=1}^{n} \dfrac{\partial^2 v}{\partial x_i^2}$, 记
$|v(\cdot,x)|_G = \left| \displaystyle\int_G v(\cdot,x)\mathrm{d}x \right|$, $G = \{x, |x| < l < +\infty\} \subset \mathbb{R}^r$, $f \in [\mathbb{R}_+ \times G \times \Gamma \times \mathbb{S}, \mathbb{R}^n]$
和 $g \in [\mathbb{R}_+ \times G \times \Gamma \times \mathbb{S}, \mathbb{R}^{n \times m}]$ 都是 Borel 可测函数, 这里 $\Gamma = \{v, |y(\cdot,x)|_G \leqslant H$
是常数, $|z(\cdot,x)|_G < +\infty\} \subset \mathbb{R}^n$, $|\cdot|$ 代表向量范数, $w(t) = [w_1,\cdots,w_m]^{\mathrm{T}}$ 是一
个 m-维布朗运动, 自然流 $\{\mathcal{F}_t\}_{t\geqslant 0}$ 定义在完全概率空间 $(\Omega, \mathcal{F}, \{\mathcal{F}_t\}_{t\in I}, \mathrm{P})$ 上, $\mathcal{N}$
是 ∂G 的法向量, $\{\gamma(t), t \geqslant 0\}$ 是概率空间 $(\Omega, \mathcal{F}, (\mathcal{F}_t)_{t\in I}, \mathrm{P})$ 上的一个右连续的
马尔可夫过程, 在有限空间 $\mathbb{S} = \{1, 2, \cdots, \tilde{N}\}$ 上有意义, 转移速率矩阵 $\Lambda = (\pi_{kj})$
$(k, j \in \mathbb{S})$ 如下给出:

$$\mathrm{P}\{\gamma(t+\Delta) = j | \gamma(t) = k\} = \begin{cases} \pi_{kj}\Delta + o(\Delta), & k \neq j, \\ 1 + \pi_{ii}\Delta + o(\Delta), & k = j, \end{cases}$$

这里 $\Delta > 0$, $\lim\limits_{\delta \to 0} o(\Delta)/\Delta = 0$, $\pi_{kj} \geqslant 0$ $(k \neq j)$ 是 k 到 j 的转移速率, $\pi_{kk} = -\sum\limits_{j \neq k} \pi_{kj}$. 我们假设马尔可夫链 $\gamma(\cdot)$ 与布朗运动 $w(\cdot)$ 是相互独立的. 初始条件
$v(t_0,x) = v_0 = x$ 是适当的光滑已知函数, $\gamma(t_0) = \gamma_0$, 其中 γ_0 是一个 $\mathbb{S}$ 值 $\mathcal{F}_{t_0}$ 可
测随机变量.

假设 1.1　函数 $g(t,x,v(t,x),\gamma(t))$ 满足线性积分增长条件, f,g 满足 Lips-chitz 条件, 即存在常数 $L > 0$, 使得对任意的 $i \in \mathbb{S}$, 有

$$
\begin{aligned}
&|g(t,x,v(t,x),i)|_G \leqslant L(1+|v|),\\
&|g(t,x,v_1(t,x),i) - g(t,x,v_2(t,x),i)|_G \leqslant L|v_1 - v_2|_G,\\
&|f(t,x,v_1(t,x),i) - f(t,x,v_2(t,x),i)|_G \leqslant L|v_1 - v_2|_G,
\end{aligned}
\tag{1.31}
$$

这里 $|v(\cdot,x)|_G \triangleq \left| \displaystyle\int_G v(\cdot,x)\mathrm{d}x \right|$.

系统 (1.29) 解的存在性的相关结论可以参考 [29]. 假设 $f(t,x,0,i) \equiv 0$, $g(t,x,0,i) \equiv 0$, $t \geqslant t_0$, 这说明 $v(t,x) = 0$ 是 (1.29) 的一个平凡解.

考虑以下一般 n-维带有马尔可夫跳变的随机常微分系统:

$$
\mathrm{d}x(t) = f(t,x,\gamma(t))\mathrm{d}t + g(t,x,\gamma(t))\mathrm{d}w(t).
\tag{1.32}
$$

连续函数 $V(t,x,i)$ 被称作是正定的, 若 $V(t,0,i) = 0$, $i \in \mathbb{S}$, 且对某个凸函数 μ, $V(t,x,i) \geqslant \mu(|x|)$. 记 $C^{1,2}(\mathbb{R}_+ \times \mathbb{R}^n \times \mathbb{S}; \mathbb{R}_+)$ 是定义在 $\mathbb{R}_+ \times \mathbb{R}^n \times \mathbb{S}$ 上的所有非负定函数 $V(t,x,i)$ 的集合, 对所有的 $i \in \mathbb{S}$, $V(t,x,i)$ 关于 x 连续二次可微, 关于 t 一次可微. 若 $V(t,x,i) \in C^{1,2}(\mathbb{R}_+ \times \mathbb{R}^n \times \mathbb{S}; \mathbb{R}_+)$, 那么沿着 (1.32) 定义算子 $\mathcal{L}V(t,x,i) : \mathbb{R}_+ \times \mathbb{R}^n \times \mathbb{S} \mapsto \mathbb{R}$, 即

$$
\begin{aligned}
\mathcal{L}V(t,x,i) = {}& V_t(t,x,i) + V_x^{\mathrm{T}}(t,x,i)f(t,x,x,i)\\
&+ \frac{1}{2}\mathrm{Trace}\big[g^{\mathrm{T}}(t,x,x,i)V_{xx}(t,x,i)g(t,x,x,i)\big]\\
&+ \sum_{j=1}^N \gamma_{ij}V(t,x,j),
\end{aligned}
\tag{1.33}
$$

这里

$$
V_t(t,x,i) = \frac{\partial V(t,x,i)}{\partial t}, \quad V_x^{\mathrm{T}}(t,x,i) = \left(\frac{\partial V(t,x,i)}{\partial x_1}, \cdots, \frac{\partial V(t,x,i)}{\partial x_n} \right),
$$

$$
V_{xx}(t,x,i) = \left(\frac{\partial^2 V(t,x,i)}{\partial x_k \partial x_j} \right)_{n \times n}.
$$

将给定概率测度 P 的数学期望记作 $\mathrm{E}(\cdot)$, 令 $|\cdot|$ 表示向量的欧几里得范数或矩阵的迹范数, 我们会用到符号 $\mathbb{S}_\delta^n = \left\{ \xi : G \to \mathbb{R}^n : \left| \displaystyle\int_G \xi(x)\mathrm{d}x \right| < \delta \right\}$ 和 $\mathbb{R}_+^n = \{x \in \mathbb{R}^n : x_k > 0, i = 1,2,\cdots,n\}$. 下面给出 n-维带有马尔可夫跳变的随机常微分系统局部变量均值稳定的一些定义.

定义 1.6 若对任意的 $\varepsilon > 0$, $t_0 > 0$, 存在 $\delta(t_0, \varepsilon)$, 使得

$$\mathrm{E}\{|y(t, x, t_0, v_0, i_0)|_G\} < \varepsilon$$

对所有的 $(v_0, i_0) \in \mathbb{S}_\delta^n \times \mathbb{S}$ 成立, 则系统 (1.29) 的零解关于局部变量 y 是均值稳定的.

定义 1.7 若对任意的 $\varepsilon > 0$, $t_0 > 0$, 存在 $\delta(\varepsilon)$, 使得

$$\mathrm{E}\{|y(t, x, t_0, v_0, i_0)|_G\} < \varepsilon$$

对所有 $(v_0, i_0) \in \mathbb{S}_\delta^n \times \mathbb{S}$ 成立, 则称系统 (1.29) 的零解关于局部变量 y 是均值一致稳定的.

定义 1.8 若对任意的 $\varepsilon > 0$, $t_0 > 0$, 存在 $\delta(t_0, \varepsilon)$, 使得对所有 $(v_0, i_0) \in \mathbb{S}_\delta^n \times \mathbb{S}$, 满足

$$\mathrm{E}\{|y(t, x, t_0, v_0, i_0)|_G\} < \varepsilon$$

且

$$\lim_{t \to \infty} E\{|y(t, x, t_0, v_0, i_0)|_G\} = 0.$$

则称系统 (1.29) 的零解关于局部变量 y 是均值渐近稳定的.

定义 1.9 若对任意的 $\varepsilon > 0$, $t_0 > 0$, 存在 $\delta(\varepsilon)$, 使得对所有 $(v_0, i_0) \in \mathbb{S}_\delta^n \times \mathbb{S}$, 满足

$$\mathrm{E}\{|y(t, x, t_0, v_0, i_0)|_G\} < \varepsilon$$

且

$$\lim_{t \to \infty} \mathrm{E}\{|y(t, x, t_0, v_0, i_0)|_G\} = 0.$$

则称系统 (1.29) 的零解关于局部变量 y 是均值一致渐近稳定的.

1.2.2 n-维马尔可夫跳变随机反应扩散系统的均值稳定性

在这一小节中, 我们将研究系统 (1.29) 关于局部变量 y 的均值稳定性.

定理 1.4 令 $\overline{v}(t) = \displaystyle\int_G v(t, x)\mathrm{d}x$, 假设

A1. 存在函数 $V(t, \overline{v}(t), i) \in C^{1,2}[\mathbb{R}_+ \times S_h \times \mathbb{S}, \mathbb{R}]$ $(S_h = \{\zeta \| |\zeta(\cdot)| < h\})$, 其中 $V(t, 0, i) = 0$;

A2. $\mu_1(|y(t, x, i_0)|_G) \leqslant V(t, \overline{v}(t), i)$, $\mu_1 \in \mathcal{K}$ 是凸函数;

A3. $\mathcal{L}V(t, \overline{v}(t), i) \leqslant 0$.

那么, 系统 (1.29) 的零解关于局部变量 y 是均值稳定的.

证明　很容易看出, 当 $i \in \mathbb{S}$ 时,

$$\mathrm{d}\left(\int_G v(t,x)\mathrm{d}x\right) = \left[\alpha(t,i)\int_G \Delta v(t,x)\mathrm{d}x + \int_G f(t,x,v(t,x),i)\mathrm{d}x\right]\mathrm{d}t$$
$$+ \int_G g(t,x,v(t,x),i)\mathrm{d}x\mathrm{d}w(t). \tag{1.34}$$

应用格林公式, 我们得

$$\int_G \Delta v(t,x)\mathrm{d}x = \int_{\partial v}\frac{\partial v}{\partial \mathcal{N}}\mathrm{d}s = 0.$$

因此, (1.34) 可以变换为

$$\mathrm{d}\left(\int_G v(t,x)\mathrm{d}x\right) = \int_G f(t,x,v(t,x),i)\mathrm{d}x\mathrm{d}t + \int_G g(t,x,v(t,x),i)\mathrm{d}x\mathrm{d}w(t). \tag{1.35}$$

因为 $V(t_0,\overline{v},i)$ 是连续的, 且 $V(t_0,0,i)=0$, 存在 $\delta(t_0,\varepsilon)$, 使得对 $|\overline{v}_0| < \delta$, $V(t_0,\overline{v}_0,i) < \mu_1(\varepsilon)$, 选择 $v_0 : |\overline{v}_0| < \delta$, 并对 $V(t,\overline{v},i)$ 沿着系统 (1.35) 的轨迹应用 Itô 公式得

$$V(t,\overline{v}(t,t_0,\overline{v}_0),\gamma(t)) = V(t_0,\overline{v}_0,\gamma(0)) + \int_{t_0}^t \mathcal{L}V(s,\overline{v}(s,t_0,\overline{v}_0),\gamma(s))\mathrm{d}s$$
$$+ \int_{t_0}^t \frac{\partial V(s,\overline{v},i)}{\partial \overline{v}}\int_G g(s,x,v(s,x),\gamma(s))\mathrm{d}x\mathrm{d}w(s)$$
$$+ \int_G \int_0^t \int_{\mathbb{R}}[V(s,v(s,x),i_0+\eta(\gamma(s),\nu))$$
$$- V(s,v(s,x),\gamma(s))]\mu(\mathrm{d}s,\mathrm{d}\nu)\mathrm{d}x, \tag{1.36}$$

这里 $\mu(\mathrm{d}s,\mathrm{d}\nu) = \sigma(\mathrm{d}s,\mathrm{d}\nu) - \mu(\mathrm{d}\nu)\mathrm{d}s$ 是一个鞅测度, $\sigma(\cdot,\cdot)$ 是一个泊松随机测度, 微元为 $\mathrm{d}s \times \mu(\mathrm{d}\nu)$, μ 是 $\mathbb{R}$ 上的 Lebesgue 测度. 函数 $\eta : \mathbb{S} \times \mathbb{R} \to \mathbb{R}$ 定义为

$$\eta(i,y) = \begin{cases} j-i, & y \in \Delta_{ij}, \\ 0, & y \notin \Delta_{ij}. \end{cases}$$

对任意的 $t \geqslant t_0$, 满足

$$\mathcal{L}V(t,\overline{v},i) = \frac{\partial V(t,\overline{v},i)}{\partial t} + \frac{\partial V(t,\overline{v},i)}{\partial \overline{v}}\int_G f(t,x,v(t,x),i)\mathrm{d}x$$

$$+ \frac{1}{2} \left(\int_G g^{\mathrm{T}}(t,x,v(t,x),i) \mathrm{d}x \frac{\partial^2 V(t,\overline{v})}{\partial \overline{v} \partial \overline{v}} \int_G g(t,x,v(t,x),i) \mathrm{d}x \right)$$

$$+ \sum_{j=1}^N \gamma_{ij} V(t,x,j).$$

由于 $\dfrac{\partial v(t,\overline{v},i)}{\partial \overline{v}}$ 在 $\mathbb{R}_+ \times S_h \times \mathbb{S}$ 上是连续的, 且 $g(t,x,v(t,x),i)$ 满足线性增长条件, 一定存在常数 $L > 0$, 使得 $\left| \dfrac{\partial v(t,\overline{v},i)}{\partial \overline{v}} \right| \leqslant L$, 且

$$\left| \frac{\partial V(s,\overline{v},i)}{\partial \overline{v}} \int_G g(s,x,v(s,x),i) \mathrm{d}x \right| \leqslant LK \left(1 + \left| \int_G v(t,x,t_0,v_0) \mathrm{d}x \right| \right)$$

$$\leqslant LK(1+h).$$

由 [29] 中的定理 1.9, 我们得

$$\mathrm{E} \Bigg\{ \int_{t_0}^t \frac{\partial V(s,\overline{v},\gamma(s))}{\partial \overline{v}} \int_G g(s,x,v(s,x),\gamma(s)) \mathrm{d}x \mathrm{d}w(s)$$

$$+ \int_G \int_0^t \int_{\mathbb{R}} [V(s,v(s,x),i_0 + \eta(\gamma(s),\nu)) - V(s,v(s,x),\gamma(s))] \mu(\mathrm{d}s,\mathrm{d}\nu) \mathrm{d}x \Bigg\} = 0.$$

在 (1.36) 的两边同时取数学期望, 又由假设条件 A3 我们可导出

$$\mathrm{E}\{V(t,\overline{v}(t,t_0,\overline{v}_0),\gamma(t))\} \leqslant V(t_0,\overline{v}_0,\gamma_0), \quad t \geqslant t_0.$$

由 Jensen 不等式和条件 A2 得

$$\mu_1(\mathrm{E}(|y(t,x,t_0,v_0,i_0)|_G)) \leqslant \mathrm{E}(\mu_1(|y(t,x,t_0,v_0,i_0)|_G))$$

$$\leqslant \mathrm{E}\{V(t,\overline{v}(t,t_0,\overline{v}_0),i)\}$$

$$\leqslant V(t_0,\overline{v}_0,i) \leqslant \mu_1(\varepsilon).$$

因此

$$\mathrm{E}\{|y(t,x,t_0,v_0,i_0)|_G\} < \varepsilon. \qquad \square$$

定理 1.5 *假设定理 1.4 中的假设条件 A2 被替换为*

A4. $\mu_2(|y(t,x,i_0)|_G) \leqslant V(t,\overline{v}(t),i) \leqslant \mu_3(|v(t,x,i)|_G)$, $\mu_2,\mu_3 \in \mathcal{K}$, μ_2 是一个凸函数, 其他条件保持不变, 那么系统 (1.29) 的零解关于局部变量 y 是均值一致稳定的.

证明 与定理 1.4 的证明相似, 我们很容易得到

$$E\{V(t, \overline{v}(t, t_0, \overline{v}_0), i)\} \leqslant V(t_0, \overline{v}_0, i), \quad t \geqslant t_0.$$

令 $\delta(\varepsilon) = \mu_3^{-1}\mu_2(\varepsilon)$, 由条件 A4 可得, 对 $v_0 \in S_\delta = \{v| \|v(\cdot, x)|_G < \delta\}$, $i \in \mathbb{S}$, 有

$$\mu_2(E\{|y(t, x, t_0, v_0, i_0)|_G\}) \leqslant E\{V(t, \overline{v}(t, t_0, \overline{v}_0), i)\} \leqslant V(t_0, \overline{v}_0, i)$$

$$\leqslant \mu_3(|v_0(\cdot, x)|_G) < \mu_2\varepsilon.$$

因此, 我们得

$$E\{|y(t, x, t_0, v_0, i_0)|_G\} < \varepsilon. \qquad \square$$

1.2.3 n-维马尔可夫跳变随机反应扩散系统的均值渐近稳定性

在这一小节, 我们给出关于局部变量的均值渐近稳定和均值一致渐近稳定的一些充分条件.

定理 1.6 令 $\overline{v}(t) = \displaystyle\int_G v(t, x)\mathrm{d}x$, 假设

B1. 存在函数 $V(t, \overline{v}(t), i) \in C^{1,2}[\mathbb{R}_+ \times S_h \times \mathbb{S}, \mathbb{R}_+]$ $(S_h = \{\zeta| |\zeta(\cdot)| < h\})$ 满足 $V(t, 0, i) = 0$;

B2. $\mu(|y(t, x, i_0)|_G) \leqslant V(t, \overline{v}(t), i)$, $\mu \in \mathcal{K}$ 是一个凸函数;

B3. $\mathcal{L}V(t, \overline{v}(t), i) \leqslant -\psi(|y(t, x, i_0)|_G)$, $\psi \in \mathcal{K}$ 是一个凸函数.

则系统 (1.29) 的零解关于局部变量 y 是均值渐近稳定的.

证明 由定理 1.4, 我们知道系统 (1.29) 的零解关于局部变量 y 是稳定的, 因此我们只需证明:

$$\lim_{t \to \infty} E\{|y(t, x, t_0, v_0, i_0)|_G\} = 0.$$

与定理 1.4 的证明相似, 我们可导出

$$E\{V(t, \overline{v}(t, x, t_0, \overline{v}_0), i)\} = V(t_0, \overline{v}_0, \gamma_0) + \int_{t_0}^{t} E\{\mathcal{L}V(s, \overline{v}(s, t_0, \overline{v}_0), i)\}\mathrm{d}s.$$

这里我们用反证法, 假设对某些 $i_0 \in \mathbb{S}$,

$$\lim_{t \to \infty} E\{|y(t, x, t_0, v_0, i_0)|_G\} \neq 0,$$

而不是

$$\lim_{t \to \infty} E\{|y(t, x, t_0, v_0, i_0)|_G\} \triangleq \lambda_\infty > 0.$$

由条件 B2 和 B3, 我们得

$$\mu(\mathrm{E}\{|y(t,x,t_0,v_0,i_0)|_G\}) \leqslant \mathrm{E}\{V(t,\overline{v}(t,x,t_0,\overline{v}_0),i_0)\}$$

$$\leqslant V(t_0,\overline{v}_0,\gamma_0) - \int_{t_0}^t \psi(\mathrm{E}\{|y(s,x,t_0,v_0,i_0)|_G\})\mathrm{d}s.$$

那么

$$0 < \lim_{t\to\infty} \mu(\mathrm{E}\{|y(t,x,t_0,v_0,i_0)|_G\})$$

$$\leqslant V(t_0,\overline{v}_0,\gamma_0) - \int_{t_0}^t \lim_{t\to\infty} \psi(\mathrm{E}\{|y(s,x,t_0,v_0,i_0)|_G\})\mathrm{d}s$$

$$= V(t_0,\overline{v}_0,\gamma_0) - \psi(\lambda_\infty)(t-t_0). \tag{1.37}$$

然而, (1.37) 不被满足, 因为 $t \gg t_0$. 因此, 假设 $\lim\limits_{t\to\infty} \mathrm{E}\{|y(t,x,t_0,v_0,i_0)|_G\} \neq 0$ 不成立. 应该是

$$\lim_{t\to\infty} \mathrm{E}\{|y(t,x,t_0,v_0,i_0)|_G\} = 0.$$

也就是说, 系统 (1.29) 的零解关于局部变量 y 是均值渐近稳定的. □

此外, 注意到 $-\psi(|v(t,x,i)|_G) \leqslant -\psi(|y(t,x,i_0)|_G)$ $(i \in \mathbb{S})$, 我们得到以下的定理.

定理 1.7 假设定理 1.6 的条件 B3 被替换为

B4. $\mathcal{L}V(t,\overline{v}(t),i) \leqslant -\psi(|v(t,x,i)|_G), \psi \in \mathcal{K}$ 是一个凸函数,

其他条件保持不变. 那么, 系统 (1.29) 的零解关于局部变量 y 是均值一致渐近稳定的.

下面我们将研究局部变量的均值一致渐近稳定性.

定理 1.8 令 $\overline{v}(t) = \int_G v(t,x)\mathrm{d}x$, 假设存在函数 $V(t,\overline{v}(t),i) \in C^{1,2}[\mathbb{R}_+ \times S_h \times \mathbb{S}, \mathbb{R}]$ $(S_h = \{\zeta | |\zeta(\cdot)| < h\})$, 且 $V(t,0,i) = 0$.

C1. $\phi(|y(t,x,i_0)|_G) \leqslant V(t,\overline{v}(t),i) \leqslant \varphi(|v(t,x,i)|_G), \phi, \varphi \in \mathcal{K}, \phi$ 是一个凸函数;

C2. $\mathcal{L}V(t,\overline{v}(t),i) \leqslant -\psi(|y(t,x,i_0)|_G), \psi \in \mathcal{K}$ 是一个凸函数.

那么, 系统 (1.29) 的零解关于局部变量 y 是均值一致渐近稳定的.

证明 因为定理 1.8 的条件包含了定理 1.5 的那些条件, 很显然, 系统 (1.29) 的零解关于局部变量 y 是一致稳定的, 现在我们只需证明

$$\lim_{t\to\infty} \mathrm{E}\{|y(t,x,t_0,v_0,i_0)|_G\} = 0.$$

与定理 1.5 的证明相似, 我们得

$$\mathrm{E}\{V(t,\overline{v}(t,x,t_0,\overline{v}_0),i)\} = V(t_0,\overline{v}_0,\gamma_0) + \int_{t_0}^{t} \mathrm{E}\{\mathcal{L}V(s,\overline{v}(s,t_0,\overline{v}_0),\gamma(s))\}\mathrm{d}s.$$

现在我们用反证法, 假设对某些 $i_0 \in \mathbb{S}$, 有

$$\lim_{t\to\infty} \mathrm{E}\{|y(t,x,t_0,v_0,i_0)|_G\} \neq 0,$$

而不是

$$\lim_{t\to\infty} \mathrm{E}\{|y(t,x,t_0,v_0,i_0)|_G\} \triangleq \lambda_\infty > 0.$$

由定理 1.8 的假设条件 C1 和 C2, 我们有

$$\phi(\mathrm{E}\{|y(t,x,t_0,v_0,i_0)|_G\}) \leqslant \mathrm{E}\{V(t,\overline{v}(t,x,t_0,\overline{v}_0),i_0)\}$$
$$\leqslant V(t_0,\overline{v}_0,\gamma_0) - \int_{t_0}^{t} \psi(\mathrm{E}\{|y(s,x,t_0,v_0,i_0)|_G\})\mathrm{d}s.$$

因此

$$0 < \lim_{t\to\infty} \phi(\mathrm{E}\{|y(t,x,t_0,v_0,i_0)|_G\})$$
$$\leqslant V(t_0,\overline{v}_0,\gamma_0) - \int_{t_0}^{t} \lim_{t\to\infty} \psi(\mathrm{E}\{|y(s,x,t_0,v_0,i_0)|_G\})\mathrm{d}s$$
$$= V(t_0,\overline{v}_0) - h(\lambda_\infty)(t - t_0).$$

然而, 由于 $t \gg t_0$, 上面的不等式显然不成立. 因此, 假设 $\lim\limits_{t\to\infty} \mathrm{E}\{|y(t,x,t_0,v_0, i_0)|_G\} \neq 0$ 不成立, 即 $\lim\limits_{t\to\infty} \mathrm{E}\{|y(t,x,t_0,v_0,i_0)|_G\} = 0$ 成立. 也就是, 系统 (1.29) 的零解关于局部变量 y 是均值一致渐近稳定的. □

注意到 $-\psi(|v(t,x,i)|_G) \leqslant -\psi(|y(t,x,i_0)|_G)$, $i \in \mathbb{S}$, 那么我们得到以下结论.

定理 1.9 假设定理 1.8 的假设条件 C2 被替换为

C3. $\mathcal{L}V(t,\overline{v}(t),i) \leqslant -\psi(|v(t,x,i)|_G)$, $\psi \in \mathcal{K}$ 是一个凸函数,

其他条件保持不变, 那么系统 (1.29) 的零解关于局部变量 y 是均方一致渐近稳定的.

1.2.4 n-维马尔可夫跳变随机反应扩散系统的均值指数稳定性

这一小节, 我们将讨论系统 (1.29) 的零解的均值指数稳定性, 得到以下结论.

定理 1.10 令 $\overline{v}(t) = \int_G v(t, x)\mathrm{d}x$, 假设存在函数 $V(t, \overline{v}(t), i) \in C^{1,2}[\mathbb{R}_+ \times S_h \times \mathbb{S}, \mathbb{R}_+]$, 满足

H1. $\lambda_1|y(t, x, i_0)|_G \leqslant V(t, \overline{v}(t), i) \leqslant \lambda_2|v(t, x, i)|_G, \lambda_1, \lambda_2 > 0$ 是常数;

H2. $\mathcal{L}V(t, \overline{v}(t), i) \leqslant -\lambda_3(|y(t, x, i_0)|_G), \lambda_3 > 0$ 是常数,

那么对于 $t \geqslant t_0$, $\mathrm{E}\{|y(t, x, i_0)|_G\} \leqslant \dfrac{\lambda_2}{\lambda_1}|v_0|_G\mathrm{e}^{-\lambda_3(t-t_0)}$ 成立, 也就是说, 系统 (1.29) 的零解关于局部变量 y 是均值指数稳定的.

证明 将系统 (1.29) 关于空间变量 x 积分, 很容易得到, 对于 $i \in \mathbb{S}$, 有

$$\mathrm{d}\left(\int_G v(t, x)\mathrm{d}x\right) = \left[\alpha(t, i)\int_G \Delta v(t, x)\mathrm{d}x + \int_G f(t, x, v(t, x), i)\mathrm{d}x\right]\mathrm{d}t$$
$$+ \int_G g(t, x, v(t, x), i)\mathrm{d}x\mathrm{d}w(t). \tag{1.38}$$

应用格林公式, 我们得

$$\int_G \Delta v(t, x)\mathrm{d}x = \int_{\partial v} \frac{\partial v}{\partial \mathcal{N}}\mathrm{d}s = 0.$$

因此, 式 (1.38) 可以变为

$$\mathrm{d}\left(\int_G v(t, x)\mathrm{d}x\right) = \int_G f(t, x, v(t, x), i)\mathrm{d}x\mathrm{d}t + \int_G g(t, x, v(t, x), i)\mathrm{d}x\mathrm{d}w(t). \tag{1.39}$$

因为 $V(t_0, \overline{v}, i)$ 是连续的, 且 $V(t_0, 0, i) = 0$, 存在 $\delta(t_0, \varepsilon)$, 使得对于 $|\overline{v}_0| < \delta$, $V(t_0, \overline{v}_0, i) < \mu_1(\varepsilon)$ 成立. 选择任意的 $v_0 : |v_0| < \delta$, 并对 $V(t, \overline{v}, i)$ 沿着系统 (1.39) 的轨迹应用 Itô 公式, 可得

$$V(t, \overline{v}(t, t_0, \overline{v}_0), \gamma(t)) = V(t_0, \overline{v}_0, \gamma(0)) + \int_{t_0}^t \mathcal{L}V(s, \overline{v}(s, t_0, \overline{v}_0), \gamma(s))\mathrm{d}s$$
$$+ \int_{t_0}^t \frac{\partial V(s, \overline{v}, \gamma(s))}{\partial \overline{v}}\int_G g(s, x, v(s, x), \gamma(s))\mathrm{d}x\mathrm{d}w(s), \tag{1.40}$$

这里

$$\mathcal{L}V(t, \overline{v}, i) = \frac{\partial V(t, \overline{v}, i)}{\partial t} + \frac{\partial V(t, \overline{v}, i)}{\partial \overline{v}}\int_G f(t, x, v(t, x), i)\mathrm{d}x$$

$$+ \frac{1}{2} \left(\int_G g^{\mathrm{T}}(t, x, v(t,x), i) \mathrm{d}x \frac{\partial^2 V(t, \overline{v})}{\partial \overline{v} \partial \overline{v}} \int_G g(t, x, v(t,x), i) \mathrm{d}x \right)$$

$$+ \sum_{j=1}^{N} \gamma_{ij} V(t, x, j)$$

对任意的 $t \geqslant t_0$ 成立. 构造如下形式的 Lyapunov 函数

$$V^* = \mathrm{e}^{\lambda_3(t-t_0)} V(t, \overline{v}, i).$$

再次应用 Itô 公式, 我们得

$$\mathrm{d}V^* = \lambda_3 \mathrm{e}^{\lambda_3(t-t_0)} V(t, \overline{v}, i) \mathrm{d}t + \mathrm{e}^{\lambda_3(t-t_0)} \mathrm{d}V,$$

即

$$\begin{aligned}
\mathrm{d}V^* &= \lambda_3 \mathrm{e}^{\lambda_3(t-t_0)} V(t, \overline{v}, i) \mathrm{d}t + \mathrm{e}^{\lambda_3(t-t_0)} \mathrm{d}V \\
&= \mathrm{e}^{\lambda_3(t-t_0)} [\lambda_3 V(t, \overline{v}, i) + \mathcal{L}V(t, \overline{v}, i)] \mathrm{d}t \\
&\quad + \mathrm{e}^{\lambda_3(t-t_0)} \frac{\partial V(t, \overline{v}, i)}{\partial \overline{v}} \int_G g(t, x, v(t,x), i) \mathrm{d}x \mathrm{d}w(t).
\end{aligned} \tag{1.41}$$

对任意 $n \geqslant |v_0|_G$, 定义一个停时

$$\tau_n = \inf\{t \geqslant t_0 : |v(t,x)|_G \geqslant n\}.$$

将 (1.41) 关于 t 从 t_0 到 $t \wedge \tau_n$ 积分得

$$\mathrm{e}^{\lambda_3(t \wedge \tau_n - t_0)} V(t \wedge \tau_n, \overline{v}(t \wedge \tau_n), \gamma(t \wedge \tau_n))$$

$$= V(t_0, \overline{v}_0, \gamma_0) + \int_{t_0}^{t \wedge \tau_n} \mathrm{e}^{\lambda_3(s-t_0)} [\lambda_3 V(s, \overline{v}, \gamma(s)) + \mathcal{L}V(s, \overline{v}, \gamma(s))] \mathrm{d}s$$

$$+ \int_{t_0}^{t \wedge \tau_n} \mathrm{e}^{\lambda_3(s-t_0)} \frac{\partial V(s, \overline{v}, \gamma(s))}{\partial \overline{v}} \int_G g(s, x, v(s,x), \gamma(s)) \mathrm{d}x \mathrm{d}w(s). \tag{1.42}$$

因为 $\dfrac{\partial V(t, \overline{v}, i)}{\partial \overline{v}}$ 在 $\mathbb{R}_+ \times \mathbb{R}^n$ 上是连续的, 存在常数 $L > 0$, 使得

$$\left| \frac{\partial V(s, \overline{v}, i)}{\partial \overline{v}} \right| \leqslant L, \quad s \in [t_0, t \wedge \tau_n].$$

此外, 由于假设 $g(t, x, v(t,x))$ 满足线性增长条件, 对于 $s \in [t_0, t \wedge \tau_n]$, 不难得到

$$\left| \frac{\partial V(s, \overline{v}, i)}{\partial \overline{v}} \int_G g(s, x, v(s,x), i) \mathrm{d}x \right| \leqslant LK \left(1 + \left| \int_G v(t, x, t_0, v_0) \mathrm{d}x \right| \right) \leqslant LK(1+n).$$

由文献 [29] 中的定理, 可得

$$\mathrm{E}\left\{\int_{t_0}^{t\wedge\tau_n} \mathrm{e}^{\lambda_3(s-t_0)} \frac{\partial V(s,\overline{v},\gamma(s))}{\partial \overline{v}} \int_G g(s,x,v(s,x),\gamma(s))\mathrm{d}x\mathrm{d}w(s)\right\} = 0.$$

在 (1.42) 两边同时取数学期望, 可得

$$\mathrm{E}\{\mathrm{e}^{\lambda_3(t\wedge\tau_n-t_0)}V(t\wedge\tau_n,\overline{v}(t\wedge\tau_n),\gamma(t\wedge\tau_n))\}$$

$$= V(t_0,\overline{v}_0,\gamma_0) + \mathrm{E}\left\{\int_{t_0}^{t\wedge\tau_n} \mathrm{e}^{\lambda_3(s-t_0)}[\lambda_3 V(s,\overline{v},\gamma(s)) + \mathcal{L}V(s,\overline{v},\gamma(s))]\mathrm{d}s\right\}.$$

利用假设条件 H1 和 H2, 我们推出

$$\lambda_1\mathrm{e}^{\lambda_3(t\wedge\tau_n-t_0)}\mathrm{E}\{|y(t\wedge\tau_n,x,\gamma(t\wedge\tau_n))|_G\}$$

$$\leqslant \mathrm{E}\{\mathrm{e}^{\lambda_3(t\wedge\tau_n-t_0)}V(t\wedge\tau_n,\overline{v}(t\wedge\tau_n),\gamma(t\wedge\tau_n))\}$$

$$\leqslant V(t_0,\overline{v}_0,\gamma_0).$$

令 $n\to\infty$, 那么当 $\tau_n\to\infty$ 时, 有

$$\lambda_1\mathrm{e}^{\lambda_3(t-t_0)}\mathrm{E}\{|y(t,x,\gamma(t))|_G\} \leqslant \lambda_2|v_0|_G.$$

因此, 有

$$\mathrm{E}\{|y(t,x,i_0)|_G\} \leqslant \frac{\lambda_2}{\lambda_1}|v_0|_G\mathrm{e}^{-\lambda_3(t-t_0)}, \quad t \geqslant t_0. \qquad \square$$

由定理 1.10 很容易得到下面的定理.

定理 1.11　假设定理 1.10 中的假设条件 H2 被替换为

H3. $\mathcal{L}V(t,\overline{v}(t),i) \leqslant -\lambda_3(|y(t,x,i_0)|_G)$,

其他条件保持不变, 那么 $\mathrm{E}\{|y(t,x,i_0)|_G\} \leqslant \dfrac{\lambda_2}{\lambda_1}|v_0|_G\mathrm{e}^{-\lambda_3(t-t_0)}$, $t \geqslant t_0$, 即系统 (1.29) 的零解关于局部变量 y 是均方指数稳定的.

注 1.3　我们需要指出, 均值稳定的定义是基于样本函数的一阶矩, 而均方稳定的定义是基于样本函数的二阶矩. 若样本函数存在二阶矩, 我们的关于均值稳定的结果很容易推广到均方稳定. 此外, 若系统是均值稳定的, 那么也是依概率稳定的, 一般地, 依概率稳定不能推出均值稳定.

下面给出例子说明所得结论的有效性.

例子 1.3   考虑以下二维带有马尔可夫跳变的随机反应扩散系统, 它满足边界条件 (1.30).

$$
\begin{cases}
\mathrm{d}v_1(t,x) = (\Delta v_1(t,x) + v_2(t,x))\mathrm{d}t, \\
\mathrm{d}v_2(t,x) = (\Delta v_2(t,x) - v_1(t,x) - \alpha(t,\gamma(t))v_2(t,x)\mathrm{d}t \\
\qquad\qquad - \sqrt{\alpha(t,\gamma(t))}v_2(t,x))\mathrm{d}w(t),
\end{cases}
\tag{1.43}
$$

构造函数 $V = \left(\int_G v_1(t,x)\mathrm{d}x\right)^2 + \left(\int_G v_2(t,x)\mathrm{d}x\right)^2$, 我们有

$$
\mathcal{L}V = \left[2\int_G v_1\mathrm{d}x, 2\int_G v_2\mathrm{d}x\right]\left[\begin{array}{c} \int_G v_2\mathrm{d}x \\ -\int_G v_1\mathrm{d}x - \alpha(t,\gamma(t))\int_G v_2\mathrm{d}x \end{array}\right]
$$

$$
+ \alpha(t,\gamma(t))\left(\int_G v_2(t,x)\mathrm{d}x\right)^2
$$

$$
= -\alpha(t,\gamma(t))\left(\int_G v_2(t,x)\mathrm{d}x\right)^2 < 0.
$$

根据定理 1.4, 我们知道系统 (1.43) 的零解关于局部变量 v_2 是均值稳定的.

1.2.5   本节小结

本节, 首先给出了带有马尔可夫跳变的随机反应扩散系统的局部变量均值稳定的定义, 通过对带有马尔可夫跳变的随机常微分方程的解对应的空间向量的轨迹进行积分变换, 我们利用 Itô 公式建立了带有马尔可夫跳变的随机反应扩散系统的局部变量均值稳定的一些充分条件, 给出例子说明了所得结果的有效性, 在我们的进一步研究中将通过局部状态考虑带有马尔可夫跳变的随机反应扩散系统的脉冲同步性.

1.3   马尔可夫跳变时滞反应扩散 Hopfield 神经网络

1.3.1   本节预备知识

设 $L^2(\mathbb{R}\times G)$ 表示定义在 $\mathbb{R}\times G$ 上的实值 Lebesgue 可测函数集, 对于 2-范数 $\|v(t)\|_2 = \left(\sum_{i=1}^m \|v_i(t)\|^2\right)^{\frac{1}{2}}$ 构成一个 Banach 空间, 其中 $\|v_i(t)\| = \left(\int_G |v_i(t,x)|^2\mathrm{d}x\right)^{\frac{1}{2}}$, $|\cdot|$ 是欧氏范数. $C = C([-\sigma_0,0]\times G,\mathbb{R}^m)$ 表示具有范数 $\|\varpi\|_{\sigma_0} = \sup_{-\sigma_0\leqslant\theta\leqslant0}\|\varpi(\theta)\|_2$

的 Banach 空间. $(\Omega, \mathcal{F}, \{\mathcal{F}_t\}_{t \geqslant 0}, \mathrm{P})$ 表示完备的概率空间, 具有滤子 $\{\mathcal{F}_t\}_{t \geqslant 0}$ 且满足常规条件. $C^{2,1}(\mathbb{R}^+ \times \mathbb{R}^m \times \mathbb{S}; \mathbb{R}^+)$ 表示 $\mathbb{R}^+ \times \mathbb{R}^m \times \mathbb{S}$ 上所有非负函数 $V(t, v, r(t))$ 构成的空间, 对 v 连续二次可微且对 t 一次可微. $L^p_{\mathcal{F}_0}([-\sigma_0, 0] \times G, \mathbb{R}^m)$ 表示所有 $\mathcal{F}_0$ 可测的 $C([-\sigma_0, 0] \times G; \mathbb{R}^m)$ 值随机变量 $\varpi = \{\varpi(\theta, x): -\sigma_0 \leqslant \theta \leqslant 0, x \in G\}$ 构成的集合, 使得 $\sup\limits_{-\sigma_0 \leqslant \theta \leqslant 0} \mathrm{E}\|\varpi(\theta)\|_2^2 \leqslant \infty$, 其中 $\mathrm{E}\{\cdot\}$ 表示数学期望. $A = [1, 1, \cdots, 1]^{\mathrm{T}}$, I 表示适当维数的恒等矩阵. 设

$$\nabla v = [\nabla v_1, \cdots, \nabla v_m]^{\mathrm{T}}, \quad \nabla v_i = \left[\frac{\partial v_i}{\partial x_1}, \cdots, \frac{\partial v_i}{\partial x_n}\right]^{\mathrm{T}}, \quad i = 1, 2, \cdots, m,$$

$$Y_i = [y_{i1}, \cdots, y_{in}]^{\mathrm{T}}, \quad i = 1, 2, \cdots, m, \quad Y = [Y_1, Y_2, \cdots, Y_m]^{\mathrm{T}},$$

$$\nabla \cdot Y_i = \frac{\partial y_{i1}}{\partial x_1} + \cdots + \frac{\partial y_{in}}{\partial x_n}, \quad \nabla \cdot Y = [\nabla \cdot Y_1, \nabla \cdot Y_2, \cdots, \nabla \cdot Y_m]^{\mathrm{T}}.$$

在本小节, 我们考虑以下一般不确定转移速率高阶马尔可夫跳变时滞反应扩散 Hopfield 神经网络:

$$\begin{aligned}
\frac{\partial y_i(t, x)}{\partial t} = {} & \sum_{l=1}^n \frac{\partial}{\partial x_l}\left(D_{il}(t, x, y_i)\frac{\partial y_i(t, x)}{\partial x_l}\right) - \alpha_i(r(t))y_i(t, x) \\
& + \sum_{j=1}^m \omega_{ij}(r(t))\eta_j(y_j(t, x)) + \sum_{j=1}^m \zeta_{ij}(r(t))\rho_j(y_j(t - \sigma_j(t), x)) \\
& + \sum_{j=1}^m \sum_{\ell=1}^m \zeta_{ij\ell}(r(t))\rho_j(y_j(t - \sigma_j(t), x))\rho_\ell(y_\ell(t - \sigma_\ell(t), x)) + E_i,
\end{aligned}$$

$$\frac{\partial y_i(t, x)}{\partial \mathcal{N}} = 0, \quad t \geqslant t_0 \geqslant 0, \quad x \in \partial G,$$

$$y_i(t_0 + \theta, x) = \varpi_i(\theta, x), \quad -\sigma_0 \leqslant \theta \leqslant 0, \quad x \in G, \qquad (1.44)$$

其中 $y(t, x) = [y_1(t, x), \cdots, y_m(t, x)]^{\mathrm{T}} \in \mathbb{R}^m$, $x = [x_1, \cdots, x_n]^{\mathrm{T}} \in \mathbb{R}^n$, $G \subset \mathbb{R}^n$ 是紧集, 具有边界 ∂G, $\mathcal{N}$ 表示 ∂G 的单位外法向量. $\alpha_i(r(t)) > 0$ 表示在与神经网络不连通并且无外部附加电压差情况下第 i 个神经元恢复孤立静息状态下的速率, $D_{il}(t, x, y_i) \geqslant 0$ 表示光滑扩散算子. $\sigma_j(t)$ 表示轴突信号传输过程中的延迟, 且 $0 \leqslant \sigma_j(t) \leqslant \sigma_0$, $\dot{\sigma}_j(t) \leqslant \kappa < 1$ (σ_0 是一个常数), ω_{ij} 和 E_i 分别表示突触连接和外部恒定输入强度. $\varpi_i(\theta, x)$ 和 $\frac{\partial y_i}{\partial \mathcal{N}} = 0$ 分别表示初值和边值. ζ_{ij} 表示一阶突触权重, $\zeta_{ij\ell}$ 表示二阶突触权重. 假设对任意的 $y_j \neq w_j, y_j, w_j, n_{0j}, n_{1j} \in \mathbb{R}$, 神经元激

活函数 $\eta_J(y_J)$ 和 $\rho_J(y_J)$ $(J = 1, \cdots, m)$, 满足

$$|\rho_J(y_J)| \leqslant W_J, \quad 0 \leqslant \frac{|\rho_J(y_J) - \rho_J(w_J)|}{|y_J - w_J|} \leqslant n_{1J},$$

$$0 \leqslant \frac{|\eta_J(y_J) - \eta_J(w_J)|}{|y_J - w_J|} \leqslant n_{0J}. \tag{1.45}$$

设 $r(t)$ 是完备概率空间上右连续的马尔可夫过程, 在有限空间 $\mathbb{S} = \{1, 2, \cdots, N\}$ 上取值, 且转移速率矩阵为 $\Pi = \{\pi_{ij}\}$ $(i, j \in \mathbb{S})$, 定义模态 i 到模态 j 的转移速率为以下形式:

$$P\{r(t + \Delta) = j | r(t) = i\} = \begin{cases} \pi_{ij}\Delta + o(\Delta), & i \neq j, \\ 1 + \pi_{ij}\Delta + o(\Delta), & i = j, \end{cases} \tag{1.46}$$

其中 $\Delta > 0$ 且 $\lim\limits_{\Delta \to 0} \frac{o(\Delta)}{\Delta} = 0$. $\pi_{ij} > 0$ $(i \neq j)$ 表示 $r(t)$ 从 t 时刻模态 i 到 $t + \Delta$ 时刻模态 j 的转移速率. 但是, 不是所有的转移速率是可用的或可以计算的. 转移速率矩阵 $\Pi = (\pi_{ij})_{N \times N}$ 一般是不确知的. 例如, 具有 N 个运行模式的系统 (1.44) 的转移速率矩阵表示为

$$M = \begin{bmatrix} \hat{\pi}_{11} + \Delta_{11} & ? & ? & \cdots & \hat{\pi}_{1N} + \Delta_{1N} \\ ? & ? & \hat{\pi}_{23} + \Delta_{23} & \cdots & \hat{\pi}_{2N} + \Delta_{2N} \\ \vdots & \vdots & \vdots & \ddots & \vdots \\ ? & ? & ? & \cdots & ? \end{bmatrix}, \tag{1.47}$$

其中 $\hat{\pi}_{ij}$ 和 $\Delta_{ij} \in [-\epsilon_{ij}, \epsilon_{ij}]$ $(\epsilon_{ij} \geqslant 0)$ 分别表示不确定转移速率 π_{ij} 的估计值和估计误差, 并且 $\hat{\pi}_{ij}$, ϵ_{ij} 是确知的. 而 "?" 表示完全未知的转移速率, 这意味着它的估计值 $\hat{\pi}_{ij}$ 和估计误差界是未知的. 对于所有的 $i \in \mathbb{S}$, 集合 U^i 表示为 $U^i = U_k^i \cup U_{uk}^i$, 其中 $U_k^i \triangleq \{j \in \mathbb{S} : \pi_{ij}$ 的估计值是已知的$\}$, $U_{uk}^i \triangleq \{j \in \mathbb{S} : \pi_{ij}$ 的估计值是未知的$\}$.

此外, 如果 $U_k^i \neq \varnothing$, 它表示为 $U_k^i = \{k_1^i, k_2^i, \cdots, k_{n_i}^i\}$, 其中 $k_{n_i}^i \in \mathbb{N}$ 表示矩阵 Π 的第 i 行第 n_i 个已知元素的下标. 根据转移速率的性质: $\pi_{ij} \geqslant 0$ $(\forall i, j \in \mathbb{S}, i \neq j)$, $\pi_{ii} = -\sum\limits_{j=1, j\neq i}^{N} \pi_{ij}$, 得

$$0 \leqslant \hat{\pi}_{ij} - \epsilon_{ij} \leqslant \pi_{ij} \leqslant \hat{\pi}_{ij} + \epsilon_{ij} \quad (\forall j \neq i), \quad \hat{\pi}_{ii} - \epsilon_{ii} \leqslant \pi_{ii} \leqslant \hat{\pi}_{ii} + \epsilon_{ii} \leqslant 0.$$

因此, 关于转移速率的已知估计以下三个假设是成立的.

假设1.2 如果 $U_k^i = \mathbb{S}$, 则 $\hat{\pi}_{ij} - \epsilon_{ij} \geqslant 0\,(\forall j \in \mathbb{S}, i \neq j)$, $\hat{\pi}_{ii} = -\sum\limits_{j=1,j\neq i}^{N} \hat{\pi}_{ij} \leqslant 0$, 且 $\epsilon_{ii} = \sum\limits_{j=1,j\neq i}^{N} \epsilon_{ij} > 0$.

假设 1.3 如果 $U_k^i \neq \mathbb{S}$ 且 $i \in U_k^i$, 则 $\hat{\pi}_{ij} - \epsilon_{ij} \geqslant 0\,(\forall j \in U_k^i, i \neq j)$, $\hat{\pi}_{ii} + \epsilon_{ii} \leqslant 0$, 且 $\sum\limits_{j\in U_k^i} \hat{\pi}_{ij} \leqslant 0$.

假设 1.4 如果 $U_k^i \neq \mathbb{S}$ 且 $i \notin U_k^i$, 则 $\hat{\pi}_{ij} - \epsilon_{ij} \geqslant 0\,(\forall j \in U_k^i)$.

注 1.4 以上所述的转移速率要比边界不确定转移速率和部分未知转移速率更常规. 边界不确定转移速率模型[30] 可以表示为

$$
\begin{bmatrix}
\hat{\pi}_{11} + \Delta_{11} & \hat{\pi}_{12} + \Delta_{12} & \hat{\pi}_{13} + \Delta_{13} & \cdots & \hat{\pi}_{1N} + \Delta_{1N} \\
\hat{\pi}_{21} + \Delta_{21} & \hat{\pi}_{22} + \Delta_{22} & \hat{\pi}_{23} + \Delta_{23} & \cdots & \hat{\pi}_{2N} + \Delta_{2N} \\
\vdots & \vdots & \vdots & \ddots & \vdots \\
\hat{\pi}_{N1} + \Delta_{N1} & \hat{\pi}_{N2} + \Delta_{N2} & \hat{\pi}_{N3} + \Delta_{N3} & \cdots & \hat{\pi}_{NN} + \Delta_{NN}
\end{bmatrix},
\tag{1.48}
$$

其中 $\hat{\pi}_{ij} - \Delta_{ij} \geqslant 0\,(\forall j \in \mathbb{S}, i \neq j)$, $\hat{\pi}_{ii} = -\sum\limits_{j=1,j\neq i}^{N} \hat{\pi}_{ij} \leqslant 0$ 且 $\epsilon_{ii} = \sum\limits_{j=1,j\neq i}^{N} \epsilon_{ij} > 0$. 部分未知转移速率矩阵[31] 表示为

$$
\begin{bmatrix}
\pi_{11} & ? & ? & \cdots & ? \\
? & ? & \pi_{23} & \cdots & \pi_{2N} \\
\vdots & \vdots & \vdots & \ddots & \vdots \\
? & \pi_{N2} & ? & \cdots & ?
\end{bmatrix}.
\tag{1.49}
$$

很显然, 当 $U_{uk}^i \neq \varnothing, \forall i \in \mathbb{S}$ 时, 则 (1.47) 退化为 (1.48); 当 $\epsilon_{ij}, i \in \mathbb{S}, j \in U_k^i$ 时, 则 (1.47) 退化为 (1.49).

在条件 (1.45) 成立的情况下, 系统 (1.44) 存在平衡点 $y^* = [y_1^*, \cdots, y_m^*]^{\mathrm{T}}$, 则系统 (1.44) 可以写成以下等价形式:

$$
\begin{aligned}
\frac{\partial[y_i(t,x) - y_i^*(t,x)]}{\partial t} =& \sum_{l=1}^{n} \frac{\partial}{\partial x_l}\left(D_{il}(t,x,y_i)\frac{\partial(y_i(t,x) - y_i^*(t,x))}{\partial x_l} \right) \\
& - \alpha_i(r(t))(y_i(t,x) - y_i^*(t,x)) \\
& + \sum_{j=1}^{m} \omega_{ij}(r(t))(\eta_j(y_j(t,x)) - \eta_j(y_j^*(t,x)))
\end{aligned}
$$

$$+ \sum_{j=1}^{m} \left[\zeta_{ij}(r(t)) + \sum_{\ell=1}^{m} (\zeta_{ij\ell}(r(t)) + \zeta_{i\ell j}(r(t))) \psi_{\ell} \right]$$

$$\times (\rho_j(y_j(t - \sigma_j(t), x)) - \rho_j(y_j^*(t, x))),$$

$$y_i(t_0 + \theta, x) = \varpi_i(\theta, x), \quad -\sigma_0 \leqslant \theta \leqslant 0, \ x \in G,$$

$$\frac{\partial y_i}{\partial \mathcal{N}} = 0, \quad t \geqslant t_0 \geqslant 0, \ x \in \partial G, \tag{1.50}$$

其中 $0 \leqslant \sigma_j(t) \leqslant \sigma_0$, $\psi_\ell = \dfrac{1}{2}[\rho_\ell(y_\ell(t - \sigma_\ell(t), x)) + \rho_\ell(y_\ell^*)]$ 且 $|\psi_\ell| \leqslant W_\ell$. 设 $z = y(t, x) - y^*(t, x)$, $\varrho_j(y_j) = \rho_j(y_j(t - \sigma_j(t), x))$, $\bar{\varrho}_j(z_j) = \varrho_j(y_j) - \varrho_j(y_j^*)$ $(j = 1, 2, \cdots, m)$, 则有

$$\bar{\varrho}_j(z_j)\bar{\varrho}_\ell(z_\ell) + \bar{\varrho}_j(z_j)\varrho_\ell(y_\ell^*) + \bar{\varrho}_\ell(z_\ell)\varrho_j(y_j^*)$$

$$= \frac{1}{2}\bar{\varrho}_j(z_j)\bar{\varrho}_\ell(z_\ell) + \bar{\varrho}_j(z_j)\varrho_\ell(y_\ell^*) + \frac{1}{2}\bar{\varrho}_j(z_j)\bar{\varrho}_\ell(z_\ell) + \bar{\varrho}_\ell(z_\ell)\varrho_j(y_j^*)$$

$$= \bar{\varrho}_j(z_j)\left[\frac{1}{2}(\varrho_\ell(y_\ell) - \varrho_\ell(y_\ell^*)) + \varrho_\ell(y_\ell^*)\right] + \bar{\varrho}_\ell(z_\ell)\left[\frac{1}{2}(\varrho_j(y_j) - \varrho_j(y_j^*)) + \varrho_j(y_j^*)\right]$$

$$= \bar{\varrho}_j(z_j)\psi_\ell + \bar{\varrho}_\ell(z_\ell)\psi_j, \tag{1.51}$$

其中 $\psi_j = \dfrac{1}{2}[\varrho_j(y_j) + \varrho_j(y_j^*)]$. 很显然, 由系统 (1.44) 和 (1.51) 可以得到, 系统 (1.50) 与系统 (1.44) 是等价的.

定义 1.10 [32] 如果对于任意的 $\varpi \in L_{\mathcal{F}_0}^p([-\sigma_0, 0] \times G; \mathbb{R}^m)$ 和 $r(t) = i$, $\forall i \in \mathbb{S}$, 存在常数 $L > 0$ 和 $h > 0$, 使得

$$\mathrm{E}\|y(t, \varpi) - y^*\|_2^2 \leqslant Le^{-ht} \sup_{-\sigma_0 \leqslant \theta \leqslant 0} \mathrm{E}\|\varpi(\theta) - y^*\|_2^2, \tag{1.52}$$

则称系统 (1.44) 的平衡点 y^* 是全局均方指数稳定的.

引理 1.1 [32] 如果系统 (1.44) 存在解 $y(t, x)$, 则

$$\int_G y(t, x) \nabla \cdot (D(t, x, y) \circ \nabla y(t, x)) \mathrm{d}x = -\int_G (D(t, x, y) \cdot (\nabla y \circ \nabla y)) A \mathrm{d}x,$$

其中 $A = [1, 1, \cdots, 1]^\mathrm{T}$.

引理 1.2 [31] 假设 $\nu \in \mathbb{R}^m$, $\omega \in \mathbb{R}^m$, 且 $\iota > 0$, 则

$$\nu^\mathrm{T}\omega + \omega^\mathrm{T}\nu \leqslant \iota\nu^\mathrm{T}\nu + \iota^{-1}\omega^\mathrm{T}\omega.$$

假设 1.5 由 (1.45) 可知

$$|\eta(y_1) - \eta(y_2)| \leqslant |N_0(y_1 - y_2)|,$$
$$|\rho(y_1) - \rho(y_2)| \leqslant |N_1(y_1 - y_2)|, \quad y_1, y_2 \in \mathbb{R}^m, \tag{1.53}$$

其中

$$y_1 = [y_{11}, \cdots, y_{1m}]^{\mathrm{T}} \in \mathbb{R}^m, \quad y_2 = [y_{21}, \cdots, y_{2m}]^{\mathrm{T}} \in \mathbb{R}^m,$$

$$\eta(y_1) = [\eta_1(y_{11}), \eta_2(y_{12}), \cdots, \eta_m(y_{1m})]^{\mathrm{T}},$$

$$\eta(y_2) = [\eta_1(y_{21}), \eta_2(y_{22}), \cdots, \eta_m(y_{2m})]^{\mathrm{T}},$$

$$\rho(y_1) = [\rho_1(y_{11}), \rho_2(y_{12}), \cdots, \rho_m(y_{1m})]^{\mathrm{T}},$$

$$\rho(y_1) = [\rho_1(y_{21}), \rho_2(y_{22}), \cdots, \rho_m(y_{2m})]^{\mathrm{T}},$$

$$N_0 = \mathrm{diag}(n_{01}, n_{02}, \cdots, n_{0m}), \quad N_1 = \mathrm{diag}(n_{11}, n_{12}, \cdots, n_{1m}).$$

我们可以把系统 (1.50) 写成以下形式:

$$\frac{\partial z(t,x)}{\partial t} = \nabla \cdot (D^*(t,x,z) \circ \nabla z) - \alpha(r(t))z(t,x) + \omega(r(t))\bar{\eta}(z(t,x))$$
$$+ (\zeta(r(t)) + \Theta^{\mathrm{T}}\zeta_{\bar{\varrho}}(r(t)))\bar{\rho}(z(t - \sigma(t), x)),$$

$$z(t_0 + \theta, x) = \overline{\varpi}(\theta, x), \quad -\sigma_0 \leqslant \theta \leqslant 0, \quad x \in G,$$

$$\frac{\partial z(t,x)}{\partial \mathcal{N}} = 0, \quad t \geqslant t_0 \geqslant 0, \tag{1.54}$$

其中 $0 \leqslant \sigma(t) \leqslant \sigma_0$, $z(t,x) = y(t,x) - y^*$, $D^*(t,x,z) = D(t,x,z+y^*) = (D_{\imath l}(t,x,z+y^*))_{m \times n}$, $\nabla z = [\nabla z_1, \cdots, \nabla z_m]^{\mathrm{T}}$, $\nabla z_{\imath} = \left[\dfrac{\partial z_{\imath}}{\partial x_1}, \cdots, \dfrac{\partial z_{\imath}}{\partial x_n}\right]^{\mathrm{T}}$ ($\imath = 1, 2, \cdots, m$), $D^* \circ \nabla z = \left(D_{\imath l}^* \dfrac{\partial z_{\imath}}{\partial x_l}\right)_{m \times n}$ 是矩阵 D^* 和 ∇z 的 Hadamard 积. 对于 $r(t) = i \in \mathbb{S}$, 常数矩阵 $\alpha(r(t))$, $\omega(r(t))$, $\zeta(r(t))$ 和 $\zeta_{\bar{\varrho}}(r(t))$ 分别简单表示为 $\alpha(r(t)) = \alpha_i$, $\omega(r(t)) = \omega_i$, $\zeta(r(t)) = \zeta_i$ 和 $\zeta_{\bar{\varrho}}(r(t)) = \zeta_{\bar{\varrho}i}$. 此外

$$W = [W_1, W_2, \cdots, W_m]^{\mathrm{T}}, \quad \Phi = \mathrm{diag}(W, W, \cdots, W),$$

$$\psi = [\psi_1, \psi_2, \cdots, \psi_m]^{\mathrm{T}}, \quad \Theta = \mathrm{diag}(\psi, \psi, \cdots, \psi),$$

$$\omega_i = (\omega_{\imath j i})_{m \times m}, \quad \omega_i^+ = (|\omega_{\imath j i}|)_{m \times m},$$

$$\zeta_i = (\zeta_{\imath j i})_{m \times m}, \quad \zeta_i^+ = (|\zeta_{\imath j i}|)_{m \times m},$$

$$\zeta_{\imath i} = (\zeta_{\imath j \ell i})_{m \times m}, \quad \zeta_{\bar\varrho i} = (\zeta_{1i} + \zeta_{1i}^{\mathrm{T}}, \zeta_{2i} + \zeta_{2i}^{\mathrm{T}}, \cdots, \zeta_{mi} + \zeta_{mi}^{\mathrm{T}})_{m^2 \times m}^{\mathrm{T}},$$

$$\zeta_{\bar\varrho i}^+ = (\zeta_{1i}^+ + (\zeta_{1i}^{\mathrm{T}})^+, \zeta_{2i}^+ + (\zeta_{2i}^{\mathrm{T}})^+, \cdots, \zeta_{mi}^+ + (\zeta_{mi}^{\mathrm{T}})^+)_{m^2 \times m}^{\mathrm{T}},$$

$$\alpha_i = \mathrm{diag}(\alpha_{1i}, \cdots, \alpha_{mi}), \quad \bar\eta(z(t,x)) = \eta(z(t,x) + y^*) - \eta(y^*),$$

$$\eta(z(t,x) + y^*) = [\eta_1(z_1(t,x) + y_1^*), \eta_2(z_2(t,x) + y_2^*), \cdots, \eta_m(z_m(t,x) + y_m^*)]^{\mathrm{T}},$$

$$\bar\rho(z(t - \sigma(t), x)) = \rho(z(t - \sigma(t), x) + y^*) - \rho(y^*),$$

$$\rho(z(t - \sigma(t), x) + y^*)$$

$$= [\rho_1(z_1(t - \sigma_1(t), x) + y_1^*), \rho_2(z_2(t - \sigma_2(t), x) + y_2^*), \cdots,$$

$$\rho_m(z_m(t - \sigma_m(t), x) + y_m^*)]^{\mathrm{T}},$$

$$\bar\varpi(\theta, x) = \varpi(\theta, x) - y^*, \quad \varpi(\theta, x) = [\varpi_1(\theta, x), \cdots, \varpi_m(\theta, x)]^{\mathrm{T}}.$$

1.3.2　马尔可夫跳变时滞反应扩散 Hopfield 神经网络均方指数稳定性

在本小节, 我们给出一类高阶马尔可夫跳变时滞反应扩散 Hopfield 神经网络 (1.44) 在一般不确定转移速率条件下的均方指数稳定性.

定理 1.12　假设 1.2—假设 1.5 成立. 给定一个非负正定矩阵 $R = N_1^{\mathrm{T}} N_1 > 0$. 对于任意的时变时滞 $\sigma(t)$, 满足 $\dot\sigma(t) \leqslant \kappa < 1$. 如果存在非负常数 $a > 0$ 和一个非负标量序列 b_i, $i \in \mathbb{S}$, 使得

$$\Psi = \alpha_i - \omega_i^+ N_0 - \omega_{\Phi i}^+ N_1 \tag{1.55}$$

是 M-矩阵, 其中 $\omega_{\Phi i}^+ = \zeta_i^+ + \Phi^{\mathrm{T}} \zeta_{\bar\varrho i}^+$, 并且以下线性矩阵不等式成立:

(I) 如果 $i \notin U_k^i$, $U_k^i = \{k_1^i, k_2^i, \cdots, k_{n_i}^i\}$, 存在矩阵 $X_{ij} \in \mathbb{R}^{m \times m}$ ($i \notin U_k^i$, $j \in U_k^i$), 满足

$$\Psi_1 = \left[\begin{array}{c|ccc} \Omega_{11} & b_{k_1^i} - b_i & \cdots & b_{k_{n_i}^i} - b_i \\ \hline b_{k_1^i} - b_i & -X_{ik_1^i} & \cdots & 0 \\ \vdots & \vdots & \ddots & \vdots \\ b_{k_{n_i}^i} - b_i & 0 & \cdots & -X_{ik_{n_i}^i} \end{array} \right] < 0, \tag{1.56}$$

其中

$$\Omega_{11} = \Gamma + \sum_j U_k^i \hat\pi_{ij}(b_j - b_i) I + \sum_{j \in U_k^i} \frac{\epsilon_{ij}^2}{4} X_{ij}, \quad \omega_{\Theta i} = \zeta_i + \Theta^{\mathrm{T}} \zeta_{\bar\varrho i},$$

$$\Gamma = b_i(aI - 2\alpha_i) + \mathrm{e}^{a\sigma_0} R + N_0^{\mathrm{T}} N_0 + b_i^2 \left(\omega_i \omega_i^{\mathrm{T}} + \frac{1}{1 - \kappa} \omega_{\Theta i} \omega_{\Theta i}^{\mathrm{T}} \right).$$

(II) 如果 $i \in U_k^i$, $U_{uk}^i \neq \varnothing$ 且 $U_k^i = \{k_1^i, k_2^i, \cdots, k_{n_i}^i\}$, 存在矩阵 $Y_{ijk} \in \mathbb{R}^{m \times m}$ $(i, j \in U_k^i)$, $k \in U_{uk}^i$, 使得

$$\Psi_2 = \begin{bmatrix} \Xi_{11} & b_{k_1^i} - b_k & \cdots & b_{k_{n_i}^i} - b_k \\ \hline b_{k_1^i} - b_k & -Y_{ik_1^i k} & \cdots & 0 \\ \vdots & \vdots & \ddots & \vdots \\ b_{k_{n_i}^i} - b_k & 0 & \cdots & -Y_{ik_{n_i}^i k} \end{bmatrix} < 0, \qquad (1.57)$$

其中

$$\Xi_{11} = \Gamma + \sum_{j \in U_k^i} \hat{\pi}_{ij}(b_j - b_k)I + \sum_{j \in U_k^i} \frac{1}{4} \epsilon_{ij}^2 Y_{ijk}, \quad \omega_{\Theta i} = \zeta_i + \Theta^{\mathrm{T}} \zeta_{\bar{\varrho} i},$$

$$\Gamma = b_i(aI - 2\alpha_i) + \mathrm{e}^{a\sigma_0} R + N_0^{\mathrm{T}} N_0 + b_i^2 \Big(\omega_i \omega_i^{\mathrm{T}} + \frac{1}{1-\kappa} \omega_{\Theta i} \omega_{\Theta i}^{\mathrm{T}} \Big).$$

(III) 如果 $i \in U_k^i$ 且 $U_{uk}^i = \varnothing$, 存在矩阵 $Z_{ij} \in \mathbb{R}^{m \times m}$ $(i, j \in U_k^i)$, 使得

$$\Psi_3 = \begin{bmatrix} \Lambda_{11} & b_1 - b_i & \cdots & b_{i-1} - b_i & b_{i+1} - b_i & \cdots & b_N - b_i \\ \hline b_1 - b_i & -Z_{i1} & \cdots & 0 & 0 & \cdots & 0 \\ \vdots & \vdots & \ddots & \vdots & \vdots & \ddots & \vdots \\ b_{i-1} - b_i & 0 & \cdots & -Z_{i(i-1)} & 0 & \cdots & 0 \\ b_{i+1} - b_i & 0 & \cdots & 0 & -Z_{i(i+1)} & \cdots & 0 \\ \vdots & \vdots & \ddots & \vdots & \vdots & \ddots & \vdots \\ b_N - b_i & 0 & \cdots & 0 & 0 & \cdots & -Z_{iN} \end{bmatrix} < 0,$$

$$(1.58)$$

其中

$$\Lambda_{11} = \Gamma + \sum_{j=1, j \neq i}^{N} \hat{\pi}_{ij}(b_j - b_i)I + \sum_{j=1, j \neq i}^{N} \frac{\epsilon_{ij}^2}{4} Z_{ij}, \quad \omega_{\Theta i} = \zeta_i + \Theta^{\mathrm{T}} \zeta_{\bar{\varrho} i},$$

$$\Gamma = b_i(aI - 2\alpha_i) + \mathrm{e}^{a\sigma_0} R + N_0^{\mathrm{T}} N_0 + b_i^2 \Big(\omega_i \omega_i^{\mathrm{T}} + \frac{1}{1-\kappa} \omega_{\Theta i} \omega_{\Theta i}^{\mathrm{T}} \Big).$$

则系统 (1.44) 的平衡点是全局均方指数稳定的.

证明 (1) 平衡点的存在性. 由 (1.45) 得

$$|\eta_\jmath(s)| \leqslant n_{0\jmath}|s| + |\eta_\jmath(0)|, \quad |\rho_\jmath(s)| \leqslant C_\jmath,$$

$$|\rho_\jmath(s)| \leqslant n_{1\jmath}|s| + |\rho_\jmath(0)|, \quad \jmath = 1, \cdots, m, \ \forall s \in \mathbb{R}.$$

设

$$h_i(y_i, E_i) = \alpha_{ii}y_i - \sum_{j=1}^{m} \omega_{iji}\eta_j(y_j) - \sum_{j=1}^{m} \zeta_{iji}\rho_j(y_j)$$

$$- \sum_{j=1}^{m}\sum_{\ell=1}^{m} \zeta_{ij\ell i}\rho_j(y_j)\rho_\ell(y_\ell) + E_i = 0, \quad i = 1, \cdots, m, \quad i \in \mathbb{S}. \quad (1.59)$$

显然, (1.59) 的解是系统 (1.44) 的平衡点. 下面定义同伦映射, 即

$$H_i(y_i, \tau) = \tau h_i(y_i, E_i) + (1-\tau)y_i, \quad \tau \in [0,1].$$

由拓扑度理论[32]、同伦不变性定理[34] 和 (1.55) 可以得到 (1.59) 至少存在一个解[35]. 即系统 (1.44) 至少存在一个平衡点.

(2) 全局均方指数稳定性. 对于 $\varpi \in L^p_{\mathcal{F}_0}([-\sigma_0, 0] \times G; \mathbb{R}^m)$, 设 $\varphi(t,x) = \varphi(t, x; \varpi)$, Lyapunov 泛函定义为以下形式:

$$V(t, \varphi(t,x), r(t) = i) = \int_G b_i \mathrm{e}^{at}\varphi^{\mathrm{T}}(t,x)\varphi(t,x)\mathrm{d}x$$

$$+ \mathrm{e}^{a\sigma_0} \int_G \int_{t-\sigma(t)}^{t} \mathrm{e}^{a\theta}\varphi^{\mathrm{T}}(\theta, x)R\varphi(\theta, x)\mathrm{d}\theta\mathrm{d}x > 0, \quad (1.60)$$

其中 $R = R^{\mathrm{T}} > 0$. 显然, $\{\varphi(t,x), r(t) = i\}$ $(t \geq t_0)$ 是一个 $C([-\sigma_0, 0] \times G; \mathbb{R}^m) \times \mathbb{S}$ 值的马尔可夫过程[36]. 由系统 (1.54), 马尔可夫过程 $\{\varphi(t,x), r(t) = i\}$ $(t \geq t_0)$ 的弱无穷小算子 $\mathcal{L}$ 可以计算为

$$\mathcal{L}V(t, \varphi(t,x), i) = \mathrm{e}^{at}\bigg\{ ab_i \int_G \varphi^{\mathrm{T}}(t,x)\varphi(t,x)\mathrm{d}x$$

$$+ b_i \int_G [(\nabla \cdot (D^*(t,x,\varphi) \circ \nabla\varphi))^{\mathrm{T}}\varphi(t,x)$$

$$+ \varphi^{\mathrm{T}}(t,x)(\nabla \cdot (D^*(t,x,\varphi) \circ \nabla\varphi))]\mathrm{d}x$$

$$+ \int_G \varphi^{\mathrm{T}}(t,x)\bigg(-b_i\alpha_i^{\mathrm{T}} - b_i\alpha_i + \sum_{j=1}^{N} \pi_{ij}b_j I \bigg)\varphi(t,x)\mathrm{d}x$$

$$+ b_i \int_G [\bar{\eta}^{\mathrm{T}}(\varphi(t,x))\omega_i^{\mathrm{T}}\varphi(t,x) + \varphi^{\mathrm{T}}(t,x)\omega_i\bar{\eta}(\varphi(t,x))]\mathrm{d}x$$

$$+ b_i \int_G [\bar{\rho}^{\mathrm{T}}(\varphi(t-\sigma(t),x))(\zeta_i + \Theta^{\mathrm{T}}\zeta_{\bar{e}i})^{\mathrm{T}}\varphi(t,x) + \varphi^{\mathrm{T}}(t,x)(\zeta_i$$

$$+ \Theta^{\mathrm{T}} \zeta_{\bar{\varrho}i}) \bar{\rho}(t - \sigma(t), x)] \mathrm{d}x \Big\} + \mathrm{e}^{a\sigma_0} \left[\int_G \mathrm{e}^{at} \varphi^{\mathrm{T}}(t, x) R \varphi(t, x) \mathrm{d}x \right.$$

$$- \int_G \mathrm{e}^{a(t-\sigma(t))} \varphi^{\mathrm{T}}(t - \sigma(t), x) R \varphi(t - \sigma(t))(1 - \dot{\sigma}(t)) \mathrm{d}x \Big]$$

$$+ \sum_{j=1}^{N} \pi_{ij} \mathrm{e}^{a\sigma_0} \int_G \int_{t-\sigma(t)}^{t} \mathrm{e}^{a\theta} \varphi^{\mathrm{T}}(\theta, x) R \varphi(\theta, x) \mathrm{d}\theta \mathrm{d}x, \quad i, j \in \mathbb{S}. \tag{1.61}$$

由 $\sum_{j=1}^{N} \pi_{ij} = 0$ 得

$$\sum_{j=1}^{N} \pi_{ij} \mathrm{e}^{a\sigma_0} \int_G \int_{t-\sigma(t)}^{t} \mathrm{e}^{a\theta} \varphi^{\mathrm{T}}(\theta, x) R \varphi(\theta, x) \mathrm{d}\theta \mathrm{d}x = 0. \tag{1.62}$$

又由引理 1.1 得

$$b_i \int_G [(\nabla \cdot (D^*(t, x, \varphi) \circ \nabla \varphi))^{\mathrm{T}} \varphi(t, x) + \varphi^{\mathrm{T}}(t, x)(\nabla \cdot (D^*(t, x, \varphi) \circ \nabla \varphi))] \mathrm{d}x$$

$$= 2b_i \int_G \varphi^{\mathrm{T}}(t, x)(\nabla \cdot (D^*(t, x, \varphi) \circ \nabla \varphi)) \mathrm{d}x$$

$$= -2b_i \int_G (D^*(t, x, \varphi) \cdot (\nabla \varphi \circ \nabla \varphi)) A \mathrm{d}x. \tag{1.63}$$

通过 $0 \leqslant \sigma(t) \leqslant \sigma_0$, $\dot{\sigma}(t) \leqslant \kappa < 1$ 和 $R = N_1^{\mathrm{T}} N_1 > 0$ 得

$$-\mathrm{e}^{a\sigma_0} \int_G \mathrm{e}^{a(t-\sigma(t))} \varphi^{\mathrm{T}}(t - \sigma(t), x) R \varphi(t - \sigma(t), x)(1 - \dot{\sigma}(t)) \mathrm{d}x$$

$$\leqslant -\mathrm{e}^{at} \int_G \varphi^{\mathrm{T}}(t - \sigma(t), x) R \varphi(t - \sigma(t), x)(1 - \kappa) \mathrm{d}x. \tag{1.64}$$

由引理 1.2 和 (1.53) 有

$$\mathrm{e}^{at} b_i \int_G [\bar{\eta}^{\mathrm{T}}(\varphi(t, x)) \omega_i^{\mathrm{T}} \varphi(t, x) + \varphi^{\mathrm{T}}(t, x) \omega_i \bar{\eta}(\varphi(t, x))] \mathrm{d}x$$

$$\leqslant \mathrm{e}^{at} \int_G \varphi^{\mathrm{T}}(t, x)(b_i^2 \omega_i \omega_i^{\mathrm{T}} + N_0^{\mathrm{T}} N_0) \varphi(t, x) \mathrm{d}x, \tag{1.65}$$

$$\mathrm{e}^{at} b_i \int_G [\bar{\rho}^{\mathrm{T}}(\varphi(t - \sigma(t), x))(\zeta_i + \Theta^{\mathrm{T}} \zeta_{\bar{\varrho}i})^{\mathrm{T}} \varphi(t, x)$$

$$+ \varphi^{\mathrm{T}}(t,x)(\zeta_i + \Theta^{\mathrm{T}}\zeta_{\bar{\varrho}i})\bar{\rho}(t - \sigma(t),x)]\mathrm{d}x$$

$$\leqslant \mathrm{e}^{at} \int_G \left[\frac{b_i^2}{1 - \kappa} \varphi^{\mathrm{T}}(t,x)\omega_{\Theta i}\omega_{\Theta i}^{\mathrm{T}}\varphi(t,x) \right.$$

$$\left. + (1 - \kappa)\varphi^{\mathrm{T}}(t - \sigma(t),x)R\varphi(t - \sigma(t),x) \right]\mathrm{d}x. \tag{1.66}$$

因此, 由 (1.60)—(1.66) 得

$$\mathcal{L}V(t,\varphi(t,x),i) \leqslant \mathrm{e}^{at} \int_G \varphi^{\mathrm{T}}(t,x)\Big[b_i(aI - 2\alpha_i) + \mathrm{e}^{a\sigma_0}R + N_0^{\mathrm{T}}N_0$$

$$+ b_i^2\Big(\omega_i\omega_i^{\mathrm{T}} + \frac{1}{1 - \kappa}\omega_{\Theta i}\omega_{\Theta i}^{\mathrm{T}}\Big) + \sum_{j=1}^N \pi_{ij}b_j I\Big]\varphi(t,x)\mathrm{d}x. \tag{1.67}$$

接下来, 分三种情况来考虑 (1.67).

(I) 如果 $i \notin U_k^i$, $U_k^i = \{k_1^i, k_2^i, \cdots, k_{n_i}^i\}$, 设

$$\Upsilon_{1i} \triangleq \Gamma + \sum_{j \in U_k^i} \pi_{ij}b_j I + \pi_{ii}b_i I + \sum_{j \in U_{uk}^i, j \neq i} \pi_{ij}b_j I.$$

在这种情况下, $\sum\limits_{j \in U_{uk}^i, j \neq i} \pi_{ij} = -\pi_{ii} - \sum\limits_{j \in U_k^i} \pi_{ij}$, $\pi_{ij} \geqslant 0$ $(\forall j \in U_{uk}^i)$, 选择 b_i, 使得 $b_i - b_j \geqslant 0$ $(\forall j \in U_{uk}^i)$, 则

$$\Upsilon_{1i} = \Gamma + \sum_{j \in U_k^i} \pi_{ij}b_j I + \pi_{ii}b_i I + \sum_{j \in U_{uk}^i, j \neq i} \pi_{ij}b_i I$$

$$\leqslant \Gamma + \sum_{j \in U_k^i} \pi_{ij}b_j I + \pi_{ii}b_i I + \Big(-\pi_{ii} - \sum_{j \in U_k^i} \pi_{ij}\Big)b_i I$$

$$= \Gamma + \sum_{j \in U_k^i} \pi_{ij}(b_j - b_i)I = \Gamma + \sum_{j \in U_k^i} (\hat{\pi}_{ij} + \Delta_{ij})(b_j - b_i)I$$

$$= \Gamma + \sum_{j \in U_k^i} \hat{\pi}_{ij}(b_j - b_i)I + \sum_{j \in U_k^i} \Delta_{ij}(b_j - b_i)I,$$

而

$$\sum_{j \in U_k^i} \Delta_{ij}(b_j - b_i)I = \sum_{j \in U_k^i} \Big(\frac{1}{2}\Delta_{ij}(b_j - b_i)I + \frac{1}{2}\Delta_{ij}(b_j - b_i)I\Big)$$

$$\leqslant \sum_{j \in U_k^i} \left(\left(\frac{1}{2}\Delta_{ij}\right)^2 X_{ij} + (b_j - b_i)X_{ij}^{-1}(b_j - b_i) \right)$$

$$\leqslant \sum_{j \in U_k^i} \left(\frac{\epsilon_{ij}^2}{4} X_{ij} + (b_j - b_i)X_{ij}^{-1}(b_j - b_i) \right),$$

从而

$$\Upsilon_{1i} \leqslant \Gamma + \sum_{j \in U_k^i} \hat{\pi}_{ij}(b_j - b_i)I + \sum_{j \in U_k^i} \frac{\epsilon_{ij}^2}{4} X_{ij} + \sum_{j \in U_k^i} (b_j - b_i)X_{ij}^{-1}(b_j - b_i).$$

故

$$
\begin{aligned}
\mathcal{L}V(t, \varphi(t,x), i) \leqslant \mathrm{e}^{at} \int_G \varphi^{\mathrm{T}}(t,x) \Bigg[& b_i(aI - 2\alpha_i) + \mathrm{e}^{a\sigma_0} R + N_0^{\mathrm{T}} N_0 \\
& + b_i^2 \left(\omega_i \omega_i^{\mathrm{T}} + \frac{1}{1-\kappa} \omega_{\Theta i} \omega_{\Theta i}^{\mathrm{T}} \right) + \sum_{j \in U_k^i} \hat{\pi}_{ij}(b_j - b_i)I \\
& + \sum_{j \in U_k^i} \frac{\epsilon_{ij}^2}{4} X_{ij} + \sum_{j \in U_k^i} (b_j - b_i)X_{ij}^{-1}(b_j - b_i) \Bigg] \varphi(t,x)\mathrm{d}x. \quad (1.68)
\end{aligned}
$$

由 Schur 补引理和 (1.68) 得

$$\mathcal{L}V(t, \varphi(t,x), i) \leqslant \mathrm{e}^{at} \int_G \varphi^{\mathrm{T}}(t,x)\Psi_1\varphi(t,x)\mathrm{d}x.$$

因此, 由 (1.56) 有

$$\mathcal{L}V(t, \varphi(t,x), i) < 0.$$

(II) 如果 $i \in U_k^i$, $U_{uk}^i \neq \varnothing$ 且 $U_k^i = \{k_1^i, k_2^i, \cdots, k_{n_i}^i\}$, 存在 $k \in U_{uk}^i$, 对任意的 $j \in U_{uk}^i$, 满足 $b_k - b_j \geqslant 0$. 设

$$\Upsilon_{2i} \triangleq \Gamma + \sum_{j \in U_k^i} \pi_{ij}b_j I + \sum_{j \in U_{uk}^i} \pi_{ij}b_j I,$$

则

$$\Upsilon_{2i} \leqslant \Gamma + \sum_{j \in U_k^i} \pi_{ij}b_j I + \sum_{j \in U_{uk}^i} \pi_{ij}b_k I = \Gamma + \sum_{j \in U_k^i} \pi_{ij}(b_j - b_k)I$$

$$= \Gamma + \sum_{j \in U_k^i} \hat{\pi}_{ij}(b_j - b_k)I + \sum_{j \in U_k^i} \Delta_{ij}(b_j - b_k)I,$$

而

$$\sum_{j \in U_k^i} \Delta_{ij}(b_j - b_k)I = \sum_{j \in U_k^i} \left(\frac{1}{2}\Delta_{ij}(b_j - b_k)I + \frac{1}{2}\Delta_{ij}(b_j - b_k)I \right)$$

$$\leqslant \sum_{j \in U_k^i} \left(\left(\frac{1}{2}\Delta_{ij}\right)^2 Y_{ijk} + (b_j - b_k)Y_{ijk}^{-1}(b_j - b_k) \right)$$

$$\leqslant \sum_{j \in U_k^i} \left(\frac{1}{4}\epsilon_{ij}^2 Y_{ijk} + (b_j - b_k)Y_{ijk}^{-1}(b_j - b_k) \right),$$

从而

$$\Upsilon_{2i} \leqslant \Gamma + \sum_{j \in U_k^i} \hat{\pi}_{ij}(b_j - b_k)I + \sum_{j \in U_k^i} \frac{1}{4}\epsilon_{ij}^2 Y_{ijk} + \sum_{j \in U_k^i} (b_j - b_k)Y_{ijk}^{-1}(b_j - b_k).$$

故

$$\mathcal{L}V(t, \varphi(t,x), i) \leqslant \mathrm{e}^{at} \int_G \varphi^{\mathrm{T}}(t,x) \left[b_i(aI - 2\alpha_i) + \mathrm{e}^{a\sigma_0}R + N_0^{\mathrm{T}}N_0 \right.$$

$$+ b_i^2\left(\omega_i\omega_i^{\mathrm{T}} + \frac{1}{1-\kappa}\omega_{\Theta i}\omega_{\Theta i}^{\mathrm{T}} \right) + \sum_{j \in U_k^i} \hat{\pi}_{ij}(b_j - b_k)I$$

$$\left. + \sum_{j \in U_k^i} \frac{1}{4}\epsilon_{ij}^2 Y_{ijk} + \sum_{j \in U_k^i} (b_j - b_k)Y_{ijk}^{-1}(b_j - b_k) \right] \varphi(t,x)\mathrm{d}x. \quad (1.69)$$

由 Schur 补引理和 (1.69) 得

$$\mathcal{L}V(t, \varphi(t,x), i) \leqslant \mathrm{e}^{at} \int_G \varphi^{\mathrm{T}}(t,x)\Psi_2\varphi(t,x)\mathrm{d}x.$$

因此, 由 (1.57) 有

$$\mathcal{L}V(t, \varphi(t,x), i) < 0.$$

(III) 如果 $i \in U_k^i$, $U_{uk}^i = \varnothing$, 设

$$\Upsilon_{3i} \triangleq \Gamma + \sum_{j=1, j \neq i}^N \pi_{ij}b_jI + \pi_{ii}b_iI,$$

则

$$\Upsilon_{3i} \triangleq \Gamma + \sum_{j=1,j\neq i}^{N} \pi_{ij} b_j I + \pi_{ii} b_i I \leqslant \Gamma + \sum_{j=1,j\neq i}^{N} (\hat{\pi}_{ij} + \Delta_{ij})(b_j - b_i)I$$

$$\leqslant \Gamma + \sum_{j=1,j\neq i}^{N} \hat{\pi}_{ij}(b_j - b_i)I + \sum_{j=1,j\neq i}^{N} \Delta_{ij}(b_j - b_i)I,$$

而

$$\sum_{j=1,j\neq i}^{N} \Delta_{ij}(b_j - b_i)I = \sum_{j=1,j\neq i}^{N} \left(\frac{1}{2}\Delta_{ij}(b_j - b_i)I + \frac{1}{2}\Delta_{ij}(b_j - b_i)I \right)$$

$$\leqslant \sum_{j=1,j\neq i}^{N} \left[\left(\frac{1}{2}\Delta_{ij} \right)^2 Z_{ij} + (b_j - b_i)Z_{ij}^{-1}(b_j - b_i) \right]$$

$$\leqslant \sum_{j=1,j\neq i}^{N} \left[\frac{\epsilon_{ij}^2}{4} Z_{ij} + (b_j - b_i)Z_{ij}^{-1}(b_j - b_i) \right],$$

从而

$$\Upsilon_{3i} \leqslant \Gamma + \sum_{j=1,j\neq i}^{N} \hat{\pi}_{ij}(b_j - b_i)I + \sum_{j=1,j\neq i}^{N} \frac{\epsilon_{ij}^2}{4} Z_{ij} + \sum_{j=1,j\neq i}^{N} (b_j - b_i)Z_{ij}^{-1}(b_j - b_i),$$

故

$$\mathcal{L}V(t, \varphi(t,x), i) \leqslant \mathrm{e}^{at} \int_G \varphi^{\mathrm{T}}(t,x) \left[b_i(aI - 2\alpha_i) + \mathrm{e}^{a\sigma_0}R + N_0^{\mathrm{T}}N_0 \right.$$

$$+ b_i^2 \left(\omega_i \omega_i^{\mathrm{T}} + \frac{1}{1-\kappa} \omega_{\Theta i} \omega_{\Theta i}^{\mathrm{T}} \right) + \sum_{j=1,j\neq i}^{N} \hat{\pi}_{ij}(b_j - b_i)I$$

$$\left. + \sum_{j=1,j\neq i}^{N} \frac{\epsilon_{ij}^2}{4} Z_{ij} + \sum_{j=1,j\neq i}^{N} (b_j - b_i)Z_{ij}^{-1}(b_j - b_i) \right] \varphi(t,x)\mathrm{d}x.$$

$$(1.70)$$

由 Schur 补引理和 (1.70) 得

$$\mathcal{L}V(t, \varphi(t,x), i) \leqslant \mathrm{e}^{at} \int_G \varphi^{\mathrm{T}}(t,x) \Psi_3 \varphi(t,x)\mathrm{d}x.$$

因此, 由 (1.58) 有 $\mathcal{L}V(t,\varphi(t,x),i) < 0$. 根据 (I), (II) 和 (III) 得

$$\mathrm{E}V(t,\varphi(t,x),i) \leqslant \mathrm{E}V(t_0,\varphi(t_0,x),i).$$

所以, 系统 (1.54) 具有初始值 $\varpi(\theta,x) \in L^p_{\mathcal{F}_0}([-\sigma_0,0] \times G;\mathbb{R}^m)$ 的解 $\varphi(t,x,\varpi)$, 满足

$$\begin{aligned}
\mathrm{e}^{at}b_i\mathrm{E}(\|\varphi(t,x,\varpi)\|_2^2) &= \mathrm{e}^{at}\mathrm{E}b_i\int_G \varphi^{\mathrm{T}}(t,x)\varphi(t,x)\mathrm{d}x \\
&\leqslant \mathrm{E}V(t,\varphi(t,x),i) \leqslant \mathrm{E}V(t_0,\varphi(t_0,x),i) \\
&= \mathrm{E}(b_i\|\varpi(0)\|_2^2) + \mathrm{e}^{at_0}\mathrm{E}\int_{-\sigma}^0 \mathrm{e}^{a\theta}\int_G \varpi^{\mathrm{T}}(\theta,x)R\varpi(\theta,x)\mathrm{d}x\mathrm{d}\theta \\
&\leqslant b_i + \frac{1}{a}(\mathrm{e}^{a\sigma_0}-1)\lambda_{\max}(R)\sup_{-\sigma_0\leqslant\theta\leqslant 0}\mathrm{E}\|\varpi(\theta)\|_2^2,
\end{aligned}$$

故 $\mathrm{E}(\|\varphi(t,x,\varpi)\|_2^2) \leqslant T\mathrm{e}^{-at}\sup\limits_{-\sigma_0\leqslant\theta\leqslant 0}\mathrm{E}\|\varpi(\theta)\|_2^2$, 其中 $T = \left(1 + \dfrac{1}{a\min\limits_{1\leqslant i\leqslant N}b_i}(\mathrm{e}^{a\sigma_0}-1)\lambda_{\max}(R)\right)$. 即系统 (1.54) 的平衡点是全局均方指数稳定的. □

下面给出数值算例, 说明定理 1.12 的合理性.

例子 1.4　考虑以下二维马尔可夫跳变时滞反应扩散 Hopfield 神经网络:

$$\begin{aligned}
\frac{\partial z(t,x)}{\partial t} &= \nabla\cdot(D^*(t,x,z)\circ\nabla z) - \alpha_i z(t,x) + \omega_i\bar{\eta}(z(t,x)) \\
&\quad + (\zeta_i + \Theta^{\mathrm{T}}\zeta_{\bar{\varrho}i})\bar{\rho}(z(t-\sigma(t),x)), \\
z(t_0+\theta,x) &= \varpi(\theta,x), \quad -\sigma_0\leqslant\theta\leqslant 0, \quad x\in G, \\
\frac{\partial z(t,x)}{\partial\mathcal{N}} &= 0, \quad t\geqslant t_0,
\end{aligned} \tag{1.71}$$

其中 $0\leqslant\sigma(t)\leqslant\sigma_0$, $D^*(t,x,z)\geqslant 0$, $\omega_{\Theta i} = \zeta_i + \Theta^{\mathrm{T}}\zeta_{\bar{\varrho}i}$. 设

$$\bar{\eta}(z(t,x)) = \bar{\rho}(z(t,x)) = (0.6|z_1(t,x)|, -0.3|z_2(t,x)|)^{\mathrm{T}}, \quad z_1,\ z_2\in\mathbb{R},$$

则 (1.45) 成立, 且 $W_1 = 0.6$, $W_2 = 0.3$, $n_{01} = 0.2$, $n_{02} = 0.4$, $n_{11} = 0.6$, $n_{12} = 0.3$. 由于 $|\psi_1|\leqslant W_1 = 0.6$, $|\psi_2|\leqslant W_2 = 0.3$, 故假设 $\psi_1 = 0.4$, $\psi_2 = -0.2$. 从而 $W = [0.6,0.3]^{\mathrm{T}}$, $\psi = [0.4,-0.2]^{\mathrm{T}}$, 且

$$N_0 = \begin{bmatrix} 0.2 & 0 \\ 0 & 0.4 \end{bmatrix}, \quad N_1 = \begin{bmatrix} 0.6 & 0 \\ 0 & 0.3 \end{bmatrix},$$

$$\Phi = \left[\begin{array}{cc} W & 0 \\ 0 & W \end{array} \right]_{4\times 2}, \quad \Theta = \left[\begin{array}{cc} \psi & 0 \\ 0 & \psi \end{array} \right]_{4\times 2}.$$

如果 $r(t) = i = 1$, 假设系统 (1.71) 的参数为

$$\alpha_1 = \left[\begin{array}{cc} 1.3 & 0 \\ 0 & 1.4 \end{array} \right], \quad \omega_1 = \left[\begin{array}{cc} 0.48 & 0 \\ 0 & -0.565 \end{array} \right], \quad \zeta_1 = \left[\begin{array}{cc} 0.1 & 0 \\ 0 & -0.4 \end{array} \right],$$

$$\zeta_{\imath 1} = \left[\begin{array}{cc} 0.2 & 0 \\ 0 & -0.3 \end{array} \right], \quad \zeta_{\imath 1}^+ = \left[\begin{array}{cc} 0.2 & 0 \\ 0 & 0.3 \end{array} \right], \quad \imath = 1, 2,$$

$$\zeta_{\bar{\varrho}1} = \left[\left[\begin{array}{cc} 0.4 & 0 \\ 0 & -0.6 \end{array} \right], \left[\begin{array}{cc} 0.4 & 0 \\ 0 & -0.6 \end{array} \right], \left[\begin{array}{cc} 0.4 & 0 \\ 0 & -0.6 \end{array} \right] \right]^{\mathrm{T}},$$

$$\zeta_{\bar{\varrho}1}^+ = \left[\left[\begin{array}{cc} 0.4 & 0 \\ 0 & 0.6 \end{array} \right], \left[\begin{array}{cc} 0.4 & 0 \\ 0 & 0.6 \end{array} \right], \left[\begin{array}{cc} 0.4 & 0 \\ 0 & 0.6 \end{array} \right] \right]^{\mathrm{T}}.$$

由以上参数计算得

$$\omega_{\Phi 1}^+ = \zeta_1^+ + \Phi^{\mathrm{T}} \zeta_{\bar{\varrho}1}^+ = \left[\begin{array}{cc} 0.34 & 0.18 \\ 0.24 & 0.58 \end{array} \right], \quad \omega_{\Theta 1} = \zeta_1 + \Theta^{\mathrm{T}} \zeta_{\bar{\varrho}1} = \left[\begin{array}{cc} 0.26 & 0.12 \\ 0.16 & -0.28 \end{array} \right].$$

如果 $r(t) = i = 2$, 假设系统 (1.71) 的参数为

$$\alpha_2 = \left[\begin{array}{cc} 1.2 & 0 \\ 0 & 1.2 \end{array} \right], \quad \omega_2 = \left[\begin{array}{cc} -0.16 & 0 \\ 0 & 0.2375 \end{array} \right], \quad \zeta_2 = \left[\begin{array}{cc} -0.1 & 0 \\ 0 & -0.2 \end{array} \right],$$

$$\zeta_{\imath 2} = \left[\begin{array}{cc} 0.2 & 0 \\ 0 & 0.2 \end{array} \right], \quad \zeta_{\imath 2}^+ = \left[\begin{array}{cc} 0.2 & 0 \\ 0 & 0.2 \end{array} \right], \quad \imath = 1, 2,$$

$$\zeta_{\bar{\varrho}2} = \left[\left[\begin{array}{cc} -0.3 & 0 \\ 0 & 0.5 \end{array} \right], \left[\begin{array}{cc} -0.3 & 0 \\ 0 & 0.5 \end{array} \right], \left[\begin{array}{cc} -0.3 & 0 \\ 0 & 0.5 \end{array} \right] \right]^{\mathrm{T}},$$

$$\zeta_{\bar{\varrho}2}^+ = \left[\left[\begin{array}{cc} 0.3 & 0 \\ 0 & 0.5 \end{array} \right], \left[\begin{array}{cc} 0.3 & 0 \\ 0 & 0.5 \end{array} \right], \left[\begin{array}{cc} 0.3 & 0 \\ 0 & 0.5 \end{array} \right] \right]^{\mathrm{T}},$$

由以上参数计算得

$$\omega_{\Phi 2}^+ = \zeta_2^+ + \Phi^{\mathrm{T}} \zeta_{\bar{\varrho}2}^+ = \left[\begin{array}{cc} 0.28 & 0.15 \\ 0.18 & 0.35 \end{array} \right], \quad \omega_{\Theta 2} = \zeta_2 + \Theta^{\mathrm{T}} \zeta_{\bar{\varrho}2} = \left[\begin{array}{cc} -0.22 & -0.1 \\ -0.12 & -0.3 \end{array} \right].$$

如果 $r(t) = i = 3$, 假设系统 (1.71) 的参数为

$$\alpha_3 = \begin{bmatrix} 1.2 & 0 \\ 0 & 1.2 \end{bmatrix}, \quad \omega_3 = \begin{bmatrix} 0.16 & 0 \\ 0 & 0.215 \end{bmatrix}, \quad \zeta_3 = \begin{bmatrix} 0.1 & 0 \\ 0 & 0.2 \end{bmatrix},$$

$$\zeta_{i3} = \begin{bmatrix} 0.3 & 0 \\ 0 & 0.4 \end{bmatrix}, \quad \zeta_{i3}^+ = \begin{bmatrix} 0.3 & 0 \\ 0 & 0.4 \end{bmatrix}, \quad \imath = 1, 2,$$

$$\zeta_{\bar{\varrho}3} = \left[\begin{bmatrix} 0.3 & 0 \\ 0 & -0.6 \end{bmatrix}, \begin{bmatrix} 0.3 & 0 \\ 0 & -0.6 \end{bmatrix}, \begin{bmatrix} 0.3 & 0 \\ 0 & -0.6 \end{bmatrix} \right]^{\mathrm{T}},$$

$$\zeta_{\bar{\varrho}3}^+ = \left[\begin{bmatrix} 0.3 & 0 \\ 0 & 0.6 \end{bmatrix}, \begin{bmatrix} 0.3 & 0 \\ 0 & 0.6 \end{bmatrix}, \begin{bmatrix} 0.3 & 0 \\ 0 & 0.6 \end{bmatrix} \right]^{\mathrm{T}}.$$

由以上参数计算得

$$\omega_{\Phi3}^+ = \zeta_3^+ + \Phi^{\mathrm{T}}\zeta_{\bar{\varrho}3}^+ = \begin{bmatrix} 0.28 & 0.18 \\ 0.18 & 0.38 \end{bmatrix}, \quad \omega_{\Theta3} = \zeta_3 + \Theta^{\mathrm{T}}\zeta_{\bar{\varrho}3} = \begin{bmatrix} 0.22 & 0.12 \\ 0.12 & 0.32 \end{bmatrix}.$$

因此, 当 $r(t) = i = 1$ 时, 计算可得

$$\Psi = \alpha_1 - \omega_1^+ N_0 - (\zeta_1^+ + \Phi^{\mathrm{T}}\zeta_{\bar{\varrho}1}^+)N_1 = \begin{bmatrix} 1 & -0.054 \\ -0.144 & 1 \end{bmatrix}$$

是 M-矩阵. 当 $r(t) = i = 2$ 时, 计算可得

$$\Psi = \alpha_2 - \omega_2^+ N_0 - (\zeta_2^+ + \Phi^{\mathrm{T}}\zeta_{\bar{\varrho}2}^+)N_1 = \begin{bmatrix} 1 & -0.045 \\ -0.108 & 1 \end{bmatrix}$$

是 M-矩阵. 当 $r(t) = i = 3$ 时, 计算可得

$$\Psi = \alpha_3 - \omega_3^+ N_0 - (\zeta_3^+ + \Phi^{\mathrm{T}}\zeta_{\bar{\varrho}3}^+)N_1 = \begin{bmatrix} 1 & -0.054 \\ -0.108 & 1 \end{bmatrix}$$

是 M-矩阵. 设 $\sigma_0 = 1$, $a = 0.8$, $b_1 = 0.2$, $b_2 = 0.5$, $\kappa = 0.3$, 取系统 (1.71) 的转移速率矩阵为

$$\Gamma = \begin{bmatrix} -5.68 + \Delta_{11} & 4.86 + \Delta_{12} & -6.83 + \Delta_{13} \\ -7.33 + \Delta_{21} & ? & ? \\ ? & ? & -4.76 + \Delta_{33} \end{bmatrix},$$

其中

$$\Delta_{11} \in [-0.02, 0.02], \quad \Delta_{12} \in [-0.04, 0.04], \quad \Delta_{13} \in [-0.03, 0.03],$$

$$\Delta_{21} \in [-0.03, 0.03], \quad \Delta_{33} \in [-0.06, 0.06].$$

如果 $r(t) = i = 1, 1 \in U_k^i = \{1\}$, 且 $U_{uk}^i = \varnothing$, 则由式 (1.58) 得

$$Z_{12} = \begin{bmatrix} 1.5005e + 08 & 10.5610 \\ 10.5610 & 1.5005e + 08 \end{bmatrix},$$

$$Z_{13} = \begin{bmatrix} 3.3941e + 05 & -2.1933e - 17 \\ -2.1933e - 17 & 3.3941e + 05 \end{bmatrix}.$$

如果 $r(t) = i = 2, 2 \notin U_k^i = \{1\}$, 且 $U_{uk}^i = \{2, 3\}$, 由式 (1.56) 得

$$X_{21} = \begin{bmatrix} 3.9225e + 08 & 27.6210 \\ 27.6210 & 3.9225e + 08 \end{bmatrix}.$$

如果 $r(t) = i = 3, 3 \in U_k^i = \{3\}$, 且 $U_{uk}^i = \{1, 2\} \neq \varnothing$, 由式 (1.57) 得

$$Y_{331} = \begin{bmatrix} -5.4196e + 08 & -38.1820 \\ -38.1820 & -5.4196e + 08 \end{bmatrix}.$$

当 $r(t) = 1$ 时, 系统状态 $z_1(t, x)$ 和 $z_2(t, x)$ 的仿真如图 1.1 和图 1.2 所示; 当 $r(t) = 2$ 时, 系统状态 $z_1(t, x)$ 和 $z_2(t, x)$ 的仿真如图 1.3 和图 1.4 所示; 当 $r(t) = 3$ 时, 系统状态 $z_1(t, x)$ 和 $z_2(t, x)$ 的仿真如图 1.5 和图 1.6 所示. 显然, 系统 (1.71) 的平衡点是全局均方指数稳定的.

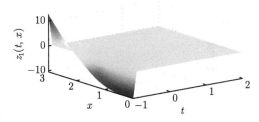

图 1.1 当模态为 $r(t) = 1$ 时, 系统状态 $z_1(t, x)$ 的仿真

1.3.3 本节小结

在过去的几十年里, 一方面因为电子在非对称电磁场中运动时不可避免出现扩散效应, 时滞反应扩散 Hopfield 神经网络的动力学得到了广泛的研究. 另一方

图 1.2 当模态为 $r(t) = 1$ 时, 系统状态 $z_2(t, x)$ 的仿真

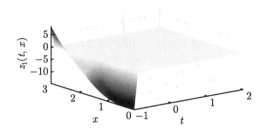

图 1.3 当模态为 $r(t) = 2$ 时, 系统状态 $z_1(t, x)$ 的仿真

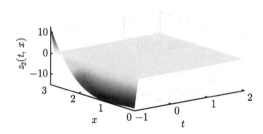

图 1.4 当模态为 $r(t) = 2$ 时, 系统状态 $z_2(t, x)$ 的仿真

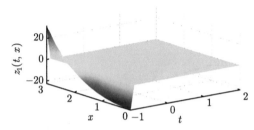

图 1.5 当模态为 $r(t) = 3$ 时, 系统状态 $z_1(t, x)$ 的仿真

面因为系统有时会遇到环境的突然变化等突发因素, 所以具有马尔可夫跳变时滞反应扩散 Hopfield 神经网络[32] 的稳定性得到关注. 本节讨论了一般不确定转移

速率马尔可夫跳变时滞反应扩散 Hopfield 神经网络的全局均方指数稳定性. 所讨论的一般不确定转移速率矩阵的各个元素可能是未知也可能是边界不确定的. 利用 Lyapunov-Krasovskii 泛函方法, 得到了反应扩散马尔可夫跳变时滞 Hopfield 神经网络的全局均方指数稳定的充分性条件. 数值算例验证了系统是全局均方指数稳定的.

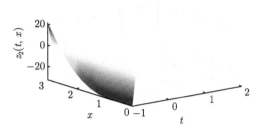

图 1.6　当模态为 $r(t) = 3$ 时, 系统状态 $z_2(t, x)$ 的仿真

1.4　马尔可夫跳变时滞反应扩散 Cohen-Grossberg 神经网络

1.4.1　本节预备知识

在本节中, $\mathbb{R}^n$ 和 $\mathbb{R}^{n \times n}$ 分别表示 n-维欧几里得空间和所有 $n \times n$ 的实矩阵的集合, 上标 "T" 表示转置, $X \geqslant Y$ $(X > Y)$ 表示 $X - Y$ 是半正定的 (正定的), 其中 X, Y 是对称矩阵, I_n 是 $n \times n$ 单位矩阵, G 是带有光滑边界 ∂G 的紧集, 测度 $\mu(G) > 0$, $\|u_i(t)\|^2 = \int_\Omega |u_i(t, x)|^2 \mathrm{d}x$, $|\cdot|$ 是 $\mathbb{R}^n$ 中的欧几里得范数, $\|u(t)\|_2^2 = \sum_{i=1}^n \|u(t)\|^2$, 令 (Ω, F, P) 是一个完备概率空间, 滤子 $\{F_t\}_{t \geqslant 0}$ 满足一般条件, 符号 $*$ 表示对称矩阵的对称区域. 在不会造成困惑的情况下, 分析过程中省略了一些函数和矩阵的证明.

一般的带有混合时滞和反应扩散的 Cohen-Grossberg 神经网络被描述如下:

$$\frac{\mathrm{d}y(t, x)}{\mathrm{d}t} = \nabla(\tilde{D}(t, x, y))\nabla(y(t, x)) - a(y(t, x))\bigg[b(y(t, x)) - Ag(y(t, x))$$
$$- Bg(y(t - h(t)), x) - C \int_{t-\tau(t)}^t g(y(s, x))\mathrm{d}s + I\bigg], \quad x \in G, \quad (1.72)$$

其中 $\tilde{D}(t, x, u) = (\tilde{D}_{ik}(t, x, u))_{n \times m}$ 表示神经细胞的扩散系数矩阵, $G = \{x = [x_1, \cdots, x_m]^T, |x_i| \leqslant l\} \in \mathbb{R}^m$ 是带有光滑边界 $\partial \Omega$ 的紧集, 测度 $\mu(G) > 0$.

$y(t,x) = [y_1(t,x), y_2(t,x), \cdots, y_n(t,x)]^{\mathrm{T}} \in \mathbb{R}^n$ 是 n 个神经细胞的状态向量, $a(y(t,x))$ 是放大函数, $g(\cdot)$ 是激活函数, 矩阵 $A = (a_{ij})_{n \times n}, B = (b_{ij})_{n \times n}$ 和 $C = (c_{ij})_{n \times n}$ 分别是连接权矩阵、离散时滞连接权矩阵和时滞连接权矩阵. $I = [I_1, I_2, \cdots, I_n]^{\mathrm{T}}$ 是输入向量.

众所周知, 有界激活函数能够保证 Cohen-Grossberg 神经网络 (1.72) 存在平衡点, 我们用 $u(x,t) = y(t,x) - y^*$ 将平衡点 $y^* = [y_1^*, y_2^*, \cdots, y_n^*]^{\mathrm{T}}$ 平移到原点, 得到下面的系统:

$$\frac{\mathrm{d}u(t,x)}{\mathrm{d}t} = \nabla(D(t,x,u))\nabla u(t,x) - a(u(t,x))\Bigg[b(u(t,x)) - Ag(u(t,x))$$
$$- Bg(u(t-h(t)),x) - C\int_{t-\tau(t)}^{t} g(u(s,x))\mathrm{d}s\Bigg], \tag{1.73}$$

其中 $u(t,x) = [u_1(t,x), u_2(t,x), \cdots, u_n(t,x)]^{\mathrm{T}} \in \mathbb{R}^n$ 是变换系统的状态向量.

现在, 基于模型 (1.73), 我们引入带有马尔可夫跳变的时滞反应扩散 Cohen-Grossberg 神经网络和随机扰动.

令 $r(t), t \geqslant 0$ 是在概率空间上右连续的马尔可夫链, 在有限空间 $\mathbb{S} = \{1, 2, \cdots, N\}$ 上有意义, 转移速率矩阵 $(\gamma_{ij})_{N \times N}$ 如下给出:

$$\mathrm{P}\{\gamma(t+\delta) = j | \gamma(t) = i\} = \begin{cases} \gamma_{ij}\delta + o(\delta), & k \neq j, \\ 1 + \gamma_{ii}\delta + o(\delta), & k = j, \end{cases}$$

其中 $\delta > 0$, γ_{ij} 表示当 $i \neq j$ 时, i 到 j 的转移速率. 若 $i = j$, 则 $\gamma_{ii} = -\sum\limits_{j=1, j \neq i}^{N} \gamma_{ij}$.

下面给出带有马尔可夫跳变的随机 Cohen-Grossberg 神经网络的一般形式:

$$\mathrm{d}u(t,x) = \nabla(D(t,x,u))\nabla u(t,x)\mathrm{d}t - \alpha(u(t,x), r(t))\Bigg[\beta(u(t,x), r(t))$$
$$- A(r(t))f(u(t,x)) - B(r(t))f(u(t-h(t)),x)$$
$$- C(r(t))\int_{t-\tau(t)}^{t} f(u(s,x))\mathrm{d}s\Bigg]\mathrm{d}t$$
$$+ \sigma\left(t, u(t,x), u(t-h(t),x), \int_{t-\tau(t)}^{t} f(u(s,x))\mathrm{d}s, r(t)\right)\mathrm{d}w(t),$$

其中 $\sigma(\cdot) \in \mathbb{R}^n$, $w(t)$ 是标准布朗运动,

$$\alpha(u(t,x)) = \mathrm{diag}(\alpha_1(u_1(t,x)), \alpha_2(u_2(t,x)), \cdots, \alpha_n(u_n(t,x))),$$

$$\alpha_k(u_k(t,x)) = \alpha_k(u_k(t,x) + y_k^*), \quad k = 1, 2, \cdots, n,$$

$$\beta(u(t,x)) = [\beta_1(u_1(t,x)), \beta_2(u_2(t,x)), \cdots, \beta_n(u_n(t,x))]^{\mathrm{T}},$$

$$\beta_k(u_k(t,x)) = b_k(u_k(t,x) + y_k^*) - b_k y_k^*,$$

$$f(u(t,x)) = [f_1(u(t,x)), f_2(u(t,x)), \cdots, f_n(u(x,t))]^{\mathrm{T}},$$

$$f_k(u(t,x)) = g_k(u_k(t,x) + y_k^*) - b_k y_k^*, \quad D(t,x,u) = \tilde{D}(t,x,u(t,x) + y^*).$$

为了获得我们的主要结果, 假设下面的条件成立.

神经激活函数 $f(\cdot)$ 在 $\mathbb{R}$ 上是有界的, 且是 Lipschitz 连续的, 也就是说, 存在常矩阵 L, 使得

$$|f(x) - f(y)| \leqslant |F(x-y)|, \quad x, y \in \mathbb{R}^n, \quad |f(x)| \leqslant |Fx|, \quad f(0) = 0, \qquad (1.74)$$

变时滞 $h(t)$ 满足

$$0 \leqslant h_1 \leqslant h(t) \leqslant h_2, \quad h(t) \leqslant h, \qquad (1.75)$$

其中 h_1, h_2 是常数, 此外, 有界函数 $\tau(t)$ 表示系统的分布时滞, 满足 $0 \leqslant \tau(t) \leqslant \tau$.

我们做如下假设:

$$0 \leqslant \underline{\alpha}_{ik} \leqslant \alpha_{ik}(\cdot) \leqslant \overline{\alpha}_{ik}, \quad \underline{\alpha}_i = \min_{1 \leqslant k \leqslant n}(\underline{\alpha}_{ik}), \quad \overline{\alpha}_i = \max_{1 \leqslant k \leqslant n}(\overline{\alpha}_{ik}),$$

$$u_k(t,x)\beta_{ik}(u_k(t,x)) \geqslant \mu_{ik}u_k^2(t,x), \quad \mu_{ik} > 0, \quad \mu_i = \mathrm{diag}(\mu_{i1}, \mu_{i2}, \cdots, \mu_{in}),$$

$$\mathrm{Trace}\left\{ \sigma_i^{\mathrm{T}}\left(t, u(t), u(t-h(t),x), \int_{t-\tau(t)}^t f(u(s,x))\mathrm{d}s \right) \right.$$

$$\left. \times \sigma_i\left(t, u(t-h(t),x), \int_{t-\tau(t)}^t f(u(s,x))\mathrm{d}s \right) \right\}$$

$$\leqslant |\Sigma_{i1}u(x,t)|^2 + |\Sigma_{i2}u(t-h(t),x)|^2 + \left| \Sigma_{i3}\int_{t-\tau(t)}^t f(u(s,x))\mathrm{d}s \right|^2, \qquad (1.76)$$

其中 Σ_{i1}, Σ_{i2} 和 Σ_{i3} 是已知的对角矩阵.

现在我们考虑如下带有马尔可夫跳变随机不确定性的反应扩散 Cohen-Grossberg 神经网络:

$$\mathrm{d}u(t,x) = \nabla(D(t,x,u))\nabla u(t,x)\mathrm{d}t - \alpha(u(t,x), r(t))\left[\beta(u(t,x), r(t)) \right.$$

$$- (A(r(t)) + \delta A(r(t)))f(u(t,x))$$

$$- (B(r(t)) + \delta B(r(t)))f(u(t - h(t), x))$$

$$- (C(r(t)) + \delta C(r(t))) \int_{t-\tau(t)}^{t} f(u(s, x))\mathrm{d}s \Bigg] \mathrm{d}t$$

$$+ \sigma \left(t, u(t, x), u(t - h(t), x), \int_{t-\tau(t)}^{t} f(u(s, x))\mathrm{d}s, r(t) \right) \mathrm{d}w(t),$$

$$\left. \frac{\partial u}{\partial \mathcal{N}} \right|_{\partial\Omega} = 0, \quad t \geqslant 0, x \in \partial\Omega,$$

$$u(t_0 + \theta, x) = \xi(\theta, x), \quad -\tau^* < \theta \leqslant 0, \quad x \in \Omega, \quad \tau^* = \max\{h_2, \tau\}. \tag{1.77}$$

为了方便起见, 令 $r(t) = i$, $i \in \mathbb{S}$, 记

$$A_i = A(r(t)), \quad B_i = B(r(t)), \quad C_i = C(r(t)),$$

$$\delta A_i = \delta A(r(t)), \quad \delta B_i = \delta B(r(t)), \quad \delta C_i = \delta C(r(t)), \tag{1.78}$$

其中对于任意 $i \in \mathbb{S}$, A_i, B_i 和 C_i 为适当维数的已知常数矩阵, δA_i, δB_i 和 δC_i 是未知矩阵, 表示随时间变化的参数不确定性, 且表示为以下形式:

$$[\delta A_i, \delta B_i, \delta C_i] = M_i F_i(t)[N_{1i}, N_{2i}, N_{3i}], \tag{1.79}$$

其中 M_i, N_{1i}, N_{2i} 和 N_{3i} 是已知的常数矩阵, 且对任意的 $i \in \mathbb{S}$, $F_i(t)$ 是未知的随时间变化的矩阵函数, 满足

$$F_i^{\mathrm{T}}(t)F_i(t) \leqslant I, \tag{1.80}$$

并假设 $F_i(t)$ 的元素是 Lebesgue 可测的.

根据 (1.78), 得到以下带有马尔可夫跳变随机不确定性的反应扩散 Cohen-Grossberg 神经网络:

$$\mathrm{d}u(t, x) = \nabla(D(t, x, u))\nabla u(t, x)\mathrm{d}t - \alpha_i(u(t, x)) \Bigg[\beta_i(u(t, x)) - A_i(t)f(u(t, x))$$

$$- (B_i(t)f(u(t - h(t), x)) - C_i(t)) \int_{t-\tau(t)}^{t} f(u(s, x))\mathrm{d}s \Bigg] \mathrm{d}t$$

$$+ \sigma_i \left(t, u(t, x), u(t - h(t), x), \int_{t-\tau(t)}^{t} f(u(s, x))\mathrm{d}s \right) \mathrm{d}w(t),$$

$$\left. \frac{\partial u}{\partial \mathcal{N}} \right|_{\partial\Omega} = 0, \quad t \geqslant 0, \quad x \in \partial\Omega,$$

$$u(t_0 + \theta, x) = \xi(\theta, x), \quad -\tau^* < \theta \leqslant 0, \quad x \in \Omega, \quad \tau^* = \max\{h_2, \tau\}, \tag{1.81}$$

其中 $A_i(t) = A_i + \delta A_i$, $B_i(t) = B_i + \delta B_i$, $C_i(t) = C_i + \delta C_i$.

下面的定义和引理对接下来的证明是必要的.

定义 1.11 对于每个 $\xi \in C_{F_0}([-\upsilon, 0]; \mathbb{R}^n)$, $r(0) = i_0 \in \mathbb{S}$, 若存在两个正数 $\lambda > 0, \alpha > 0$, 使得

$$\mathrm{E}\|u(t)\|_2^2 \leqslant \lambda \mathrm{e}^{-\alpha t} \sup_{-\tau^* \leqslant \theta \leqslant 0} \mathrm{E}\|\xi(\theta)\|_2^2,$$

则系统方程 (1.81) 的零解是均方指数稳定的.

引理 1.3(Schur 补) 给定适当维数的矩阵 Ω_1, Ω_2 和 Ω_3, 满足 $\Omega_1^{\mathrm{T}} = \Omega_1, \Omega_2^{\mathrm{T}} = \Omega_2$, 那么

$$\Omega_1 + \Omega_3^{\mathrm{T}} \Omega_2^{-1} \Omega_3 < 0$$

当且仅当 $\begin{bmatrix} \Omega_1 & \Omega_3^{\mathrm{T}} \\ * & -\Omega_2 \end{bmatrix} < 0$ 或者 $\begin{bmatrix} -\Omega_2 & \Omega_3 \\ * & \Omega_1 \end{bmatrix} < 0$.

引理 1.4 [37] 对任意常矩阵 $M > 0$, 任意满足 $a < b$ 的常数 a 和 b, 一个向量函数 $x(t): [a, b] \mapsto \mathbb{R}^n$, 其相关积分有定义, 那么下面的式子成立:

$$\left[\int_a^b x(s)\mathrm{d}s \right]^{\mathrm{T}} M \left[\int_a^b x(s)\mathrm{d}s \right] \leqslant (b-a) \int_a^b x^{\mathrm{T}}(s) M x(s)\mathrm{d}s.$$

引理 1.5 [27] 令 M, E 和 $F(t)$ 是适当维数的实矩阵, $F(t)$ 满足 $F^{\mathrm{T}}(t)F(t) \leqslant I$, 那么, $\psi + MF(t)E + [MF(t)E]^{\mathrm{T}} < 0$ 成立, 当且仅当存在 $\varepsilon > 0$, 满足 $\psi + \varepsilon^{-1} MM^{\mathrm{T}} + \varepsilon EE^{\mathrm{T}} < 0$.

1.4.2 马尔可夫跳变混合时滞反应扩散 Cohen-Grossberg 神经网络的鲁棒稳定性

定理 1.13 假设条件 (1.74)—(1.76) 成立, 对于给定的 $h_2 \geqslant h_1 \geqslant 0$, h 和 $\tau > 0$, 若存在矩阵 $R > 0$, $Y_j > 0$, $j = 1, 2$, $Q_l = Q_l^{\mathrm{T}} \geqslant 0$, $X_k > 0$ ($l = 1, 2, 3, 4$, $k = 1, 2, 3$), 对任意 $\varepsilon_i > 0$ ($i = 1, 2, 3, 4$), 满足以下线性矩阵不等式:

$$\begin{bmatrix} \Psi_i & \overline{P}_i M_i \\ * & -\varepsilon_4 I \end{bmatrix} < 0, \tag{1.82}$$

则方程 (1.81) 是全局鲁棒均方指数稳定的. 其中 $\varepsilon_4 = (\varepsilon_1^{-1} + \varepsilon_2^{-1} + \varepsilon_3^{-1})^{-1}$, $\Psi_i = (\varphi_{m,n,i})_{10 \times 10 \times i}$. 即

$$\varphi_{1,1,i} = \left(-2\mu_i \underline{\alpha}_i + \lambda_{\min}(2D) \frac{m}{l^2} \right) I_i / \overline{\alpha}_i^2 + (\Sigma_{i1}^{\mathrm{T}} \Sigma_{i1} + Q_1 + Q_2 + Q_3 + h_2 Y_1$$

$$+ (h_2 - h_1)Y_2)/\overline{\alpha}_i^2,$$

$$\varphi_{1,2,i} = \varphi_{1,3,i} = \varphi_{1,4,i} = 0, \quad \varphi_{1,5,i} = A_i, \quad \varphi_{1,6,i} = B_i, \quad \varphi_{1,7,i} = C_i,$$

$$\varphi_{1,8,i} = X_1/\overline{\alpha}_i, \quad \varphi_{1,9,i} = \varphi_{1,10,i} = 0, \quad \varphi_{2,2,i} = -(1-h)Q_1 + \Sigma_{i2}^{\mathrm{T}}\Sigma_{i2},$$

$$\varphi_{2,3,i} = \varphi_{2,4,i} = \varphi_{2,5,i} = \varphi_{2,6,i} = \varphi_{2,7,i} = 0, \quad \varphi_{2,8,i} = -(1-h)X_1,$$

$$\varphi_{2,9,i} = (1-h)X_2, \quad \varphi_{2,10,i} = -(1-h)X_3, \quad \varphi_{3,3,i} = -Q_2,$$

$$\varphi_{3,4,i} = \varphi_{3,5,i} = \varphi_{3,6,i} = \varphi_{3,7,i} = \varphi_{3,8,i} = \varphi_{3,9,i} = 0, \quad \varphi_{3,10,i} = X_3, \quad \varphi_{4,4,i} = -Q_3,$$

$$\varphi_{4,5,i} = \varphi_{4,6,i} = \varphi_{4,7,i} = \varphi_{4,8,i} = 0, \quad \varphi_{4,9,i} = -X_2, \quad \varphi_{4,10,i} = 0,$$

$$\varphi_{5,5,i} = \overline{\alpha}_i \varepsilon_1 N_{i1} N_{i1}^{\mathrm{T}} + Q_4 + \tau R,$$

$$\varphi_{5,6,i} = \varphi_{5,7,i} = \varphi_{5,8,i} = \varphi_{5,9,i} = \varphi_{5,10,i} = 0, \quad \varphi_{6,6,i} = -(1-h)Q_4 + \overline{\alpha}_i \varepsilon_2 N_{i2} N_{i2}^{\mathrm{T}},$$

$$\varphi_{6,7,i} = \varphi_{6,8,i} = \varphi_{6,9,i} = \varphi_{6,10,i} = 0, \quad \varphi_{7,7,i} = -\frac{1}{\tau}R + \Sigma_{i3}^{\mathrm{T}}\Sigma_{i3} + \overline{\alpha}_i \varepsilon_3 N_{i3} N_{i3}^{\mathrm{T}},$$

$$\varphi_{7,8,i} = \varphi_{7,9,i} = \varphi_{7,10,i} = 0, \quad \varphi_{8,8,i} = -\frac{1}{h_2}Y_1, \quad \varphi_{8,9,i} = \varphi_{8,10,i} = 0,$$

$$\varphi_{9,9,i} = -\frac{1}{h_2 - h_1}(Y_1 + Y_2), \quad \varphi_{9,10,i} = 0, \quad \varphi_{10,10,i} = -\frac{1}{h_2 - h_1}Y_2,$$

$$\overline{P}_i = [I_i, 0, 0, 0, 0, 0, 0, 0, 0, 0]^{\mathrm{T}}.$$

证明 由假设我们知道, 放大函数 $\alpha_i(u(x,t))$ 是非线性的, 满足

$$\alpha_i(u(x,t))\alpha_i(u(x,t)) \leqslant \alpha_i^{-2}I.$$

在不等式 (1.82) 左边前后乘 $\mathrm{diag}(\overline{\alpha}_i, I, I, I, I, I, I, I, I, I)$ 得

$$\Pi_i = \begin{bmatrix} \tilde{\Xi}_i & \overline{P}_i M_i \\ * & -\varepsilon_i I \end{bmatrix} < 0, \tag{1.83}$$

其中 $\tilde{\Xi}_i = \Psi_i, (j,k,i) \neq ((1,1,i),(1,5,i),(1,6,i),(1,7,i),(1,8,i))$, 且

$$\tilde{\varphi}_{1,1,i} = \left(-2\mu_i\underline{\alpha}_i + \lambda_{\min}(2D)\frac{m}{l^2}\right)I_i + \Sigma_{i1}^{\mathrm{T}}\Sigma_{i1} + Q_1 + Q_2 + Q_3 + h_2 Y_1 + (h_2 - h_1)Y_2,$$

$$\tilde{\varphi}_{1,5,i} = \overline{\alpha}_i A_i, \quad \tilde{\varphi}_{1,6,i} = \overline{\alpha}_i B_i, \quad \tilde{\varphi}_{1,7,i} = \overline{\alpha}_i C_i, \quad \tilde{\varphi}_{1,8,i} = X_1.$$

考虑以下 Lyapunov-Krasovskii 函数, 对每个 $i \in \mathbb{S}$, 有

$$V(u,t,r(t)) = V_i(u,t) = V_{i1}(u,t) + V_{i2}(u,t) + V_{i3}(u,t) + V_{i4}(u,t) + V_{i5}(u,t),$$

$$V_{i1}(u,t) = \int_G u^T(t,x)u(t,x)\mathrm{d}x,$$

$$V_{i2}(u,t) = \int_G \left[\int_{t-h(t)}^t u^T(s,x)Q_1 u(s,x)\mathrm{d}s + \int_{t-h_1}^t u^T(s,x)Q_2 u(s,x)\mathrm{d}s \right]\mathrm{d}x$$

$$+ \int_G \left[\int_{t-h_2}^t u^T(s,x)Q_3 u(s,x)\mathrm{d}s \right.$$

$$\left. + \int_{t-h(t)}^t f^T(u(s,x))Q_4 f(u(s,x))\mathrm{d}s \right]\mathrm{d}x,$$

$$V_{i3}(u,t) = \int_G \int_{-\tau}^0 \int_{t+\theta}^t f^T(u(s,x))Rf(u(s,x))\mathrm{d}s\mathrm{d}\theta\mathrm{d}x,$$

$$V_{i4}(u,t) = \int_G \left[\int_{-h_2}^0 \int_{t+\theta}^t u^T(s,x)Y_1 u(s,x)\mathrm{d}s\mathrm{d}\theta \right.$$

$$\left. + \int_{-h_2}^{-h_1} \int_{t+\theta}^t u^T(s,x)Y_2 u(s,x)\mathrm{d}s\mathrm{d}\theta \right]\mathrm{d}x, \qquad (1.84)$$

$$V_{i5}(u,t) = \int_G \int_{t-h(t)}^t u^T(s,x)\mathrm{d}s X_1 \int_{t-h(t)}^t u(s,x)\mathrm{d}s\mathrm{d}x$$

$$+ \int_G \int_{t-h_2}^{t-h_t} u^T(s,x)\mathrm{d}s X_2 \int_{t-h_2}^{t-h(t)} u(s,x)\mathrm{d}s\mathrm{d}x$$

$$+ \int_G \int_{t-h(t)}^{t-h_1} u^T(s,x)\mathrm{d}s X_3 \int_{t-h(t)}^{t-h_1} u(s,x)\mathrm{d}s\mathrm{d}x.$$

根据边界条件和格林公式可得

$$\int_G \left(\nabla u^T D \nabla u + u^T D \Delta u \right)\mathrm{d}x = \int_G u^T D \frac{\partial u}{\partial n}\mathrm{d}x = 0.$$

于是, 由 Poincaré 不等式, 我们有

$$\int_G u^T u \mathrm{d}x = \sum_{i=1}^n \int_G u_i^2 \mathrm{d}x \leqslant \frac{l^2}{m} \sum_{i=1}^n \int_G |\nabla u_i|^2 \mathrm{d}x = \frac{l^2}{m} \int_G (\nabla u)^T (\nabla u)\mathrm{d}x.$$

因此

$$2 \int_G (\nabla u)^T D(\nabla u)\mathrm{d}x \geqslant \lambda_{\min}(2D) \frac{m}{l^2} \int_G u^T u \mathrm{d}x,$$

其中 $D = \text{diag}(d_1, \cdots, d_n)$, $d_i = \min\limits_{1 \leqslant k \leqslant m} \{D_{ik}\}$.

令 $\mathcal{L}$ 是随机过程 $\{(u(t,x), r_t, t \geqslant 0)\}$ 的弱无穷小算子, 那么我们可得

$$
\begin{aligned}
\mathcal{L}V_i(u,t) = \int_G \Bigg\{ & 2u^{\mathrm{T}}(t,x)\nabla(D(t,x,u)\nabla u(t,x)) \\
& - 2u^{\mathrm{T}}(t,x)\alpha_i(u(x,t))\Bigg[\beta_i(u(t,x)) - A_i(t)f(u(t,x)) \\
& - B_i(t)f(u(t-h(t),x)) - C_i(t)\int_{t-\tau(t)}^{t} f(u(s,x))\mathrm{d}s\Bigg] \\
& + \text{Trace}(\sigma_i^{\mathrm{T}}(\cdot)I_i\sigma_i(\cdot)) + \sum_{j=1}^{N}\gamma_{ij}u^{\mathrm{T}}(t,x)u(t,x) + u^{\mathrm{T}}(t,x)Q_1u(t,x) \\
& - (1-h(t))u^{\mathrm{T}}(t-h(t),x)Q_1u(t-h(t),x) + u^{\mathrm{T}}(t,x)Q_2u(t,x) \\
& - u^{\mathrm{T}}(t-h_1,x)Q_2u(t-h_1,x) + u^{\mathrm{T}}(t,x)Q_3u(t,x) \\
& - u^{\mathrm{T}}(t-h_2,x)Q_3u(t-h_2,x) + f^{\mathrm{T}}(u(t,x))Q_4f(u(t,x)) \\
& - (1-h(t))f^{\mathrm{T}}(u(t-h(t),x))Q_4f(u(t-h(t),x)) \\
& + \tau f^{\mathrm{T}}(u(t,x))Rf(u(t,x)) - \int_{t-\tau}^{t} f^{\mathrm{T}}(u(s,x))Rf(u(s,x))\mathrm{d}s \\
& + h_2u^{\mathrm{T}}(t,x)Y_1u(t,x) - \int_{t-h_2}^{t} u^{\mathrm{T}}(s,x)Y_1u(s,x)\mathrm{d}s \\
& + (h_2-h_1)u^{\mathrm{T}}(t,x)Y_2u(t,x) - \int_{t-h_2}^{t-h_1} u^{\mathrm{T}}(s,x)Y_2u(s,x)\mathrm{d}s \\
& + 2(u^{\mathrm{T}}(t,x) - (1-h(t))u^{\mathrm{T}}(t-h(t),x))X_1\int_{t-h(t)}^{t} u(s,x)\mathrm{d}s \\
& + 2(-u^{\mathrm{T}}(t-h_2,x) + (1-h(t))u^{\mathrm{T}}(t-h(t),x)X_2\int_{t-h_2}^{t-h(t)} u(s,x)\mathrm{d}s \\
& + 2(u^{\mathrm{T}}(t-h_1,x)) - (1-h(t))u^{\mathrm{T}}(t-h(t)))X_3\int_{t-h(t)}^{t-h(1)} u(s,x)\mathrm{d}s \Bigg\}\mathrm{d}x.
\end{aligned}
$$

$$\tag{1.85}$$

由给定假设可得

$$- \int_{\Omega} 2u^{\mathrm{T}}(t,x)\alpha_i(u(t,x))\beta_i(u(t,x))\mathrm{d}x$$

$$= -2 \int_{\Omega} \sum_{j=1}^{n}(u_j(t,x)\alpha_{ij}(u(t,x))\beta_{ij}(u(t,x)))\mathrm{d}x$$

$$\leqslant - \int_{\Omega} 2\underline{\alpha}_i \sum_{j=1}^{n}\mu_{ij}u_j^2(t,x)\mathrm{d}x = - \int_{\Omega} 2\underline{\alpha}_i u^{\mathrm{T}}(t,x)\mu_i u(t,x)\mathrm{d}x, \qquad (1.86)$$

$$\int_{\Omega} \mathrm{Trace}(\sigma_i^{\mathrm{T}}(\cdot)\sigma_i(\cdot))\mathrm{d}x$$

$$\leqslant \int_{\Omega} \Bigg[u^{\mathrm{T}}(t,x)\Sigma_{i1}^{\mathrm{T}}\Sigma_{i1}u(t,x) + u^{\mathrm{T}}(t-h(t),x)\Sigma_{i2}^{\mathrm{T}}\Sigma_{i2}u(t-h(t),x)$$

$$+ \left(\int_{t-\tau(t)}^{t} f(u(s,x))\mathrm{d}s \right)^{\mathrm{T}} \Sigma_{i3}^{\mathrm{T}}\Sigma_{i3} \left(\int_{t-\tau(t)}^{t} f(u(s,t))\mathrm{d}s \right) \Bigg]\mathrm{d}x, \qquad (1.87)$$

$$\int_{\Omega} 2u^{\mathrm{T}}(t,x)\alpha_i(u(t,x))\delta A_i f(u(t,x))\mathrm{d}x$$

$$\leqslant \bar{\alpha}_i \int_{\Omega} [\varepsilon_1^{-1}u^{\mathrm{T}}(t,x)M_i M_i^{\mathrm{T}} u(t,x) + \varepsilon_1 f^{\mathrm{T}}(u(t,x))N_{i1}N_{i1}^{\mathrm{T}}f(u(t,x))]\mathrm{d}x, \quad (1.88)$$

$$\int_{\Omega} 2u^{\mathrm{T}}(t,x)\alpha_i(u(t,x))\delta B_i f(u(t-h(t),x))\mathrm{d}x$$

$$\leqslant \bar{\alpha}_i \int_{\Omega} \varepsilon_2^{-1}u^{\mathrm{T}}(t,x)M_i M_i^{\mathrm{T}}u(t,x)\mathrm{d}x$$

$$+ \bar{\alpha}_i\varepsilon_2 f^{\mathrm{T}}(u(t-h(t),x))N_{i2}N_{i2}^{\mathrm{T}}f(u(t-h(t),x))\mathrm{d}x, \qquad (1.89)$$

$$\int_{\Omega} 2u^{\mathrm{T}}(t,x)\alpha_i(u(t,x))\delta C_i \int_{t-\tau(t)}^{t} f(u(s,x))\mathrm{d}s\mathrm{d}x$$

$$\leqslant \bar{\alpha}_i \int_{\Omega} \varepsilon_3^{-1}u^{\mathrm{T}}(t,x)M_i M_i^{\mathrm{T}}u(t,x)\mathrm{d}x$$

$$+ \bar{\alpha}_i\varepsilon_3 \int_{\Omega} \int_{t-\tau(t)}^{t} f^{\mathrm{T}}(u(s,x))\mathrm{d}sN_{i3}N_{i3}^{\mathrm{T}} \int_{t-\tau(t)}^{t} f(u(s,x))\mathrm{d}s\mathrm{d}x. \qquad (1.90)$$

显然成立

$$\int_{t-h_2}^{t-h_1} u^{\mathrm{T}}(s,x)Y_2 u(s,x)\mathrm{d}s = \int_{t-h_2}^{t-h(t)} u^{\mathrm{T}}(s,x)Y_2 u(s,x)\mathrm{d}s$$

$$+ \int_{t-h(t)}^{t-h_1} u^{\mathrm{T}}(s,x)Y_2 u(s,x)\mathrm{d}s, \qquad (1.91)$$

$$\int_{t-h_2}^{t} u^{\mathrm{T}}(s,x)Y_1 u(s,x)\mathrm{d}s = \int_{t-h_2}^{t-h(t)} u^{\mathrm{T}}(s,x)Y_1 u(s,x)\mathrm{d}s$$
$$+ \int_{t-h(t)}^{t} u^{\mathrm{T}}(s,x)Y_1 u(s,x)\mathrm{d}s. \tag{1.92}$$

由引理 1.4, 我们可得

$$-\int_G \int_{t-h(t)}^{t} u^{\mathrm{T}}(s,x)Y_1 u(s,x)\mathrm{d}s\mathrm{d}x$$
$$\leqslant -\frac{1}{h_2}\int_G \left[\int_{t-h(t)}^{t} u(s,x)\mathrm{d}s\right]^{\mathrm{T}} Y_1 \left[\int_{t-h(t)}^{t} u(s,x)\mathrm{d}s\right]\mathrm{d}x, \tag{1.93}$$

$$-\int_G \int_{t-h_2}^{t-h(t)} u^{\mathrm{T}}(s,x)(Y_1+Y_2)u(s,x)\mathrm{d}s\mathrm{d}x$$
$$\leqslant -\frac{1}{h_2-h_1}\int_\Omega \left[\int_{t-h_2}^{t-h(t)} u(s,x)\mathrm{d}s\right]^{\mathrm{T}} (Y_1+Y_2)\left[\int_{t-h_2}^{t-h(t)} u(s,x)\mathrm{d}s\right]\mathrm{d}x, \tag{1.94}$$

$$-\int_G \int_{t-h(t)}^{t-h_1} u^{\mathrm{T}}(s,x)Y_2 u(s,x)\mathrm{d}s\mathrm{d}x$$
$$\leqslant -\frac{1}{h_2-h_1}\int_G \left[\int_{t-h(t)}^{t-h_1} u(s,x)\mathrm{d}s\right]^{\mathrm{T}} Y_2 \left[\int_{t-h(t)}^{t-h_1} u(s,x)\mathrm{d}s\right]\mathrm{d}x, \tag{1.95}$$

$$-\int_G \int_{t-\tau(t)}^{t} f^{\mathrm{T}}(u(s,x))Rf(u(s,x))\mathrm{d}s\mathrm{d}x$$
$$\leqslant -\frac{1}{\tau}\int_G \left[\int_{t-\tau(t)}^{t} f^{\mathrm{T}}(u(s,x))\mathrm{d}s\right]^{\mathrm{T}} R \left[\int_{t-\tau(t)}^{t} f^{\mathrm{T}}(u(s,x))\mathrm{d}s\right]\mathrm{d}x. \tag{1.96}$$

于是, 由式 (1.86)—(1.96) 可得

$$\mathcal{L}V_i(u,t) \leqslant \int_G \xi^{\mathrm{T}}(t,x)\Pi_1\xi(t,x)\mathrm{d}x, \tag{1.97}$$

其中 Π_1 在式 (1.83) 中定义, 且

$$\xi^{\mathrm{T}}(t,x) = \left[u^{\mathrm{T}}(t,x), u^{\mathrm{T}}(t-h(t),x), u^{\mathrm{T}}(t-h_1,x), u^{\mathrm{T}}(t-h_2,x), f^{\mathrm{T}}(u(t,x)),\right.$$
$$\left. f^{\mathrm{T}}(u(t-h(t),x)), \left(\int_{t-\tau(t)}^{t} f(u(s,x))\mathrm{d}s\right)^{\mathrm{T}}, \left(\int_{t-h(t)}^{t} u(s,x)\mathrm{d}s\right)^{\mathrm{T}},\right.$$

$$\left(\int_{t-h_2}^{t-h(t)} u(s,x)\mathrm{d}s\right)^{\mathrm{T}}, \left(\int_{t-h(t)}^{t-h_1} u(s,x)\mathrm{d}s\right)^{\mathrm{T}}\right].$$

综上, 我们知道 (1.83) 式保证 $\Pi_1 < 0$ 成立. 进一步, 对于 $i \in \mathbb{S}$, $\xi(t,x) \neq 0$ 保证 $\mathcal{L}V_i(u,t) < 0$ 成立.

下面, 我们证明带有马尔可夫跳变的混合时滞随机反应扩散 Cohen-Grossberg 神经网络 (1.81) 的鲁棒均方指数稳定性.

我们令 $b = \max\{\lambda_{\max}(F^{\mathrm{T}}RF)\}$, $\rho_1 = \max\limits_{i \in S}\{\lambda_{\max}(I_i)\} = 1$, $q = \max\{\lambda_{\max}(Q_i)$, $i = 1,2,3\}$, $\tilde{q} = \max\{\lambda_{\max}(F^{\mathrm{T}}Q_4F)\}$, $a = \max\{\lambda_{\max}(Y_i), i = 1,2\}$, $\lambda = \min\{\lambda_{\min}(-\Pi_1), i \in \mathbb{S}\}$, $\sigma = \max\{\lambda_{\max}(X_i), i = 1,2,3\}$, 又注意到

$$\int_{-h_2}^{0}\int_{t+\theta}^{t}\|u(s)\|_2^2\mathrm{d}s\mathrm{d}\theta = \int_{t-h_2}^{t}(s-t+h_2)\|u(s)\|_2^2\mathrm{d}s \leqslant h_2\int_{t-h_2}^{t}\|u(s)\|_2^2\mathrm{d}s,$$

$$\int_{-h_2}^{-h_1}\int_{t+\theta}^{t}\|u(s)\|_2^2\mathrm{d}s\mathrm{d}\theta = \int_{t-h_2}^{t}(s-t+h_2-h_1)\|u(s)\|_2^2\mathrm{d}s \leqslant h_2\int_{t-h_2}^{t}\|u(s)\|_2^2\mathrm{d}s,$$

$$\int_{-\tau}^{0}\int_{t+\theta}^{t}\|u(s)\|_2^2\mathrm{d}s\mathrm{d}\theta = \int_{t-\tau}^{t}(s-t+\tau)\|u(s)\|_2^2\mathrm{d}s \leqslant \tau\int_{t-\tau}^{t}\|u(s)\|_2^2\mathrm{d}s.$$

因此

$$\mathcal{L}(\mathrm{e}^{\eta_i t}V_i(u,t)) = \mathrm{e}^{\eta_i t}\left[\mathcal{L}(V_i(u,t)) + \eta_i V_i(u,t)\right]$$

$$\leqslant \mathrm{e}^{\eta_i t}\Bigg\{(-\lambda+\eta_i)\|u(t)\|_2^2 + (3q+\tilde{q})\eta_i h_2\int_{t-h_2}^{t}\|u(s)\|_2^2\mathrm{d}s$$

$$+ \eta_i\int_G\int_{-\tau}^{0}\int_{t+\theta}^{t}f^{\mathrm{T}}(u(s,x))Rf(u(s,x))\mathrm{d}s\mathrm{d}\theta\mathrm{d}x$$

$$+ \eta_i\int_G\Bigg[\int_{-h_2}^{0}\int_{t+\theta}^{t}u^{\mathrm{T}}(s,x)Y_1u(s,x)\mathrm{d}s\mathrm{d}\theta$$

$$+ \eta_i\int_{-h_2}^{-h_1}\int_{t+\theta}^{t}u^{\mathrm{T}}(s,x)Y_2u(s,x)\mathrm{d}s\mathrm{d}\theta\Bigg]\mathrm{d}x$$

$$+ \eta_i h(t)\int_G\int_{t-h(t)}^{t}u^{\mathrm{T}}(s,x)X_1u(s,x)\mathrm{d}s\mathrm{d}x$$

$$+ \eta_i h_2\int_\Omega\int_{t-h_2}^{t-h(t)}u^{\mathrm{T}}(s,x)X_2u(s,x)\mathrm{d}s\mathrm{d}x$$

$$+ \eta_i h(t)\int_G\int_{t-h(t)}^{t-h_1}u^{\mathrm{T}}(s,x)X_3u(s,x)\mathrm{d}s\mathrm{d}x\Bigg\}$$

$$
\begin{aligned}
&\leqslant \mathrm{e}^{\eta_i t}\bigg\{(-\lambda+\eta_i)\|u(t)\|_2^2 + (3q+\tilde{q})\eta_i h_2 \int_{t-h_2}^{t}\|u(s)\|_2^2 \mathrm{d}s\\
&\quad + \eta_i b \int_{-\tau}^{0}\int_{t+\theta}^{t}\|u(s)\|_2^2 \mathrm{d}s\mathrm{d}\theta + \eta_i a\bigg[\int_{-h_2}^{0}\int_{t+\theta}^{t}\|u(s)\|_2^2 \mathrm{d}s\mathrm{d}\theta\\
&\quad + \int_{-h_2}^{-h_1}\int_{t+\theta}^{t}\|u(s)\|_2^2 \mathrm{d}s\mathrm{d}\theta\bigg] + \eta_i \sigma\bigg[h(t)\int_{t-h(t)}^{t}\|u(s)\|_2^2 \mathrm{d}s\\
&\quad + h_2\int_{t-h_2}^{t-h(t)}\|u(s)\|_2^2 \mathrm{d}s + h(t)\int_{t-h(t)}^{t-h_1}\|u(s)\|_2^2 \mathrm{d}s\bigg]\bigg\}\\
&\leqslant \mathrm{e}^{\eta_i t}\bigg[(-\lambda+\eta_i\rho_1)\|u(t)\|_2^2 + (3q+\tilde{q})\eta_i h_2 \int_{t-h_2}^{t}\|u(s)\|_2^2 \mathrm{d}s\\
&\quad + \eta_i b\tau \int_{t-\tau}^{t}\|u(s)\|_2^2 \mathrm{d}s + 2\eta_i a h_2 \int_{t-h_2}^{t}\|u(s)\|_2^2 \mathrm{d}s\\
&\quad + 2\eta_i \sigma h_2 \int_{t-h_2}^{t}\|u(s)\|_2^2 \mathrm{d}s\bigg]\\
&\leqslant \mathrm{e}^{\eta_i t}\bigg\{(-\lambda+\eta_i\rho_1)\|u(t)\|_2^2 + \big[(3q+\tilde{q})\eta_i h_2 + \eta_i b\tau + 2\eta_i a h_2\\
&\quad + 2\eta_i \sigma h_2\big]\int_{t-h_2}^{t}\|u(s)\|_2^2 \mathrm{d}s\bigg\}.
\end{aligned}
\tag{1.98}
$$

由 Dynkin 公式 (参见文献 [28]), 可得

$$
\begin{aligned}
\mathrm{E}[\mathrm{e}^{\eta_i t}V_i(u,t)] &= \mathrm{E}V_{i0}(u(0,x),0) + \mathrm{E}\bigg[\int_0^t \mathcal{L}(\mathrm{e}^{\eta_i s}V_i(u(s,x)),s,r(s))\mathrm{d}s\bigg]\\
&\leqslant V_{i0}(x(0),0) + \bigg\{(-\lambda+\eta_i)\int_0^t \mathrm{e}^{\eta_i s}\|u(s)\|_2^2 \mathrm{d}s + \big[(3q+\tilde{q})\eta_i h_2\\
&\quad + \eta_i b\tau + 2\eta_i a h_2 + 2\eta_i \sigma h_2\big]\int_0^t \mathrm{e}^{\eta_i s}\int_{s-\tau^*}^{s}\|u(s)\|_2^2 \mathrm{d}\theta\mathrm{d}s\bigg\}.
\end{aligned}
\tag{1.99}
$$

注意到

$$
\begin{aligned}
&\int_0^t \mathrm{e}^{\eta_i s}\int_{s-\tau^*}^{s}\|u(\theta)\|_2^2 \mathrm{d}\theta\mathrm{d}s\\
&\leqslant \int_{-\tau^*}^{0}\|u(\theta)\|_2^2 \int_0^{\theta+\tau^*}\mathrm{e}^{\eta_i s}\mathrm{d}s\mathrm{d}\theta
\end{aligned}
$$

$$+ \int_0^{t-\tau^*} \|u(\theta)\|_2^2 \int_\theta^{\theta+\tau^*} e^{\eta_i s} ds d\theta + \int_{t-\tau^*}^t \|u(\theta)\|_2^2 \int_\theta^t e^{\eta_i s} ds d\theta$$

$$\leqslant \tau^* \int_{-\tau^*}^0 e^{\eta_i(s+\tau^*)} \|u(\theta)\|_2^2 ds + \tau^* \int_0^t e^{\eta_i(s+\tau^*)} \|u(\theta)\|_2^2 ds. \qquad (1.100)$$

于是, 有

$$\begin{aligned}
\mathrm{E}[e^{\eta_i t} V_i(u,t)] \leqslant{}& V_{i0}(u(0,x),0) + \big[-\lambda + \eta_i + ((3q+\tilde{q})\eta_i h_2 \\
& + \eta_i b\tau + 2\eta_i a h_2 + 2\eta_i \sigma h_2)\tau^* e^{\eta_i \tau^*} \big] \int_0^t e^{\eta_i s} \|u(\theta)\|_2^2 ds \\
& + \big[(3q+\tilde{q})\eta_i h_2 + \eta_i b\tau + 2\eta_i a h_2 + 2\eta_i \sigma h_2 \big] \tau^* e^{\eta_i \tau^*} \int_{-\tau^*}^0 \|u(\theta)\|_2^2 ds \\
={}& V_{i0}(u(0,x),0) + \big[(3q+\tilde{q})\eta_i h_2 + \eta_i b\tau + 2\eta_i a h_2 \\
& + 2\eta_i \sigma h_2 \big] \tau^* e^{\eta_i \tau^*} \sup_{-\tau \leqslant \theta \leqslant 0} \mathrm{E}\|\xi(\theta)\|_2^2. \qquad (1.101)
\end{aligned}$$

令 $\eta_i > 0$ 是下式的唯一解:

$$-\lambda + \eta_i((3q+\tilde{q})\eta_i h_2 + \eta_i b\tau + 2\eta_i a h_2 + 2\eta_i \sigma h_2)\tau^* e^{\eta_i \tau^*} = 0. \qquad (1.102)$$

故

$$\begin{aligned}
\mathrm{E}[e^{\eta_i t} V_i(u,t)] \leqslant{}& V_{i0}(u(0,x),0) + \big[(3q+\tilde{q})\eta_i h_2 + \eta_i b\tau + 2\eta_i a h_2 \\
& + 2\eta_i \sigma h_2 \big] \tau^* e^{\eta_i \tau^*} \sup_{-\tau \leqslant \theta \leqslant 0} \mathrm{E}\|\xi(\theta)\|_2^2 \\
\leqslant{}& 1 + ((3q+\tilde{q})h_2 + 2a h_2 + b\tau 2\eta_i \sigma h_2)\tau^* \\
& + \big[(3q+\tilde{q})\eta_i h_2 + \eta_i b\tau + 2\eta_i a h_2 + 2\eta_i \sigma h_2 \big] \tau^* e^{\eta_i \tau^*} \sup_{-\tau \leqslant \theta \leqslant 0} \mathrm{E}\|\xi(\theta)\|_2^2 \\
\triangleq{}& \omega \sup_{-\tau \leqslant \theta \leqslant 0} \mathrm{E}\|\xi(\theta)\|_2^2, \qquad (1.103)
\end{aligned}$$

其中 $\eta = \max\limits_{i \in S}\{\eta_i\}$. 根据 $V_i(u,t)$ 的定义, 我们有

$$V_i(u,t) \geqslant \min_{i \in S}\{\lambda_{\min}(I_i)\} \|u(t)\|_2^2 \triangleq \tilde{\lambda} \|u(t)\|_2^2. \qquad (1.104)$$

因此, 由以上可得

$$\mathrm{E}\|u(t,\xi)\|_2^2 \leqslant [\tilde{\lambda}]^{-1} \omega e^{-\eta t} \sup_{-\tau^* \leqslant \theta \leqslant 0} \mathrm{E}\|\xi(\theta)\|_2^2. \qquad (1.105)$$

$\square$

定理 1.14　假设条件 A1—A2 成立, 对于给定的 $h_2 \geqslant h_1 \geqslant 0$, h 和 $\tau > 0$, 若存在矩阵 $R > 0$, $Y_j > 0$, $j = 1, 2$, $Q_l = Q_l^{\mathrm{T}} \leqslant 0$, $l = 1, 2, 3, 4$, $X_k > 0$ $(k = 1, 2, 3)$, 对于任意 $\varepsilon_i > 0$ $(i = 1, 2, 3, 4, 5, 6, 7)$, 满足下面的线性矩阵不等式:

$$\begin{bmatrix} \Psi_i & \overline{P}_i M_i & A_i & B_i & C_i \\ * & -\varepsilon_4 I & 0 & 0 & 0 \\ * & * & -\varepsilon_5 I/\overline{\alpha}_i & 0 & 0 \\ * & * & * & -\varepsilon_6 I/\overline{\alpha}_i & 0 \\ * & * & * & * & -\varepsilon_7 I/\overline{\alpha}_i \end{bmatrix} < 0, \tag{1.106}$$

则系统 (1.81) 是全局鲁棒均方指数稳定的, 其中

$$\varepsilon_4 = (\varepsilon_1^{-1} + \varepsilon_2^{-1} + \varepsilon_3^{-1})^{-1}, \quad \Psi_i = (\varphi_{m,n,i})_{10 \times 10 \times i},$$

$$\varphi_{1,1,i} = \left(-2\mu_i \underline{\alpha}_i + \frac{\lambda_{\min}(2D)m}{\lambda_{\min}(P_i)l^2}\right) I_i/\overline{\alpha}_i^2 + (\Sigma_{i1}^{\mathrm{T}} \Sigma_{i1} + Q_1 + Q_2 + Q_3 + h_2 Y_1$$

$$+ (h_2 - h_1) Y_2 + \varepsilon_5 \overline{\alpha}_i F^{\mathrm{T}} F)/\overline{\alpha}_i^2,$$

$$\varphi_{1,2,i} = \varphi_{1,3,i} = \varphi_{1,4,i} = \varphi_{1,5,i} = \varphi_{1,6,i} = \varphi_{1,7,i} = \varphi_{1,9,i} = \varphi_{1,10,i} = 0,$$

$$\varphi_{1,8,i} = X_1/\overline{\alpha}_i, \quad \varphi_{2,2,i} = -(1-h)Q_1 + \Sigma_{i2}^{\mathrm{T}} \Sigma_{i2} + \overline{\alpha}_i \varepsilon_6 F^{\mathrm{T}} F,$$

$$\varphi_{2,3,i} = \varphi_{2,4,i} = \varphi_{2,5,i} = \varphi_{2,6,i} = \varphi_{2,7,i} = 0, \quad \varphi_{2,8,i} = -(1-h)X_1,$$

$$\varphi_{2,9,i} = (1-h)X_2, \quad \varphi_{2,10,i} = -(1-h)X_3, \quad \varphi_{3,3,i} = -Q_2,$$

$$\varphi_{3,4,i} = \varphi_{3,5,i} = \varphi_{3,6,i} = \varphi_{3,7,i} = \varphi_{3,8,i} = \varphi_{3,9,i} = 0, \quad \varphi_{3,10,i} = X_3, \quad \varphi_{4,4,i} = -Q_3,$$

$$\varphi_{4,5,i} = \varphi_{4,6,i} = \varphi_{4,7,i} = \varphi_{4,8,i} = 0, \quad \varphi_{4,9,i} = -X_2, \quad \varphi_{4,10,i} = 0, \quad \varphi_{5,5,i} = Q_4 + \tau R,$$

$$\varphi_{5,6,i} = \varphi_{5,7,i} = \varphi_{5,8,i} = \varphi_{5,9,i} = \varphi_{5,10,i} = 0, \quad \varphi_{6,6,i} = -(1-h)Q_4 + \overline{\alpha}_i \varepsilon_7 I,$$

$$\varphi_{6,7,i} = \varphi_{6,8,i} = \varphi_{6,9,i} = \varphi_{6,10,i} = 0, \quad \varphi_{7,7,i} = -\frac{1}{\tau} R + \Sigma_{i3}^{\mathrm{T}} \Sigma_{i3},$$

$$\varphi_{7,8,i} = \varphi_{7,9,i} = \varphi_{7,10,i} = 0, \quad \varphi_{8,8,i} = -\frac{1}{h_2} Y_1, \quad \varphi_{8,9,i} = \varphi_{8,10,i} = 0,$$

$$\varphi_{9,9,i} = -\frac{1}{h_2 - h_1}(Y_1 + Y_2), \quad \varphi_{9,10,i} = 0, \quad \varphi_{10,10,i} = -\frac{1}{h_2 - h_1} Y_2,$$

$$\overline{P}_i = [I_i, 0, 0, 0, 0, 0, 0, 0, 0, 0]^{\mathrm{T}}.$$

证明　注意到

$$-F^{\mathrm{T}}(u(t,x))f(u(t,x)) + u^{\mathrm{T}}(t,x)F^{\mathrm{T}} Fu(t,x) \geqslant 0, \tag{1.107}$$

$$-f^{\mathrm{T}}(u(t-h(t),x))f(u(t-h(t),x))+u^{\mathrm{T}}(t-h(t),x)F^{\mathrm{T}}Fu(t-h(t),x)\geqslant 0. \quad (1.108)$$

那么

$$\int_G 2u^{\mathrm{T}}(t,x)\alpha_i(u(t,x))A_if(u(t,x))\mathrm{d}x$$

$$\leqslant \overline{\alpha}_i\int_G \varepsilon_5^{-1}u^{\mathrm{T}}(t,x)A_iA_i^{\mathrm{T}}u(t,x)+\varepsilon_5 f^{\mathrm{T}}(u(t,x))f(u(t,x))\mathrm{d}x$$

$$\leqslant \overline{\alpha}_i\int_G u^{\mathrm{T}}(t,x)(\varepsilon_5^{-1}A_iA_i^{\mathrm{T}}+\varepsilon_5 F^{\mathrm{T}}F)u(t,x)\mathrm{d}x, \quad (1.109)$$

$$\int_G 2u^{\mathrm{T}}(t,x)\alpha_i(u(t,x))B_if(u(t-h(t),x))\mathrm{d}x$$

$$\leqslant \overline{\alpha}_i\int_G \varepsilon_6^{-1}u^{\mathrm{T}}(t,x)B_iB_i^{\mathrm{T}}u(t,x)\mathrm{d}x$$

$$+\overline{\alpha}_i\varepsilon_6\int_G f^{\mathrm{T}}(u(t-h(t),x))f(u(t-h(t),x))\mathrm{d}x$$

$$\leqslant \overline{\alpha}_i\int_G \varepsilon_6^{-1}u^{\mathrm{T}}(t,x)B_iB_i^{\mathrm{T}}u(t,x)\mathrm{d}x$$

$$+\overline{\alpha}_i\varepsilon_6\int_G u^{\mathrm{T}}(t-h(t),x)F^{\mathrm{T}}Fu(t-h(t),x)\mathrm{d}x, \quad (1.110)$$

$$\int_G 2u^{\mathrm{T}}(t,x)\alpha_i(u(t,x))C_i\int_{t-\tau(t)}^t f(u(s,x))\mathrm{d}s\mathrm{d}x$$

$$\leqslant \overline{\alpha}_i\int_G \varepsilon_7^{-1}u^{\mathrm{T}}(t,x)C_i^{\mathrm{T}}C_iu(t,x)\mathrm{d}x$$

$$+\overline{\alpha}_i\varepsilon_7\int_G \left(\int_{t-\tau(t)}^t f(u(s,x))\mathrm{d}s\right)^{\mathrm{T}} I \left(\int_{t-\tau(t)}^t f(u(s,x))\mathrm{d}s\right)\mathrm{d}x. \quad (1.111)$$

接下来的证明与定理 1.13 的证明相似, 定理 1.14 的证明略. □

下面, 我们给出例子来表明所提出结果的有效性.

例子 1.5 考虑带有时滞的随机 Cohen-Grossberg 神经网络如下:

$$\mathrm{d}u(x,t)=\nabla(D(t,x,u)\nabla u(t,x))\mathrm{d}t-\alpha(u(t,x),r(t))\bigg[\beta(u(t,x),r(t))$$

$$-A(r(t))f(u(t,x))-B(r(t))f(u(t-h(t),x))$$

$$-C(r(t))\int_{t-\tau(t)}^t f(u(s,x))\mathrm{d}s\bigg]\mathrm{d}t$$

$$+ \sigma \left(t, u(x,t), u(t-h(t),x), \int_{t-\tau(t)}^{t} f(u(s,x))\mathrm{d}s, r(t) \right) \mathrm{d}w(t), \quad (1.112)$$

其中

$$D(t,x,u) = \begin{bmatrix} 2 & 0 & 0 \\ 0 & 2 & 0 \\ 0 & 0 & 2 \end{bmatrix}, \quad A = \begin{bmatrix} 0.3 & -1.8 & 0.5 \\ -1.1 & 1.6 & 1.1 \\ 0.6 & 0.4 & -0.3 \end{bmatrix},$$

$$B = \begin{bmatrix} 0.8 & 0.2 & 0.1 \\ 0.2 & 0.6 & 0.6 \\ -0.8 & 1.1 & -1.2 \end{bmatrix}, \quad C = \begin{bmatrix} 0.5 & 0.2 & 0.1 \\ 0.3 & 0.7 & -0.3 \\ 1.2 & -1.1 & -0.5 \end{bmatrix},$$

$$D = \begin{bmatrix} 3 & 0 & 0 \\ 0 & 3 & 0 \\ 0 & 0 & 3 \end{bmatrix}, \quad T_1 = T_2 = T_3 = 0.2I_3, \quad L_1 = L_2 = L_3 = 0.08I_3,$$

$$\underline{\alpha}_1 = \underline{\alpha}_2 = \underline{\alpha}_3 = 0.5, \quad \overline{\alpha}_1 = \overline{\alpha}_2 = \overline{\alpha}_3 = 0.9, \quad \mu = 0, \quad h_2 = 1.$$

因此, 由定理 1.13, 利用线性矩阵不等式工具箱, 我们很容易证明, 对于任意满足 $0 < \tau(t) \leqslant h_2 < \infty$ 的 $\tau(t)$, 带有马尔可夫跳变的随机 Cohen-Grossberg 神经网络 (1.112) 的平衡解是鲁棒均方指数稳定的.

注 1.5 Balasubramaniam 和 Rakkiyappan 在文献 [38] 中将他们的结果与 [10] 中的结果进行了比较, 当 $\mu = 0$ 时, 由文献 [38] 中的定理 1.13 和 [10] 中的定理 1, 可知他们获得了最大的允许上限分别是 $h_2 = \tau = 16.1651$, $h = 0.3$, $\tau = 0.6$. 然而, 由本节的定理 1.14, 我们得出系统 (1.81) 是均方指数稳定的最大允许上限为 $h_2 = \tau = 17.1365$. 因此, 本节给出的方法比以前的更出色, 也就是说本节的方法比现有的结果更有效, 保守性也小一些.

1.4.3 本节小结

在本节中, 我们讨论了带有离散区间和分布变时滞的马尔可夫跳变不确定性随机反应扩散 Cohen-Grossberg 神经网络的鲁棒均方指数稳定性. 通过考虑变时滞和当计算 Lyapunov-Krasovskii 函数的导数的上界时用到的时滞的上限和下限之间的关系, 我们获得了时滞相关的稳定性条件.

1.5 马尔可夫跳变时滞随机反应扩散神经网络

1.5.1 本节预备知识

在本节, 我们考虑以下带有马尔可夫跳变时滞随机反应扩散神经网络:

$$\mathrm{d}u(t,x) = [\nabla \cdot (D(t,x,u) \circ \nabla u(t,x)) - (A(\gamma_t)$$

$$+ \Delta A(\gamma_t))u(t,x) + (B(\gamma_t) + \Delta B(\gamma_t))$$

$$\times f(u(t - h(\gamma_t),x))]\mathrm{d}t + [(C(\gamma_t) + \Delta C(\gamma_t))u(t,x)$$

$$+ (D(\gamma_t) + \Delta D(\gamma_t))u(t - h(\gamma_t),x)]\mathrm{d}w(t),$$

$$u(t_0 + s, x) = \Phi(\theta, x), \quad -\tau \leqslant s \leqslant 0, \ x \in \Omega,$$

$$\frac{\partial u}{\partial \mathcal{N}} = 0, \quad t \geqslant t_0 \geqslant 0, \ x \in \partial\Omega, \tag{1.113}$$

其中 $D(t,x,u) = (D_{ik}(t,x,u))_{n \times m}, D_{ik}(t,x,u) \geqslant 0, \ D \circ \nabla u = \left(D_{ik} \dfrac{\partial u_i}{\partial x_k} \right)$ 是矩阵 D 和 ∇u 的 Hadamard 乘积, $u(t,x) = [u_1(t,x), \cdots, u_n(t,x)]^{\mathrm{T}}, \nabla u(t,x) = [\nabla u_1, \cdots, \nabla u_n]^{\mathrm{T}}, \Omega = \{x = [x_1, \cdots, x_m]^{\mathrm{T}}, |x_i| < \pi\} \in \mathbb{R}^m$ 是具有光滑边界 $\partial\Omega$ 的紧集, 测度 $\mu(\Omega) > 0$. $w(t) = [w_1(t), w_2(t), \cdots, w_m(t)]^{\mathrm{T}} \in \mathbb{R}^m$ 为定义在完备概率空间 $(\mathcal{M}, \mathcal{F}, \{\mathcal{F}_t\}_{t \geqslant 0}, \mathrm{P})$ 上的 m-维布朗运动, $\{\gamma_t, t \geqslant 0\}$ 是以 $\mathbb{S} = \{1, 2, \cdots, N\}$ 为状态空间且右连续的马尔可夫链, 其转移速率矩阵为 $\Gamma = (\pi_{ij}) \ (i, j \in \mathbb{S})$, 这意味着

$$\mathrm{P}\{\gamma_{t+\Delta} = j | \gamma_t = i\} = \begin{cases} \pi_{ij}\Delta + o(\Delta), & i \neq j, \\ 1 + \pi_{ii}\Delta + o(\Delta), & i = j, \end{cases} \tag{1.114}$$

其中 $\Delta > 0$, 并且 $\lim\limits_{\Delta \to 0} o(\Delta)/\Delta = 0$, π_{ij} 是从 i 到 j 的转移速率, 当 $i \neq j$ 时, 对所有的 $i \in \mathbb{S}$, 满足

$$\pi_{ij} \geqslant 0 \quad \text{且} \quad \pi_{ii} = -\sum_{j \neq i} \pi_{ij}. \tag{1.115}$$

为方便起见, 当 $\gamma_t = i$ 时, 记 $A(\gamma_t) = A_i$, 其他记号类似. 对 $i \in \mathbb{S}$, 我们假设矩阵 $\Delta A(\gamma_t), \Delta B(\gamma_t), \Delta C(\gamma_t), \Delta D(\gamma_t)$ 满足

$$[\Delta A_i, \ \Delta B_i, \ \Delta C_i, \ \Delta D_i] = MF[N_{1i}, \ N_{2i}, \ N_{3i}, \ N_{4i}], \tag{1.116}$$

其中 $A, B, M, N_{ki} \ (k = 1, 2, 3, 4, \ i \in \mathbb{S})$ 为已知相应维数的实常数矩阵, 而随时间变动的不确定矩阵 F, 满足 $F^{\mathrm{T}}F \leqslant I$.

A1. 假设 f 是有界的, 并且对任意的 $u_1, u_2 \in \mathbb{R}^n$, 满足 Lipschitz 条件

$$|f(u_1) - f(u_2)| \leqslant |G(u_1 - u_2)|, \tag{1.117}$$

这里 G 是已知常数矩阵.

根据假设 (1.116) 容易知道 $[(C(\gamma_t) + \Delta C(\gamma_t))u(t,x) + (D(\gamma_t) + \Delta D(\gamma_t))u(t - h(\gamma_t),x)]$ 满足线性增长条件, 从而由文献 [17] 的相关结论容易得到系统 (1.113) 的解是存在的.

若令 $u_t(s) = u(t+s)$, $-\tau \leqslant s \leqslant 0$, 其中 $\tau = \max\limits_{i \in \mathbb{S}}\{h_i\}$. 令 $\mathcal{L}$ 表示弱无穷小算子, 且 V 为 u_t, γ_t 和 t 的一个函数 (参阅文献 [39]), 则

$$\mathcal{L}V(u_t,t,i) = \lim_{\Delta \to 0^+} \frac{1}{\Delta}\{\mathrm{E}[V(u_{t+\Delta},\gamma_{t+\Delta},t+\Delta)|u_t,\gamma_t=i] - V(u_t,i,t)\}. \quad (1.118)$$

假设 $u(t_0+\vartheta,x,\xi)$ 是在 $-\tau \leqslant \theta \leqslant 0$ 上以 $\xi(\vartheta,x) \in L^p_{\mathcal{F}_0}([-\tau,0] \times \Omega; \mathbb{R}^n)$ 为初值的神经网络系统 (1.113) 的轨道. 定义 $\|\cdot\|_2$ 表示通常的 $L^2(D)$ 范数,

$$\|u(t)\|_2 = \left(\sum_1^n \|u_i(t)\|^2\right)^{\frac{1}{2}}, \quad \|u_i(t)\| = \left(\int_\Omega |u_i(t,x)|^2 \mathrm{d}x\right)^{\frac{1}{2}}.$$

定义 1.12　神经网络 (1.113) 是关于范数 $\|\cdot\|_2$ 均方鲁棒指数稳定的, 如果对假设条件 A1 容许的所有不确定性和任一网络模式, 都存在标量 $\rho > 0$ 和 $\lambda > 0$, 使得 (1.113) 的任意以 $\xi(\theta)$ 为初值的解 u, 满足

$$\mathrm{E}\|u(t;\xi)\|_2^2 \leqslant \rho \mathrm{e}^{-\lambda t} \sup_{-\tau \leqslant \theta \leqslant 0} \mathrm{E}\|\xi(\theta)\|_2^2.$$

引理 1.6[21]　给定常数矩阵 X, Y, C, D, 其中 $X = X^\mathrm{T}$ 且 $0 < Y = Y^\mathrm{T}$, 则 $X + CY^{-1}D < 0$ 当且仅当

$$\begin{bmatrix} X & C \\ D & -Y \end{bmatrix} < 0 \quad \text{或} \quad \begin{bmatrix} -Y & D \\ C & X \end{bmatrix} < 0.$$

引理 1.7[40]　对于任意向量 x, 任意相应维数的实矩阵 $y \in \mathbb{R}^n$, 正数 ε 和正定矩阵 $G \in \mathbb{R}^{n \times n}$, 以下矩阵不等式恒成立:

$$x^\mathrm{T}y + y^\mathrm{T}x \leqslant \varepsilon x^\mathrm{T}Gx + \varepsilon^{-1}y^\mathrm{T}G^{-1}y.$$

引理 1.8[41]　对于矩阵 $P \in \mathbb{R}^{n \times n}, M \in \mathbb{R}^{n \times k}, N \in \mathbb{R}^{l \times n}$ 和 $F \in \mathbb{R}^{k \times l}$, 其中 $P > 0, \|F\| \leqslant 1$ 以及常数 $\varepsilon > 0$, 以下结论成立:

(1) $(MFN)^\mathrm{T}P + P(MFN) \leqslant \varepsilon PMM^\mathrm{T}P + \varepsilon^{-1}N^\mathrm{T}N$.

(2) 若 $P - \varepsilon MM^\mathrm{T} > 0$, 则 $(A+MFN)^\mathrm{T}P^{-1}(A+MFN) \leqslant A^\mathrm{T}(P - \varepsilon MM^\mathrm{T})^{-1}A + \varepsilon^{-1}N^\mathrm{T}N$.

引理 1.9　定义

$$y_1(u_t,\gamma_t,t) = C(\gamma_t)\int_{t-h(\gamma_t)}^t u(s)\mathrm{d}s, \quad (1.119)$$

$$y_2(u_t, \gamma_t, t) = \int_{t-h(\gamma_t)}^{t} u^{\mathrm{T}}(s) Q(\gamma_t) u(s) \mathrm{d}s, \tag{1.120}$$

$$y_3(u_t, \gamma_t, t) = \int_{-h(\gamma_t)}^{0} \int_{t+\theta}^{t} u^{\mathrm{T}}(s) R u(s) \mathrm{d}s \mathrm{d}\theta, \tag{1.121}$$

则当 $\gamma_t = i$ 时, 我们有

$$\mathcal{L}y_1(u_t, i, t) = C_i u(t) - (1 - \tau_i) C_i u(t - h_i) + \sum_{j=1}^{N} \pi_{ij} C_j \int_{t-h_i}^{t} u(s) \mathrm{d}s, \tag{1.122}$$

$$\mathcal{L}y_2(u_t, i, t) = u^{\mathrm{T}}(t) Q_i u(t) + \sum_{j=1}^{N} \pi_{ij} \int_{t-h_i}^{t} u^{\mathrm{T}}(s) Q_j u(s) \mathrm{d}s$$

$$- (1 - \tau_i) u^{\mathrm{T}}(t - h_i) Q_i u(t - h_i), \tag{1.123}$$

$$\mathcal{L}y_3(u_t, i, t) = h_i u^{\mathrm{T}}(t) R u(t) - (1 - \tau_i) \int_{t-h_i}^{t} u^{\mathrm{T}}(s) R u(s) \mathrm{d}s, \tag{1.124}$$

其中 $\tau_i = \sum\limits_{j=1}^{N} \pi_{ij} h_j$.

证明 根据弱无穷小算子定义, 我们有

$$\mathcal{L}y_1(u_t, i, t) = \lim_{\Delta \to 0^+} \frac{1}{\Delta} \{ \mathrm{E}[y_1(u_{t+\Delta}, \gamma(t+\Delta), t+\Delta) | u_t, \gamma_t = i] - y_1(u_t, i, t) \}. \tag{1.125}$$

根据积分区间可加性, 易得

$$\mathrm{E}[y_1(u_{t+\Delta}, \gamma(t+\Delta), t+\Delta) | u_t, \gamma_t = i]$$

$$= \mathrm{E}\left[C(\gamma(t+\Delta)) \int_{t-h_{\gamma(t+\Delta)}+\Delta}^{t+\Delta} u(s) \mathrm{d}s \Big| u_t, \gamma_t = i \right]$$

$$= \mathrm{E}\left[\left(C(\gamma(t+\Delta)) \int_{t-h_i}^{t} u(s) \mathrm{d}s \right.\right.$$

$$\left. + C(\gamma(t+\Delta)) \int_{t}^{t+\Delta} u(s) \mathrm{d}s \right) \Big| u_t, \gamma_t = i \right]$$

$$- \mathrm{E}\left[\left(C((t+\Delta)) \int_{t-h_i}^{t-h_i+\Delta} u(s) \mathrm{d}s \right.\right.$$

$$\left. + C(\gamma(t+\Delta)) \int_{t-h_i+\Delta}^{t-h_{\gamma(t+\Delta)}+\Delta} u(s) \mathrm{d}s \right) \Big| u_t, \gamma_t = i \right]. \tag{1.126}$$

根据 (1.114), 我们得到

$$\lim_{\Delta \to 0^+} \frac{1}{\Delta} \left\{ \mathrm{E}\left[C(\gamma(t+\Delta)) \int_{t-h_i}^{t} u(s)\mathrm{d}s \Big| u_t, \gamma_t = i \right] - C_i \int_{t-h_i}^{t} u(s)\mathrm{d}s \right\}$$

$$= \lim_{\Delta \to 0^+} \frac{1}{\Delta} \left\{ \left[\left(\sum_{j \neq i} \pi_{ij}\Delta + o(\Delta) \right) C_j + (1 + \pi_{ii}\Delta \right. \right.$$

$$\left. \left. + o(\Delta))C_i \right] \int_{t-h_i}^{t} u(s)\mathrm{d}s - C_i \int_{t-h_i}^{t} u(s)\mathrm{d}s \right\}$$

$$= \sum_{j=1}^{N} \pi_{ij} C_j \int_{t-h_i}^{t} u(s)\mathrm{d}s, \tag{1.127}$$

$$\lim_{\Delta \to 0^+} \frac{1}{\Delta} \left\{ \mathrm{E}\left[\left(C(\gamma(t+\Delta)) \int_{t}^{t+\Delta} u(s)\mathrm{d}s \right. \right. \right.$$

$$\left. \left. \left. - C(\gamma(t+\Delta)) \int_{t-h_i}^{t-h_i+\Delta} u(s)\mathrm{d}s \right) \Big| u_t, \gamma_t = i \right] \right\}$$

$$= C_i u(t) - C_i u(t - h_i). \tag{1.128}$$

利用积分中值定理和连续性, 我们有

$$\lim_{\Delta \to 0^+} \frac{1}{\Delta} \left\{ \mathrm{E}\left[C(\gamma(t+\Delta)) \int_{t-h_i+\Delta}^{t-h(\gamma(t+\Delta))+\Delta} u(s)\mathrm{d}s \Big| u_t, \gamma_t = i \right] \right\}$$

$$= \lim_{\Delta \to 0^+} \left[\left(\sum_{j \neq i} \pi_{ij}\Delta + o(\Delta) \right) C_j + (1 + \pi_{ii}\Delta + o(\Delta))C_i \right]$$

$$\times \frac{1}{\Delta} \int_{t-h_i+\Delta}^{t - \left[\left(\sum_{j \neq i} \pi_{ij}\Delta + o(\Delta) \right) h_j + (1+\pi_{ii}\Delta + o(\Delta))h_i \right] + \Delta} u(s)\mathrm{d}s$$

$$= -\tau_i C_i u(t - h_i). \tag{1.129}$$

这样, $\mathcal{L}y_1(u_t, i, t)$ 可以通过 (1.125)—(1.128) 计算得出. 其他两式 (1.120) 和 (1.121) 可以类似得证. $\quad\square$

1.5.2　马尔可夫跳变时滞随机反应扩散神经网络的均方指数鲁棒稳定性

对于神经网络 (1.113), 我们有以下结论.

定理 1.15　如果存在标量 $\varepsilon_k > 0$ $(k = 1, 2, 3, 4)$ 和正定矩阵 $Q_i = Q_i^{\mathrm{T}} > 0$ $(1 \leqslant i \leqslant N)$, $R > 0$, 使得以下线性矩阵不等式成立

$$\varepsilon_4 I - MM^{\mathrm{T}} > 0, \tag{1.130}$$

$$\sum_{j=1}^{N} \pi_{ij} Q_j < (1 - \tau_i) R, \tag{1.131}$$

$$\begin{bmatrix} \Omega_1 & N_{3i}^{\mathrm{T}} N_{4i}^{\mathrm{T}} & C_i^{\mathrm{T}} & 0 & M & B_i & M \\ * & \Omega_2 & D_i^{\mathrm{T}} & 0 & 0 & 0 & 0 \\ * & * & -I & M & 0 & 0 & 0 \\ * & * & * & -\varepsilon_4 I & 0 & 0 & 0 \\ * & * & * & * & -\varepsilon_3 I & 0 & 0 \\ * & * & * & * & * & -\varepsilon_2 I & 0 \\ * & * & * & * & * & * & -\varepsilon_1 I \end{bmatrix} < 0, \tag{1.132}$$

其中

$$\Omega_1 = -A_i^{\mathrm{T}} - A_i + Q_i + h_i R + \varepsilon_1 N_{1i}^{\mathrm{T}} N_{1i} + \varepsilon_4 N_{3i}^{\mathrm{T}} N_{3i} - \lambda_{\min}(2\tilde{D}) \frac{m}{\pi^2} I,$$

$$\Omega_2 = -(1 - \tau_i) Q_i + [\varepsilon_2 + \varepsilon_3 \lambda_M(N_{2i}^{\mathrm{T}} N_{2i})] G^{\mathrm{T}} G + \varepsilon_4 N_{4i}^{\mathrm{T}} N_{4i},$$

则神经网络 (1.113) 是关于范数 $\| \cdot \|_2$ 均方指数鲁棒稳定的.

证明 定义一个 Lyapunov-Krasovskii 泛函:

$$V(u_t, t, \gamma_t) = \int_{\Omega} \left\{ u^{\mathrm{T}}(t,x) u(t,x) + \int_{t-h(\gamma_t)}^{t} u^{\mathrm{T}}(s,x) Q(\gamma_t) u(s,x) \mathrm{d}s \right.$$
$$\left. + \int_{-h(\gamma_t)}^{0} \int_{t+\theta}^{t} u^{\mathrm{T}}(s) R u(s) \mathrm{d}s \mathrm{d}\theta \right\} \mathrm{d}x, \tag{1.133}$$

则随机过程 $\{u_t, \gamma(t), t \geqslant 0\}$ 的弱无穷小算子 $\mathcal{L}$ 由以下给出

$$\mathcal{L}V(u_t, t, i) = \int_{\Omega} \left\{ u^{\mathrm{T}}(t,x) [-A_i^{\mathrm{T}} - A_i + Q_i + h_i R] u(t,x) \right.$$
$$- 2u^{\mathrm{T}}(t,x) \Delta A_i u(t,x) + 2u^{\mathrm{T}}(t,x) B_i f(x(t-h_i))$$
$$+ 2u^{\mathrm{T}}(t,x) \nabla \cdot (D(t,x,u) \circ \nabla u(t,x)) + 2u^{\mathrm{T}}(t,x) \Delta B_i$$
$$\times f(u(t-h_i,x)) - (1-\tau_i) u^{\mathrm{T}}(t-h_i,x) Q_i u(t-h_i,x)$$
$$+ \sum_{j=1}^{N} \pi_{ij} \int_{t-h_i}^{t} u^{\mathrm{T}}(s,x) Q_j u(s,x) \mathrm{d}s$$
$$- (1-\tau_i) \int_{t-h_i}^{t} u^{\mathrm{T}}(s,x) R u(s,x) \mathrm{d}s$$

$$+ [(C_i + \Delta C_i)u(t,x) + (D_i + \Delta D_i)u(t - h(\gamma_t), x)]^{\mathrm{T}}$$

$$\times [(C_i + \Delta C_i)u(t,x) + (D + \Delta D_i)u(t - h(\gamma_t), x)] \bigg\} \mathrm{d}x. \qquad (1.134)$$

根据散度定理和边值条件, 可得

$$\int_\Omega (\nabla u^{\mathrm{T}} D \nabla u + u^{\mathrm{T}} D \Delta u) \mathrm{d}x = \int_{\partial\Omega} u^{\mathrm{T}} D \frac{\partial u}{\partial \mathcal{N}} \mathrm{d}x = 0. \qquad (1.135)$$

由 Poincaré 不等式可得

$$\int_\Omega u^{\mathrm{T}} u \mathrm{d}x = \sum_{i=1}^{n} \int_\Omega u_i^2 \mathrm{d}x \leqslant \frac{\pi^2}{m} \sum_{i=1}^{n} \int_\Omega |\nabla u_i|^2 \mathrm{d}x$$

$$= \frac{\pi^2}{m} \int_\Omega (\nabla u)^{\mathrm{T}} (\nabla u) \mathrm{d}x.$$

从而

$$2 \int_\Omega (\nabla u)^{\mathrm{T}} \tilde{D} \nabla u \mathrm{d}x \geqslant \lambda_{\min}(2\tilde{D}) \frac{m}{\pi^2} \int_\Omega u^{\mathrm{T}} u \mathrm{d}x, \qquad (1.136)$$

其中 $\tilde{D} = \mathrm{diag}(d_1, \cdots, d_n), d_i = \min\limits_{1 \leqslant k \leqslant m} \{D_{ik}\}$. 当条件 (1.116) 成立时, 根据引理 1.7, 可得

$$-2u^{\mathrm{T}}(t,x) \Delta A_i u(t,x) \leqslant u^{\mathrm{T}}(t,x)(\varepsilon_1^{-1} M M^{\mathrm{T}} + \varepsilon_1 N_{1i}^{\mathrm{T}} N_{1i}) u(t,x), \qquad (1.137)$$

$$2u^{\mathrm{T}}(t,x) B_i f(u(t - h_i, x))$$

$$\leqslant \varepsilon_2^{-1} u^{\mathrm{T}}(t,x) B_i B_i^{\mathrm{T}} u(t,x) + \varepsilon_2 f^{\mathrm{T}}(u(t - h_i, x)) f(u(t - h_i, x))$$

$$\leqslant \varepsilon_2^{-1} u^{\mathrm{T}}(t,x) B_i B_i^{\mathrm{T}} u(t,x) + \varepsilon_2 u^{\mathrm{T}}(t - h_i, x) G^{\mathrm{T}} G u(t - h_i, x), \qquad (1.138)$$

$$2u^{\mathrm{T}}(t,x) \Delta B_i f(u(t - h_i, x))$$

$$\leqslant \varepsilon_3^{-1} u^{\mathrm{T}}(t,x) M M^{\mathrm{T}} u(t,x) + \varepsilon_3 f^{\mathrm{T}}(u(t - h_i, x)) N_{2i}^{\mathrm{T}} N_{2i} f(u(t - h_i, x))$$

$$\leqslant \varepsilon_3^{-1} u^{\mathrm{T}}(t,x) M M^{\mathrm{T}} u(t,x)$$

$$+ \varepsilon_3 \lambda_M (N_{2i}^{\mathrm{T}} N_{2i}) u^{\mathrm{T}}(t - h_i, x) G^{\mathrm{T}} G u(t - h_i, x). \qquad (1.139)$$

根据引理 1.8, 可得

$$[(C_i + \Delta C_i)u(t,x) + (D_i + \Delta D_i)u(t - h(\gamma_t), x))]^{\mathrm{T}}$$

$$\times [(C_i + \Delta C_i)u(t, x) + (D_i + \Delta D_i)u(t - h(\gamma_t, x))]$$

$$= \Psi^{\mathrm{T}}[(\Lambda_i + MF\widehat{N_i})^{\mathrm{T}}(\Lambda_i + MF\widehat{N_i})]\Psi$$

$$\leqslant \Psi^{\mathrm{T}}[\Lambda_i^{\mathrm{T}}(I - \varepsilon_4^{-1}MM^{\mathrm{T}})\Lambda_i + \varepsilon_4 \widehat{N_i}^{\mathrm{T}}\widehat{N_i}]\Psi, \tag{1.140}$$

其中 $\Psi = [u^{\mathrm{T}}(t, x), u^{\mathrm{T}}(t - h_i, x)]^{\mathrm{T}}, \Lambda_i = [C_i, D_i], \widehat{N_i} = [N_{4i}, N_{5i}]$. 定义

$$\Xi_i = \begin{bmatrix} S & 0 \\ 0 & -(1 - \tau_i)Q_i + [\varepsilon_2 + \varepsilon_3 \lambda_M (N_{2i}^{\mathrm{T}} N_{2i})]G^{\mathrm{T}}G \end{bmatrix},$$

这里 $S = -A_i^{\mathrm{T}} - A_i + Q_i + h_i R + \varepsilon_1 N_{1i}^{\mathrm{T}} N_{1i} + (\varepsilon_1^{-1} + \varepsilon_3^{-1})MM^{\mathrm{T}} + \varepsilon_1^{-1} B_i B_i^{\mathrm{T}} -$ $\lambda_{\min}(2\tilde{D})\dfrac{\pi^2}{m}I$. 把上述不等式代入 (1.135), 根据引理 1.6, 再由式 (1.131) 和 (1.132), 可得

$$\mathcal{L}V(u_t, t, i) \leqslant \int_\Omega \left\{ \Psi^{\mathrm{T}}[\Xi_i + \Lambda_i^{\mathrm{T}}(I - \varepsilon_4^{-1}MM^{\mathrm{T}})\Lambda_i \right.$$

$$+ \varepsilon_4 \widehat{N_i}^{\mathrm{T}}\widehat{N_i}]\Psi + \sum_{j=1}^{N} \pi_{ij} \int_{t-h_i}^{t} u^{\mathrm{T}}(s, x)Q_j u(s, x)\mathrm{d}s$$

$$\left. - (1 - \tau_i) \int_{t-h_i}^{t} u^{\mathrm{T}}(s, x)Ru(s, x)\mathrm{d}s \right\}\mathrm{d}x$$

$$\leqslant \int_\Omega \{ \Psi^{\mathrm{T}}[\Xi_i + \Lambda_i^{\mathrm{T}}(I - \varepsilon_4^{-1}MM^{\mathrm{T}})\Lambda_i + \varepsilon_4 \widehat{N_i}^{\mathrm{T}}\widehat{N_i}]\Psi \}\mathrm{d}x. \tag{1.141}$$

根据引理 1.6, 条件 (1.140) 和 (1.141), 可得

$$\mathcal{L}V(u_t, t, i) < 0. \tag{1.142}$$

下面证明神经网络 (1.113) 的均方鲁棒指数稳定性.

令 $\widehat{\Xi} = \Xi_i + \Lambda_i^{\mathrm{T}}(I - \varepsilon_4^{-1}MM^{\mathrm{T}})\Lambda_i + \varepsilon_4 \widehat{N_i}^{\mathrm{T}}\widehat{N_i}, \alpha = \min\limits_{i \in \mathbb{S}}\{\lambda_{\min}(-\widehat{\Xi})\}, \alpha_1 = \max\limits_{i \in \mathbb{S}}\{\lambda_{\max}(Q_i)\}, \alpha_2 = \lambda_{\max}(R)$. 由 (1.133) 和 (1.139), 可得

$$\mathcal{L}[\mathrm{e}^{\beta_i t}V(u_t, t, i)] = \mathrm{e}^{\beta_i t}[\mathcal{L}V(u_t, t, i) + \beta_i V(u_t, t, i)]$$

$$\leqslant \mathrm{e}^{\beta_i t}\left[(-\alpha + \beta_i)\|u(t)\|_2 + \alpha_1 \beta_i \int_{t-h_i}^{t} \|u(s)\|_2 \mathrm{d}s \right.$$

$$\left. + \alpha_2 \beta_i \int_{-h_i}^{0} \int_{t+\theta}^{t} \|u(s)\|_2 \mathrm{d}s \mathrm{d}\theta \right]. \tag{1.143}$$

另一方面, 易知

$$\int_{-h_i}^{0} \int_{t+\theta}^{t} \|u(s)\|_2 \mathrm{d}s\mathrm{d}\theta = \int_{t-h_i}^{t} (s - t + h_i)\|u(s)\|_2 \mathrm{d}s$$

$$\leqslant h_i \int_{t-h_i}^{t} \|u(s)\|_2 \mathrm{d}s. \tag{1.144}$$

因此

$$\mathcal{L}[\mathrm{e}^{\beta_i t} V(u_t, t, i)] \leqslant \mathrm{e}^{\beta_i t}\left[(-\alpha + \beta_i)\|u(t)\|_2 + (\alpha_1 + \alpha_2 h_i)\beta_i \int_{t-h_i}^{t} \|u(s)\|_2 \mathrm{d}s\right]. \tag{1.145}$$

由 Dynkin 公式可得

$$\mathrm{E}[\mathrm{e}^{\beta_i t} V(u_t, t, i)] = V(\xi, 0, \gamma_0) + \mathrm{E}\left[\int_{0}^{t} \mathcal{L}[\mathrm{e}^{\beta_i t} V(u_s, s, i)]\mathrm{d}s\right]$$

$$\leqslant V(\xi, 0, \gamma_0) + (-\alpha + \beta_i) \int_{0}^{t} \mathrm{e}^{\beta_i s}\|u(s)\|_2 \mathrm{d}s$$

$$+ (\alpha_1 + \alpha_2 h_i)\beta_i \int_{0}^{t} \mathrm{e}^{\beta_i s} \int_{s-h_i}^{s} \|u(\theta)\|_2 \mathrm{d}\theta\mathrm{d}s. \tag{1.146}$$

注意到

$$\int_{0}^{t} \mathrm{e}^{\beta_i s} \int_{s-h_i}^{s} \|u(\theta)\|_2 \mathrm{d}\theta\mathrm{d}s \leqslant \int_{-h_i}^{0} \|u(\theta)\|_2 \int_{0}^{\theta+h_i} \mathrm{e}^{\beta_i s}\mathrm{d}s\mathrm{d}\theta$$

$$+ \int_{0}^{t-h_i} \|u(\theta)\|_2 \int_{\theta}^{\theta+h_i} \mathrm{e}^{\beta_i s}\mathrm{d}s\mathrm{d}\theta$$

$$+ \int_{t-h_i}^{t} \|u(\theta)\|_2 \int_{\theta}^{t} \mathrm{e}^{\beta_i s}\mathrm{d}s\mathrm{d}\theta$$

$$\leqslant h_i \mathrm{e}^{\beta_i h_i} \int_{-h_i}^{0} \mathrm{e}^{\beta_i s}\|u(s)\|_2 \mathrm{d}s$$

$$+ h_i \mathrm{e}^{\beta_i h_i} \int_{0}^{t} \mathrm{e}^{\beta_i s}\|u(s)\|_2 \mathrm{d}s. \tag{1.147}$$

所以, 对于任意 $r(t) = i \in \mathbb{S}$ 和 $t > 0$, $\beta_i > 0$, 有

$$\mathrm{E}[\mathrm{e}^{\beta_i t} V(u_t, t, i)] \leqslant V(\xi, 0, \gamma_0) + (-\alpha + \beta_i$$

$$+ h_i \beta_i \mathrm{e}^{\beta_i h_i}(\alpha_1 + \alpha_2 h_i)) \int_{0}^{t} \mathrm{e}^{\beta_i s}\|u(s)\|_2 \mathrm{d}s$$

$$+ h_i \beta_i e^{\beta_i h_i}(\alpha_1 + \alpha_2 h_i)\beta_i \int_{-h_i}^{0} e^{\beta_i s}\|u(s)\|_2 ds. \qquad (1.148)$$

令 $\beta_i > 0$ 为方程 $-\alpha + \beta_i + h_i \beta_i e^{\beta_i h_i}(\alpha_1 + \alpha_2 h_i) = 0$ 的唯一解, 则

$$\mathrm{E}[e^{\beta_i t} V(u_t, t, i)] \leqslant V(\xi, 0, \gamma_0) + (\alpha - \beta_i) \int_{-h_i}^{0} e^{\beta_i h_i}\|u(s)\|_2 ds$$

$$\leqslant [1 + \alpha_1 \tau + \alpha_2 \tau^2 + \tau(\alpha - \bar\beta)e^{\hat\beta \tau}] \sup_{-\tau \leqslant \theta \leqslant 0} \mathrm{E}\|\xi(\theta)\|_2, \quad (1.149)$$

其中 $\bar\beta = \min\limits_{i \in \mathbb{S}}\{\beta_i\}$ 且 $\hat\beta = \max\limits_{i \in \mathbb{S}}\{\beta_i\}$. 根据 $V(u_t, t, i)$ 的定义 (1.133), 可得

$$V(u_t, t, i) \geqslant \|u(t)\|_2. \qquad (1.150)$$

由 (1.146) 和 (1.147), 可得

$$\mathrm{E}\|u(t;\xi)\|_2 \leqslant [1 + \alpha_2 \tau + \alpha_3 \tau^2 + \tau(\alpha - \bar\beta)e^{\hat\beta \tau}]e^{-\bar\beta t} \sup_{-\tau \leqslant \theta \leqslant 0} \mathrm{E}\|\xi(\theta)\|_2. \qquad (1.151)$$

$\square$

下面给出例子说明所得结论的有效性.

例子 1.6 考虑一个带有马尔可夫跳变三维神经元网络, 给出参数如下:

$$D_1 = \begin{bmatrix} 8 & 0 & 0 \\ 0 & 4 & 0 \\ 0 & 0 & 6 \end{bmatrix}, \quad D_2 = \begin{bmatrix} 8 & 0 & 0 \\ 0 & 4 & 0 \\ 0 & 0 & 6 \end{bmatrix}, \quad A_1 = \begin{bmatrix} 0.6 & 0 & 0 \\ 0 & 0.9 & 0 \\ 0 & 0 & 0.4 \end{bmatrix},$$

$$A_2 = \begin{bmatrix} 1.1 & 0 & 0 \\ 0 & 0.7 & 0 \\ 0 & 0 & 0.5 \end{bmatrix}, \quad B_1 = \begin{bmatrix} 1.2 & -1.2 & 1.2 \\ -0.5 & 1.5 & 1.0 \\ 0.6 & 0.9 & -0.8 \end{bmatrix},$$

$$B_2 = \begin{bmatrix} 1.2 & -1.2 & 1.2 \\ -0.5 & 1.5 & 1.0 \\ 0.6 & 0.9 & -0.8 \end{bmatrix}, \quad \Gamma = \begin{bmatrix} -5.5 & 2.5 & 3 \\ 4 & -6 & 2 \\ 3 & -6 & 3 \end{bmatrix},$$

$$M = \mathrm{diag}\{0.2, 0.3, 0.5\}, \quad N_1 = N_2 = N_3 = N_4 = 0.05 I_2,$$

$$G = \mathrm{diag}\{0.4, 0.3, 0.6\}, \quad h_1 = 0.2, \quad h_2 = 0.7.$$

使用线性矩阵不等式工具箱, 解 (1.130)—(1.132), 可得

$$Q_1 = \begin{bmatrix} 6.2546 & -0.8664 & 3.2546 \\ -0.8664 & 2.3215 & 0.2546 \\ 1.2546 & -0.8664 & 7.2546 \end{bmatrix},$$

$$Q_2 = \begin{bmatrix} 3.2618 & -0.6545 & -1.4326 \\ -0.6545 & 5.2495 & -3.3758 \\ -3.3135 & 1.2387 & 5.4367 \end{bmatrix},$$

$$R = \begin{bmatrix} 1.4325 & -0.5286 & -0.6545 \\ -0.5286 & 2.9626 & -1.3542 \\ -2.5213 & 3.3221 & 4.3216 \end{bmatrix},$$

$$\varepsilon_1 = 3.2385, \quad \varepsilon_2 = 0.7844, \quad \varepsilon_3 = 0.9268, \quad \varepsilon_4 = 8.2756.$$

1.5.3 本节小结

在本节, 我们讨论同时带有随机扰动和马尔可夫跳变的反应扩散时滞神经网络的鲁棒稳定性分析问题, 文中的时滞是随着网络模式的改变而随机改变的. 假定不确定马尔可夫跳变是范数有界的. 利用新的引理和 Lyapunov-Krasovskii 泛函, 我们得到一个时滞相关可以用一系列线性矩阵不等式表示的稳定性判据.

1.6 马尔可夫跳变中立型随机反应扩散神经网络

1.6.1 本节预备知识

设 $G = \{x|\ |x_l| < d_l, l = 1, \cdots, n\}$; $C = C([-\tau, 0] \times G; \mathbb{R}^m)$ 表示 $[-\tau, 0] \times G$ 上所有 $\mathbb{R}^m$ 值连续函数 ϕ 的集合, 具有范数 $\|\phi\|_C = \sup\limits_{\theta \in [-\tau, 0]} |\phi(\theta, x)|$, 其中 $\tau = \max\{\tau_1, \tau_2\}$; $L^2_{\mathcal{F}_t} = L^2_{\mathcal{F}_t}([-\tau, 0] \times G; \mathbb{R}^m)$ 表示所有 $\mathcal{F}_t$ 可测, $C([-\tau, 0] \times G; \mathbb{R}^m)$ 值随机变量 ϕ 的集合, 且满足 $\mathbb{E}\|\phi\|^2 < \infty$. 对于 $u(t, x) = [u_1(t, x), \cdots, u_m(t, x)]^{\mathrm{T}} \in \mathbb{R}^m$, 定义以下范数: $\|u(t, x)\|_2 = \sum\limits_{p=1}^{m} \|u_p(t, x)\|_2 = \sum\limits_{p=1}^{m} \left(\int_G |u_p(t, x)|^2 \mathrm{d}x \right)^{\frac{1}{2}}$. 并且对任意的 $\phi(\theta, x) = [\phi_1(\theta, x), \cdots, \phi_m(\theta, x)]^{\mathrm{T}} \in C([-\tau, 0] \times G; \mathbb{R}^m)$, 它的范数定义为: $\|\phi(t, x)\|_2 = \sup\limits_{-\tau \leqslant \theta \leqslant 0} \sum\limits_{p=1}^{m} \|\phi_p(t, x)\|_2$, 并易证 $C([-\tau, 0] \times G; \mathbb{R}^m)$ 是 Banach 空间. $(\Omega, \mathcal{F}, \{\mathcal{F}_t\}_{t \geqslant 0}, \mathrm{P})$ 表示具有滤子 $\{\mathcal{F}_t\}_{t \geqslant 0}$ 的完备概率空间, 满足常规条件. 设 $r(t)$ $(t \geqslant 0)$ 是 $(\Omega, \mathcal{F}, \{\mathcal{F}_t\}_{t \geqslant 0}, \mathrm{P})$ 上的马尔可夫链, 在有限空间 $\mathbb{S} = \{1, 2, \cdots, N\}$ 上取值, 且转移速率矩阵为 $\Pi = \{\pi_{ij}\}$ $(i, j \in \mathbb{S})$, 定义模态 i 到模态 j 的转移速率为以下形式:

$$\mathrm{P}(r(t+\Delta) = j | r(t) = i) = \begin{cases} \pi_{ij}\Delta + o(\Delta), & i \neq j, \\ 1 + \pi_{ii}\Delta + o(\Delta), & i = j, \end{cases}$$

其中 $\Delta > 0$, 且 $\lim\limits_{\Delta \to 0} \dfrac{o(\Delta)}{\Delta} = 0$; 如果 $i \neq j$, $\pi_{ij} \geqslant 0$ 表示从模态 i 到模态 j 的转移

速率, 且 $\pi_{ii} = -\sum\limits_{j=1, j \neq i}^{N} \pi_{ij}$.

考虑以下马尔可夫跳变时变时滞中立型随机反应扩散神经网络:

$$
\begin{aligned}
\frac{\partial u(t,x)}{\partial t} = {} & \sum_{l=1}^{n} \frac{\partial}{\partial x_l} \left(\alpha_l(t,x,u(t,x)) \frac{\partial u(t,x)}{\partial x_l} \right) A(r(t)) u(t,x) + B(r(t)) f(u(t,x)) \\
& + C(r(t)) f(u(t-\tau_1(t),x)) + D(r(t)) \frac{\partial u(t-\tau_2(t),x)}{\partial t} + J \\
& + g(t,x,u(t,x),u(t-\tau_1(t),x),u(t-\tau_2(t),x),r(t)) \dot{w}(t), \\
& \qquad t \geqslant t_0, \ x \in G, \ r(t) \in \mathbb{S},
\end{aligned}
$$

$$
u(\theta, x) = \phi(\theta, x), \quad \theta \in [-\tau, 0], \ x \in G,
$$

$$
\frac{\partial u(t,x)}{\partial \mathcal{N}} = 0, \quad t \in [0, +\infty), \quad x \in \partial G, \tag{1.152}
$$

其中 $u(t,x) \in \mathbb{R}^m$ 表示 t 时刻 m 个神经元的状态向量, $\mathcal{N}$ 表示 ∂G 的单位法向量; $w(t) = [w_1(t), \cdots, w_m(t)]^{\mathrm{T}}$ 是一个 m-维布朗运动; $\alpha_l(t,x,u(t,x)) = \mathrm{diag}(\alpha_{1l}, \alpha_{2l}, \cdots, \alpha_{ml})$ 表示沿神经元的传输扩散系数, 且 $\alpha_{pl} = \alpha_{pl}(t,x,u(t,x)) \geqslant 0$ $(p = 1, \cdots, m)$; $D(r(t)) = (d_{pq}(r(t)))_{m \times m}$, $A(r(t)) = \mathrm{diag}(a_1(r(t)), \cdots, a_m(r(t)))$ 表示对角矩阵, 且 $a_p(r(t)) > 0$ $(p = 1, \cdots, m)$, $B(r(t)) = (b_{pq}(r(t)))_{m \times m}$ 和 $C(r(t)) = (c_{pq}(r(t)))_{m \times m}$ 分别表示连接权矩阵和离散时变延迟连接权矩阵; $J = [J_1, \cdots, J_m]^{\mathrm{T}} \in \mathbb{R}^m$ 表示常数外部输入向量; $f(u) = [f_1(u_1), \cdots, f_m(u_m)]^{\mathrm{T}} \in \mathbb{R}^m$ 表示非线性神经元激活函数, 用来描述神经元之间相互反应的行为; $\tau_1(t), \tau_2(t)$ 分别表示离散时变时滞和中立型时变时滞, 且满足 $0 \leqslant \tau_0 \leqslant \tau_1(t) \leqslant \tau_1$, $\dot{\tau}_1(t) \leqslant \kappa_1$, $0 \leqslant \tau_2(t) \leqslant \tau_2$, $\dot{\tau}_2(t) \leqslant \kappa_2$; $g : \mathbb{R}^+ \times G \times \mathbb{R}^m \times \mathbb{R}^m \times \mathbb{R}^m \times \mathbb{S} \to \mathbb{R}^{m \times m}$ 表示一个 Borel 可测函数.

为了方便起见, 对于 $r(t) = i \in \mathbb{S}$, 记 $A(r(t)) = A_i$, $B(r(t)) = B_i$, $C(r(t)) = C_i$, $D(r(t)) = D_i$ 和 $g(\cdot) = g_i(\cdot)$. 因此, 系统 (1.152) 变为以下形式:

$$
\begin{aligned}
\frac{\partial u(t,x)}{\partial t} = {} & \sum_{l=1}^{n} \frac{\partial}{\partial x_l} \left(D_l(t,x,u(t,x)) \frac{\partial u(t,x)}{\partial x_l} \right) - A_i u(t,x) + B_i f(u(t,x)) \\
& + C_i f(u(t-\tau_1(t),x)) + D_i \frac{\partial u(t-\tau_2(t),x)}{\partial t} + J \\
& + g_i(t,x,u(t,x),u(t-\tau_1(t),x),u(t-\tau_2(t),x)) \dot{w}(t), \\
& \qquad t \geqslant t_0, \ x \in G, \ i \in \mathbb{S},
\end{aligned}
$$

$$u(\theta,x) = \phi(\theta,x), \quad \theta \in [-\tau,0], \ x \in G,$$

$$\frac{\partial u(t,x)}{\partial \mathcal{N}} = 0, \quad t \in [0,+\infty), \ x \in \partial G. \tag{1.153}$$

给出以下假设条件.

假设 1.6 对于激活函数 f_p, 存在常数 l_p 和 $\bar{l}_p$, $p = 1, \cdots, m$, 使得

$$l_p \leqslant \frac{f_p(\phi_1) - f_p(\phi_2)}{\phi_1 - \phi_2} \leqslant \bar{l}_p, \quad \phi_1, \phi_2 \in \mathbb{R}, \ \phi_1 \neq \phi_2, \tag{1.154}$$

其中 l_p 和 $\bar{l}_p$ 可取正、负或零. 并记 $L = \mathrm{diag}(l_1, \cdots, l_m)$, $\bar{L} = \mathrm{diag}(\bar{l}_1, \cdots, \bar{l}_m)$.

假设 1.7 函数 $g_i(t,x,\cdot,\cdot,\cdot)$ 满足线性增长条件, 即: 对于 $y_1, y_2, y_3 \in \mathbb{R}^m$, $t \in \mathbb{R}^+$, 存在正定矩阵 M_{1i}, M_{2i}, M_{3i} $(i \in \mathbb{S})$, 使得

$$\mathrm{Trace}[g_i^{\mathrm{T}}(t,x,y_1,y_2,y_3)g_i(t,x,y_1,y_2,y_3)]$$

$$\leqslant y_1^{\mathrm{T}} M_{1i} y_1 + y_2^{\mathrm{T}} M_{2i} y_2 + y_3^{\mathrm{T}} M_{3i} y_3. \tag{1.155}$$

设 $u^* = [u_1^*, \cdots, u_m^*]^{\mathrm{T}} \in \mathbb{R}^m$ 是系统 (1.153) 的平衡点, 通过变换 $y(t,x) = u(t,x) - u^*$ 把平衡点 u^* 移到原点后, 系统 (1.153) 变为以下形式:

$$\frac{\partial y(t,x)}{\partial t} = \sum_{l=1}^{n} \frac{\partial}{\partial x_l}\left(\alpha_l(t,x,y(t,x))\frac{\partial y(t,x)}{\partial x_l}\right) - A_i y(t,x) + B_i \bar{f}(y(t,x))$$

$$+ C_i \bar{f}(y(t-\tau_1(t),x)) + D_i \frac{\partial y(t-\tau_2(t),x)}{\partial t}$$

$$+ g_i(t,x,y(t,x),y(t-\tau_1(t),x),y(t-\tau_2(t),x))\dot{w}(t),$$

$$t \geqslant t_0, \ x \in G, \ i \in \mathbb{S},$$

$$y(\theta,x) = \varpi(\theta,x), \quad \theta \in [-\tau,0], \ x \in G,$$

$$\frac{\partial y(t,x)}{\partial \mathcal{N}} = 0, \quad t \in [0,+\infty), \ x \in \partial G, \tag{1.156}$$

其中 $\bar{f}(y(t,x)) = f(y(t,x)+u^*) - f(u^*)$, 且满足假设 1.7. 本节一直假设 $f(0) = 0$, $g_i(t,x,0,0,0) = 0$, 故系统 (1.156) 承认一个平凡解 $y(t,x) = 0$. $y(t,x;\varpi)$ 表示具有初始条件 $\varpi \in C$ 的状态轨迹; 因此, 系统 (1.156) 存在平凡解 $y(t,x;0) = 0$, 且 $\varpi(\theta,x) = 0$. 简记 $y(t,x;\varpi) = y(t,x)$.

定义 1.13 [42] 对任意的 $\varpi \in C$, 存在 $\beta > 0$ 和 $\rho > 0$, 使得

$$\mathrm{E}\|y(t,x;\varpi,i_0)\|^2 < \rho \mathrm{e}^{-\beta(t-t_0)} \sup_{-\tau \leqslant \theta \leqslant 0} \mathrm{E}\|\varpi(\theta,x)\|^2, \quad t \geqslant 0, \ i_0 \in \mathbb{S},$$

则系统 (1.156) 的平凡解 $y(t,x)=0$ 是均方指数稳定的.

引理 1.10 [43] 对于任意的矩阵 $M>0$, 任意的常数 a_1,a_2, 且满足 $a_1<a_2$, 以及向量函数 $z:[a_1,a_2]\to\mathbb{R}^m$, 使相关的积分是有定义的, 则

$$\left[\int_{a_1}^{a_2}z(s)\mathrm{d}s\right]^{\mathrm{T}}M\left[\int_{a_1}^{a_2}z(s)\mathrm{d}s\right]\leqslant(a_2-a_1)\left[\int_{a_1}^{a_2}z^{\mathrm{T}}(s)Mz(s)\mathrm{d}s\right].$$

1.6.2 马尔可夫跳变中立型随机反应扩散神经网络的均方指数稳定性

本小节主要考虑马尔可夫跳变时变时滞中立型随机反应扩散神经网络的均方指数稳定性. 给出以下结论.

定理 1.16 假设 1.6 和假设 1.7 成立. 如果存在常数 $\lambda_i>0$, $\beta>0$, $\varepsilon>0$, 正定矩阵 Q_i $(i\in\mathbb{S})$ 和 P_ν $(\nu=1,2,3,4,5,6)$, 使得

$$Q_i\leqslant\lambda_iI \tag{1.157}$$

和

$$\Theta_i=\begin{bmatrix}\Theta_{i1,1}&\Theta_{i1,2}&\Theta_{i1,3}&\Theta_{i1,4}&\Theta_{i1,5}&0&\Theta_{i1,7}&\Theta_{i1,8}&\Theta_{i1,9}&0&0&0\\ *&\Theta_{i2,2}&\Theta_{i2,3}&0&\Theta_{i2,5}&0&0&\Theta_{i2,8}&\Theta_{i2,9}&0&0&0\\ *&*&\Theta_{i3,3}&0&0&0&0&\Theta_{i3,8}&\Theta_{i3,9}&0&0&0\\ *&*&*&\Theta_{i4,4}&0&0&0&0&0&0&0&0\\ *&*&*&*&\Theta_{i5,5}&0&0&0&0&0&0&0\\ *&*&*&*&*&\Theta_{i6,6}&0&0&0&0&0&0\\ *&*&*&*&*&*&\Theta_{i7,7}&0&0&0&0&0\\ *&*&*&*&*&*&*&\Theta_{i8,8}&0&0&0&0\\ *&*&*&*&*&*&*&*&\Theta_{i9,9}&0&0&0\\ *&*&*&*&*&*&*&*&*&\Theta_{i10,10}&0&0\\ *&*&*&*&*&*&*&*&*&*&\Theta_{i11,11}&0\\ *&*&*&*&*&*&*&*&*&*&*&\Theta_{i12,12}\end{bmatrix}<0 \tag{1.158}$$

成立, 则系统 (1.156) 的平凡解是均方指数稳定的, 其中

$$\Theta_{i1,1}=-Q_iA_i-A_i^{\mathrm{T}}Q_i+\beta Q_i-2Q_i\bar\alpha+\lambda_iM_{1i}+\sum_{j=1}^N\pi_{ij}Q_j$$
$$+P_1+P_2+\frac{\tau_1-\tau_0}{\beta}(\mathrm{e}^{\beta\tau_1}-\mathrm{e}^{\beta\tau_0})P_4-2LO_i\bar L+2S_1+2T_1,$$

$$\Theta_{i1,2}=-S_1+S_2^{\mathrm{T}}+T_2^{\mathrm{T}},\quad\Theta_{i1,3}=-T_1+S_3^{\mathrm{T}}+T_3^{\mathrm{T}},$$

$$\Theta_{i1,4}=Q_iB_i+(L+\bar L)O_i,\quad\Theta_{i1,5}=Q_iC_i,\quad\Theta_{i1,7}=Q_iD_i,\quad\Theta_{i1,8}=-S_1+S_4^{\mathrm{T}},$$

$$\Theta_{i1,9}=-T_1+T_4^{\mathrm{T}},\quad\Theta_{i2,2}=\lambda_iM_{2i}-(1-\kappa_1)\mathrm{e}^{-\beta\tau_1}P_1-2LR_i\bar L-2S_2,$$

$$\Theta_{i2,3}=-T_2-S_3^{\mathrm{T}},\quad\Theta_{i2,5}=(L+\bar L)R_i,\quad\Theta_{i2,8}=-S_2-S_4^{\mathrm{T}},\quad\Theta_{i2,9}=-T_2,$$

$$\Theta_{i3,3}=\lambda_iM_{3i}-(1-\kappa_2)\mathrm{e}^{-\beta\tau_2}P_2-2T_3,\quad\Theta_{i3,8}=-S_3,\quad\Theta_{i3,9}=-T_3-T_4^{\mathrm{T}},$$

$$\Theta_{i4,4} = \frac{\tau}{\beta}(\mathrm{e}^{\beta\tau} - 1)P_3 - 2O_i, \quad \Theta_{i5,5} = -2R_i, \quad \Theta_{i6,6} = P_5 + \frac{\tau_2}{\beta}(\mathrm{e}^{\beta\tau_2} - 1)P_6,$$

$$\Theta_{i7,7} = -(1 - \kappa_2)\mathrm{e}^{-\beta\tau_2}P_5, \quad \Theta_{i8,8} = -2S_4, \quad \Theta_{i9,9} = -2T_4,$$

$$\Theta_{i10,10} = -P_3, \quad \Theta_{i11,11} = -P_4, \quad \Theta_{i12,12} = -P_6.$$

证明　对于系统 (1.156), 构造以下形式的 Lyapunov-Krasovskii 泛函:

$$V_i(t, y(t,x)) = V_{1i}(t, y(t,x)) + V_{2i}(t, y(t,x))$$
$$+ V_{3i}(t, y(t,x)) + V_{4i}(t, y(t,x)), \quad i \in \mathbb{S}, \tag{1.159}$$

其中

$$V_{1i}(t, y(t,x)) = \mathrm{e}^{\beta t}\int_G y^{\mathrm{T}}(t,x)Q_i y(t,x)\mathrm{d}x,$$

$$V_{2i}(t, y(t,x)) = \int_G \int_{t-\tau_1(t)}^t \mathrm{e}^{\beta s}y^{\mathrm{T}}(s,x)P_1 y(s,x)\mathrm{d}s\mathrm{d}x$$
$$+ \int_G \int_{t-\tau_2(t)}^t \mathrm{e}^{\beta s}y^{\mathrm{T}}(s,x)P_2 y(s,x)\mathrm{d}s\mathrm{d}x,$$

$$V_{3i}(t, y(t,x)) = \tau\int_G \int_{-\tau}^0 \int_{t+\gamma}^t \mathrm{e}^{\beta(s-\gamma)}\bar{f}^{\mathrm{T}}(y(s,x))P_3\bar{f}(y(s,x))\mathrm{d}s\mathrm{d}\gamma\mathrm{d}x$$
$$+ (\tau_1 - \tau_0)\int_G \int_{-\tau_1}^{-\tau_0} \int_{t+\gamma}^t \mathrm{e}^{\beta(s-\gamma)}y^{\mathrm{T}}(s,x)P_4 y(s,x)\mathrm{d}s\mathrm{d}\gamma\mathrm{d}x,$$

$$V_{4i}(t, y(t,x)) = \int_G \int_{t-\tau_2(t)}^t \mathrm{e}^{\beta s}\left(\frac{\partial y(s,x)}{\partial s}\right)^{\mathrm{T}} P_5\left(\frac{\partial y(s,x)}{\partial s}\right)\mathrm{d}s\mathrm{d}x$$
$$+ \tau_2\int_G \int_{-\tau_2}^0 \int_{t+\gamma}^t \mathrm{e}^{\beta(s-\gamma)}\left(\frac{\partial y(s,x)}{\partial s}\right)^{\mathrm{T}} P_6\left(\frac{\partial y(s,x)}{\partial s}\right)\mathrm{d}s\mathrm{d}\gamma\mathrm{d}x.$$

设 $\mathcal{L}$ 是随机过程 $\{y(t,x;i), t \geqslant 0, i \in \mathbb{S}\}$ 的弱无穷小算子, 则有

$$\mathcal{L}V_i(t, y(t,x)) = \mathcal{L}V_{1i}(t, y(t,x)) + \mathcal{L}V_{2i}(t, y(t,x))$$
$$+ \mathcal{L}V_{3i}(t, y(t,x)) + \mathcal{L}V_{4i}(t, y(t,x)), \quad i \in \mathbb{S}, \tag{1.160}$$

其中

$$\mathcal{L}V_{1i}(t, y(t,x)) = \beta\mathrm{e}^{\beta t}\int_G y^{\mathrm{T}}(t,x)Q_i y(t,x)\mathrm{d}x$$

$$+ 2\mathrm{e}^{\beta t} \int_G y^{\mathrm{T}}(t,x) Q_i \left[\sum_{l=1}^n \frac{\partial}{\partial x_l} \left(\alpha_l(t,x,y(t,x)) \frac{\partial y(t,x)}{\partial x_l} \right) \right.$$

$$- A_i y(t,x) + B_i \bar{f}(y(t,x)) + C_i \bar{f}(y(t - \tau_1(t), x))$$

$$\left. + D_i \frac{\partial y(t - \tau_2(t), x)}{\partial t} \right] \mathrm{d}x + \mathrm{e}^{\beta t} \int_G \mathrm{Trace}[g_i^{\mathrm{T}}(\cdot) Q_i g_i(\cdot)] \mathrm{d}x$$

$$+ \mathrm{e}^{\beta t} \int_G y^{\mathrm{T}}(t,x) \left(\sum_{j=1}^N \pi_{ij} Q_j \right) y(t,x) \mathrm{d}x, \tag{1.161}$$

$$\mathcal{L}V_{2i}(t, y(t,x)) = \mathrm{e}^{\beta t} \int_G y^{\mathrm{T}}(t,x) P_1 y(t,x) \mathrm{d}x + \mathrm{e}^{\beta t} \int_G y^{\mathrm{T}}(t,x) P_2 y(t,x) \mathrm{d}x$$

$$- \mathrm{e}^{\beta t} \int_G (1 - \dot{\tau}_1(t)) \mathrm{e}^{-\beta \tau_1(t)} y^{\mathrm{T}}(t - \tau_1(t), x) P_1 y(t - \tau_1(t), x) \mathrm{d}x$$

$$- \mathrm{e}^{\beta t} \int_G (1 - \dot{\tau}_2(t)) \mathrm{e}^{-\beta \tau_2(t)} y^{\mathrm{T}}(t - \tau_2(t), x) P_2 y(t - \tau_2(t), x) \mathrm{d}x, \tag{1.162}$$

$$\mathcal{L}V_{3i}(t, y(t,x)) \leqslant \frac{\tau}{\beta} \int_G (\mathrm{e}^{\beta \tau} - 1) \mathrm{e}^{\beta t} \bar{f}^{\mathrm{T}}(y(t,x)) P_3 \bar{f}(y(t,x)) \mathrm{d}x$$

$$- \tau_1(t) \mathrm{e}^{\beta t} \int_G \int_{t - \tau_1(t)}^t \bar{f}^{\mathrm{T}}(y(s,x)) P_3 \bar{f}(y(s,x)) \mathrm{d}s \mathrm{d}x$$

$$+ \frac{\tau_1 - \tau_0}{\beta} \int_G (\mathrm{e}^{\beta \tau_1} - \mathrm{e}^{\beta \tau_0}) y^{\mathrm{T}}(t,x) P_4 y(t,x) \mathrm{d}x$$

$$- (\tau_1 - \tau_0) \mathrm{e}^{\beta t} \int_G \int_{t - \tau_1}^{t - \tau_0} y^{\mathrm{T}}(s,x) P_4 y(s,x) \mathrm{d}s \mathrm{d}x,$$

$$\mathcal{L}V_{4i}(t, y(t,x))$$

$$= \mathrm{e}^{\beta t} \int_G \left[\left(\frac{\partial y(t,x)}{\partial t} \right)^{\mathrm{T}} P_5 \left(\frac{\partial y(t,x)}{\partial t} \right) \right.$$

$$\left. - (1 - \dot{\tau}_2(t)) \mathrm{e}^{-\beta \tau_2(t)} \left(\frac{\partial y(t - \tau_2(t), x)}{\partial t} \right)^{\mathrm{T}} P_5 \left(\frac{\partial y(t - \tau_2(t), x)}{\partial t} \right) \right] \mathrm{d}x$$

$$+ \int_G \int_{-\tau_2}^0 \tau_2 \left[\mathrm{e}^{\beta(t - \gamma)} \left(\frac{\partial y(t,x)}{\partial t} \right)^{\mathrm{T}} P_6 \left(\frac{\partial y(t,x)}{\partial t} \right) \right.$$

$$\left. - \mathrm{e}^{\beta t} \left(\frac{\partial y(t + \gamma, x)}{\partial t} \right)^{\mathrm{T}} P_6 \left(\frac{\partial y(t + \gamma, x)}{\partial t} \right) \right] \mathrm{d}\gamma \mathrm{d}x. \tag{1.163}$$

利用格林公式、边界条件和 Poincaré 不等式得到

$$\int_G y^{\mathrm{T}}(t,x)\sum_{l=1}^{n}\frac{\partial}{\partial x_l}\left(\alpha_l\frac{\partial y(t,x)}{\partial x_l}\right)\mathrm{d}x \leqslant -\sum_{p=1}^{m}\sum_{l=1}^{n}\int_G \frac{\alpha_{pl}}{d_l^2}y_p^2(t,x)\mathrm{d}x.$$

利用假设 1.7, 存在正定矩阵 $O_i = \mathrm{diag}(o_{1i},\cdots,o_{mi})$ 和 $R_i = \mathrm{diag}(r_{1i},\cdots,r_{mi})$ $(i\in\mathbb{S})$, 使得

$$0 \leqslant 2e^{\beta t}\sum_{q=1}^{m}o_{qi}(\bar{f}_q(y_q(t,x)) - l_q y_q(t,x))(\bar{l}_q y_q(t,x) - \bar{f}_q(y_q(t,x)))$$

$$= 2e^{\beta t}[y^{\mathrm{T}}(t,x)(L+\bar{L})O_i\bar{f}(y(t,x)) - y^{\mathrm{T}}(t,x)LO_i\bar{L}y(t,x)$$

$$- \bar{f}^{\mathrm{T}}(y(t,x))O_i\bar{f}(y(t,x))],$$

$$0 \leqslant 2e^{\beta t}\sum_{q=1}^{m}r_{qi}(\bar{f}_q(y_q(t-\tau_1(t),x)) - l_q y_q(t-\tau_1(t),x))(\bar{l}_q y_q(t-\tau_1(t),x)$$

$$- \bar{f}_q(y_q(t-\tau_1(t),x)))$$

$$= 2e^{\beta t}[y^{\mathrm{T}}(t-\tau_1(t),x)(L+\bar{L})R_i\bar{f}(y(t-\tau_1(t),x)) - y^{\mathrm{T}}(t-\tau_1(t),x)LR_i\bar{L}$$

$$\times y(t-\tau_1(t),x) - \bar{f}^{\mathrm{T}}(y(t-\tau_1(t),x))R_i\bar{f}(y(t-\tau_1(t),x))]. \tag{1.164}$$

根据 Newton-Leibniz 公式, 存在适当维数的矩阵 S_ϵ, U_ϵ 和 W_ϵ $(\epsilon = 1,2,3,4)$, 使得

$$0 = \int_G\left\{2\left[y^{\mathrm{T}}(t,x)S_1 + y^{\mathrm{T}}(t-\tau_1(t),x)S_2 + y^{\mathrm{T}}(t-\tau_2(t),x)S_3\right.\right.$$

$$\left.+ \left(\int_{t-\tau_1(t)}^{t}\frac{\partial y(s,x)}{\partial s}\mathrm{d}s\right)^{\mathrm{T}}S_4\right] \times \left[y(t,x) - y(t-\tau_1(t),x)\right.$$

$$\left.\left.- \int_{t-\tau_1(t)}^{t}\frac{\partial y(s,x)}{\partial s}\mathrm{d}s\right]\right\}\mathrm{d}x,$$

$$0 = \int_G\left\{2\left[y^{\mathrm{T}}(t,x)T_1 + y^{\mathrm{T}}(t-\tau_1(t),x)T_2 + y^{\mathrm{T}}(t-\tau_2(t),x)T_3\right.\right.$$

$$\left.+ \left(\int_{t-\tau_2(t)}^{t}\frac{\partial y(s,x)}{\partial s}\mathrm{d}s\right)^{\mathrm{T}}T_4\right] \times \left[y(t,x) - y(t-\tau_2(t),x),\right.$$

$$- \int_{t-\tau_2(t)}^{t} \frac{\partial y(s,x)}{\partial s} \mathrm{d}s \bigg] \bigg] \bigg\} \mathrm{d}x. \tag{1.165}$$

因此

$$\mathcal{L}V_{1i}(t,y(t,x)) \leqslant \mathrm{e}^{\beta t} \int_G \bigg\{ y^{\mathrm{T}}(t,x) \bigg[\beta Q_i - 2Q_i \bar{\alpha} - Q_i A_i - A_i^{\mathrm{T}} Q_i + \lambda_i M_{1i}$$

$$+ \sum_{j=1}^{N} \pi_{ij} Q_j \bigg] y(t,x) + 2y^{\mathrm{T}}(t,x) Q_i B_i \bar{f}(y(t,x))$$

$$+ 2y^{\mathrm{T}}(t,x) Q_i C_i \bar{f}(y(t-\tau_1(t),x)) + \lambda_i y^{\mathrm{T}}(t-\tau_1(t),x)$$

$$\times M_{2i} y(t-\tau_1(t),x) + \lambda_i y^{\mathrm{T}}(t-\tau_2(t),x) M_{3i} y(t-\tau_2(t),x)$$

$$+ 2y^{\mathrm{T}}(t,x) Q_i D_i \frac{\partial y(t-\tau_2(t),x)}{\partial t} \bigg\} \mathrm{d}x, \tag{1.166}$$

其中 $\bar{\alpha} = \mathrm{diag}\Big(\sum\limits_{l=1}^{n} \frac{\alpha_{1l}}{d_l^2}, \cdots, \sum\limits_{l=1}^{n} \frac{\alpha_{ml}}{d_l^2} \Big)$. 由 (1.162) 有

$$\mathcal{L}V_{2i}(t,y(t,x)) \leqslant \mathrm{e}^{\beta t} \int_G [y^{\mathrm{T}}(t,x)(P_1 + P_2) y(t,x)$$

$$- (1-\kappa_1) \mathrm{e}^{-\beta \tau_1} y^{\mathrm{T}}(t-\tau_1(t),x) P_1 y(t-\tau_1(t),x)$$

$$- (1-\kappa_2) \mathrm{e}^{-\beta \tau_2} y^{\mathrm{T}}(t-\tau_2(t),x) P_2 y(t-\tau_2(t),x)] \mathrm{d}x. \tag{1.167}$$

通过 $\tau_1(t) > 0$, $\tau_1 > \tau_0$ 和引理 1.10 得

$$\mathcal{L}V_{3i}(t,y(t,x)) \leqslant \mathrm{e}^{\beta t} \int_G \bigg\{ \frac{\tau}{\beta} (\mathrm{e}^{\beta \tau} - 1) \bar{f}^{\mathrm{T}}(y(t,x)) P_3 \bar{f}(y(t,x))$$

$$- \bigg[\int_{t-\tau_1(t)}^{t} \bar{f}(y(s,x)) \mathrm{d}s \bigg]^{\mathrm{T}} P_3 \bigg[\int_{t-\tau_1(t)}^{t} \bar{f}(y(s,x)) \mathrm{d}s \bigg]$$

$$+ \frac{\tau_1 - \tau_0}{\beta} (\mathrm{e}^{\beta \tau_1} - \mathrm{e}^{\beta \tau_0}) y^{\mathrm{T}}(t,x) P_4 y(t,x)$$

$$- \bigg[\int_{t-\tau_1}^{t-\tau_0} y(s,x) \mathrm{d}s \bigg]^{\mathrm{T}} P_4 \bigg[\int_{t-\tau_1}^{t-\tau_0} y(s,x) \mathrm{d}s \bigg] \bigg\} \mathrm{d}x. \tag{1.168}$$

如果 $\tau_1(t) = 0$ 且 $\tau_1 = \tau_0$, 不等式 (1.168) 仍然成立, 即

$$\tau_2(t) \int_G \int_{t-\tau}^t \bar{f}^{\mathrm{T}}(y(s,x)) P_3 \bar{f}(y(s,x)) \mathrm{d}s \mathrm{d}x$$

$$= \int_G \left[\int_{t-\tau_1(t)}^t \bar{f}(y(s,x)) \mathrm{d}s \right]^{\mathrm{T}} P_3 \left[\int_{t-\tau_1(t)}^t \bar{f}(y(s,x)) \mathrm{d}s \right] \mathrm{d}x = 0,$$

$$(\tau_1 - \tau_0) \int_G \int_{t-\tau_1}^{t-\tau_0} y^{\mathrm{T}}(s,x) P_4 y(s,x) \mathrm{d}s \mathrm{d}x$$

$$= \int_G \left[\int_{t-\tau_1}^{t-\tau_0} y(s,x) \mathrm{d}s \right]^{\mathrm{T}} P_4 \left[\int_{t-\tau_1}^{t-\tau_0} y(s,x) \mathrm{d}s \right] \mathrm{d}x = 0. \tag{1.169}$$

通过 (1.163) 和引理 1.10 得

$$\mathcal{L}V_{4i}(t, y(t,x)) \leqslant \mathrm{e}^{\beta t} \int_G \left[\left(\frac{\partial y(t,x)}{\partial t} \right)^{\mathrm{T}} \left(P_5 + \frac{\tau_2}{\beta}(\mathrm{e}^{\beta \tau_2} - 1) P_6 \right) \left(\frac{\partial y(t,x)}{\partial t} \right) \right.$$

$$- (1 - \kappa_2)\mathrm{e}^{-\beta \tau_2} \left(\frac{\partial y(t - \tau_2(t), x)}{\partial t} \right)^{\mathrm{T}} P_5 \left(\frac{\partial y(t - \tau_2(t), x)}{\partial t} \right)$$

$$\left. - \left(\int_{t-\tau_2}^t \frac{\partial y(s,x)}{\partial s} \mathrm{d}s \right)^{\mathrm{T}} P_6 \left(\int_{t-\tau_2}^t \frac{\partial y(s,x)}{\partial s} \mathrm{d}s \right) \right] \mathrm{d}x. \tag{1.170}$$

因此, 对于 $t \geqslant t_0$, 通过 (1.164)—(1.170) 得

$$\mathcal{L}V_i(t, y(t,x)) = \mathrm{e}^{\beta t} \int_G \zeta^{\mathrm{T}}(t) \Theta_i \zeta(t) \mathrm{d}x, \quad i \in \mathbb{S}, \tag{1.171}$$

其中 $\zeta^{\mathrm{T}}(t) = \left[y^{\mathrm{T}}(t,x), y^{\mathrm{T}}(t - \tau_1(t), x), y^{\mathrm{T}}(t - \tau_2(t), x), \bar{f}^{\mathrm{T}}(y(t,x)), \bar{f}^{\mathrm{T}}(y(t - \tau_1(t),$

$x)), \left(\frac{\partial y(t,x)}{\partial t} \right)^{\mathrm{T}}, \left(\frac{\partial y(t - \tau_2(t), x)}{\partial t} \right)^{\mathrm{T}}, \left(\int_{t-\tau_1(t)}^t \frac{\partial y(s,x)}{\partial s} \mathrm{d}s \right)^{\mathrm{T}}, \left(\int_{t-\tau_2(t)}^t \frac{\partial y(s,x)}{\partial s} \mathrm{d}s \right)^{\mathrm{T}},$

$\left(\int_{t-\tau_1(t)}^t \bar{f}(y(s,x)) \mathrm{d}s \right)^{\mathrm{T}}, \left(\int_{t-\tau_1}^{t-\tau_0} y(s,x) \mathrm{d}s \right)^{\mathrm{T}}, \left(\int_{t-\tau_2}^t \frac{\partial y(s,x)}{\partial s} \mathrm{d}s \right)^{\mathrm{T}} \right].$

对于 $t \geqslant t_0$, 由 (1.158) 有 $\mathcal{L}V_i(t, y(t,x)) < 0$, $i \in \mathbb{S}$. 易得

$$\mathrm{E}\mathcal{L}V_i(t, y(t,x)) \leqslant 0, \quad i \in \mathbb{S}. \tag{1.172}$$

由 (1.172) 得

$$\mathrm{E}V_i(t, y(t,x)) < \mathrm{E}V_i(t_0, y(t_0,x)), \quad i,j \in \mathbb{S}, \ k \in \mathbb{Z}^+. \tag{1.173}$$

另一方面,

$$\mathrm{E}V_i(t, y(t,x)) \geqslant \lambda_{\min}(Q_i)\mathrm{e}^{\beta t}\mathrm{E}\|y(t,x)\|^2,$$

$$\mathrm{E}V_i(t_0, y(t_0,x)) = \mathrm{e}^{\beta t_0}\int_G y^{\mathrm{T}}(t_0,x)Q_i y(t_0,x)\mathrm{d}x$$

$$+ \int_G \int_{t_0-\tau_1(t_0)}^{t_0} \mathrm{e}^{\beta s} y^{\mathrm{T}}(s,x)P_1 y(s,x)\mathrm{d}s\mathrm{d}x$$

$$+ \int_G \int_{t_0-\tau_2(t_0)}^{t_0} \mathrm{e}^{\beta s} y^{\mathrm{T}}(s,x)P_2 y(s,x)\mathrm{d}s\mathrm{d}x$$

$$+ \tau \int_G \int_{-\tau}^{0} \int_{t_0+\gamma}^{t_0} \mathrm{e}^{\beta(s-\gamma)} \bar{f}^{\mathrm{T}}(y(s,x))P_3 \bar{f}(y(s,x))\mathrm{d}s\mathrm{d}\gamma\mathrm{d}x$$

$$+ (\tau_1 - \tau_0) \int_G \int_{-\tau_1}^{-\tau_0} \int_{t_0+\gamma}^{t_0} \mathrm{e}^{\beta(s-\gamma)} y^{\mathrm{T}}(s,x)P_4 y(s,x)\mathrm{d}s\mathrm{d}\gamma\mathrm{d}x$$

$$+ \int_G \int_{t_0-\tau_2(t_0)}^{t_0} \mathrm{e}^{\beta s} \left(\frac{\partial y(s,x)}{\partial s}\right)^{\mathrm{T}} P_5 \left(\frac{\partial y(s,x)}{\partial s}\right)\mathrm{d}s\mathrm{d}x$$

$$+ \tau_2 \int_G \int_{-\tau_2}^{0} \int_{t_0+\gamma}^{t_0} \mathrm{e}^{\beta(s-\gamma)} \left(\frac{\partial y(s,x)}{\partial s}\right)^{\mathrm{T}} P_6 \left(\frac{\partial y(s,x)}{\partial s}\right)\mathrm{d}s\mathrm{d}\gamma\mathrm{d}x$$

$$\leqslant \mathrm{e}^{\beta t_0}\left\{ \lambda_{\max}(Q_i) + \lambda_{\max}(P_1)\frac{1-\mathrm{e}^{-\beta\tau_1}}{\beta} + \lambda_{\max}(P_2)\frac{1-\mathrm{e}^{-\beta\tau_2}}{\beta} \right.$$

$$+ \lambda_{\max}(\bar{L}P_3\bar{L})\left[\frac{\tau}{\beta^2}(\mathrm{e}^{\beta\tau_1}-1) - \frac{\tau^2}{\beta}\right]$$

$$+ \lambda_{\max}(P_4)\left[\frac{\tau_1-\tau_0}{\beta^2}(\mathrm{e}^{\beta\tau_1}-\mathrm{e}^{\beta\tau_0}) - \frac{(\tau_1-\tau_0)^2}{\beta}\right]$$

$$\left. + \lambda_{\max}(P_5)\frac{1-\mathrm{e}^{-\beta\tau_2}}{\beta} + \lambda_{\max}(P_6)\left[\frac{\tau_2}{\beta^2}(\mathrm{e}^{\beta\tau_2}-1) - \frac{\tau_2^2}{\beta}\right]\right\}$$

$$\sup_{-\tau \leqslant \theta \leqslant 0} \mathrm{E}\|\varpi(\theta,x)\|^2,$$

故

$$\mathrm{E}\|y(t,x)\|^2 \leqslant \mathrm{e}^{-\beta(t-t_0)}\rho \sup_{-\tau \leqslant \theta \leqslant 0} \mathrm{E}\|\varpi(\theta,x)\|^2. \tag{1.174}$$

即系统 (1.156) 的平凡解 $y(t,x) = 0$ 是均方指数稳定的, 其中 $\rho = \dfrac{\bar{\rho}}{\lambda_{\min}(Q_i)}$, $\bar{\rho} =$

$$\lambda_{\max}(Q_i) + \lambda_{\max}(P_1)\frac{1 - \mathrm{e}^{-\beta\tau_1}}{\beta} + \lambda_{\max}(P_2)\frac{1 - \mathrm{e}^{-\beta\tau_2}}{\beta} + \lambda_{\max}(\bar{L}P_3\bar{L})\left[\frac{\tau}{\beta^2}(\mathrm{e}^{\beta\tau_1} - 1)\right.$$

$$\left. - \frac{\tau^2}{\beta}\right] + \lambda_{\max}(P_4)\left[\frac{\tau_1 - \tau_0}{\beta^2}(\mathrm{e}^{\beta\tau_1} - \mathrm{e}^{\beta\tau_0}) - \frac{(\tau_1 - \tau_0)^2}{\beta}\right] + \lambda_{\max}(P_5)\frac{1 - \mathrm{e}^{-\beta\tau_2}}{\beta} +$$

$$\lambda_{\max}(P_6)\left[\frac{\tau_2}{\beta^2}(\mathrm{e}^{\beta\tau_2} - 1) - \frac{\tau_2^2}{\beta}\right], \quad i \in \mathbb{S}. \qquad\qquad \square$$

如果忽略马尔可夫跳变和随机扰动, 系统 (1.156) 变成以下时变时滞中立型反应扩散系统:

$$\frac{\partial y(t,x)}{\partial t} = \sum_{l=1}^{n}\frac{\partial}{\partial x_l}\left(\alpha_l(t,x,y(t,x))\frac{\partial y(t,x)}{\partial x_l}\right) - Ay(t,x) + B\bar{f}(y(t,x))$$

$$+ C\bar{f}(y(t - \tau_1(t),x)) + D\frac{\partial y(t - \tau_2(t),x)}{\partial t}, \quad t \geqslant t_0, \ x \in G,$$

$$y(\theta,x) = \varpi(\theta,x), \quad \theta \in [-\tau,0], \ x \in G,$$

$$\frac{\partial y(t,x)}{\partial \mathcal{N}} = 0, \quad t \in [0,+\infty), \ x \in \partial G. \qquad\qquad (1.175)$$

那么对于系统 (1.175) 得到以下结论.

定理 1.17　假设 1.6 成立. 如果存在 $\beta > 0$, 正定矩阵 Q 和 P_ν ($\nu = 1,2,3,4,5$), 使得

$$\Xi = \begin{bmatrix}
\Xi_{1,1} & \Xi_{1,2} & \Xi_{1,3} & \Xi_{1,4} & \Xi_{1,5} & 0 & \Xi_{1,7} & \Xi_{1,8} & \Xi_{1,9} & 0 & 0 \\
* & \Xi_{2,2} & \Xi_{2,3} & 0 & \Xi_{2,5} & 0 & 0 & \Xi_{2,8} & \Xi_{2,9} & 0 & 0 \\
* & * & \Xi_{3,3} & 0 & 0 & 0 & 0 & \Xi_{3,8} & \Xi_{3,9} & 0 & 0 \\
* & * & & \Xi_{4,4} & 0 & 0 & 0 & 0 & 0 & 0 & 0 \\
* & * & * & * & \Xi_{5,5} & 0 & 0 & 0 & 0 & 0 & 0 \\
* & * & * & * & * & \Xi_{6,6} & 0 & 0 & 0 & 0 & 0 \\
* & * & * & * & * & * & \Xi_{7,7} & 0 & 0 & 0 & 0 \\
* & * & * & * & * & * & * & \Xi_{8,8} & 0 & 0 & 0 \\
* & * & * & * & * & * & * & * & \Xi_{9,9} & 0 & 0 \\
* & * & * & * & * & * & * & * & * & \Xi_{10,10} & 0 \\
* & * & * & * & * & * & * & * & * & * & \Xi_{11,11}
\end{bmatrix} < 0$$

$$(1.176)$$

成立, 则系统 (1.175) 的平凡解是指数稳定的, 其中

$$\Xi_{1,1} = -QA - A^{\mathrm{T}}Q + \beta Q - 2Q\bar{\alpha} + P_1 + P_2 + \frac{\tau_1 - \tau_0}{\beta}(\mathrm{e}^{\beta\tau_1} - \mathrm{e}^{\beta\tau_0})P_3$$
$$- 2LO\bar{L} + 2S_1 + 2T_1,$$

$$\Xi_{1,2} = -S_1 + S_2^{\mathrm{T}} + T_2^{\mathrm{T}}, \quad \Xi_{1,3} = -T_1 + S_3^{\mathrm{T}} + T_3^{\mathrm{T}}, \quad \Xi_{1,4} = QB + (L + \bar{L})O,$$

$$\Xi_{1,5} = QC, \quad \Theta_{1,7} = QD, \quad \Xi_{1,8} = -S_1 + S_4^{\mathrm{T}}, \quad \Xi_{1,9} = -T_1 + T_4^{\mathrm{T}},$$

$$\Xi_{2,2} = -(1 - \kappa_1)\mathrm{e}^{-\beta\tau_1}P_1 - 2LR\bar{L} - 2S_2, \quad \Xi_{2,3} = -T_2 - S_3^{\mathrm{T}}, \quad \Xi_{2,5} = (L + \bar{L})R,$$

$$\Xi_{2,8} = -S_2 - S_4^{\mathrm{T}}, \quad \Xi_{2,9} = -T_2, \quad \Xi_{3,3} = -(1 - \kappa_2)\mathrm{e}^{-\beta\tau_2}P_2 - 2T_3, \quad \Xi_{3,8} = -S_3,$$

$$\Xi_{3,9} = -T_3 - T_4^{\mathrm{T}}, \quad \Xi_{4,4} = -2O, \quad \Xi_{5,5} = -2R, \quad \Xi_{6,6} = P_4 + \frac{\tau_2}{\beta}(\mathrm{e}^{\beta\tau_2} - 1)P_5,$$

$$\Xi_{7,7} = -(1 - \kappa_2)\mathrm{e}^{-\beta\tau_2}P_4, \quad \Xi_{8,8} = -2S_4, \quad \Xi_{9,9} = -2T_4,$$

$$\Xi_{10,10} = -P_3, \quad \Xi_{11,11} = -P_5.$$

证明 对于系统 (1.175), 选取以下 Lyapunov-Krasovskii 泛函:

$$V(t, y(t,x)) = \mathrm{e}^{\beta t}\int_G y^{\mathrm{T}}(t,x)Qy(t,x)\mathrm{d}x + \int_G\int_{t-\tau_1(t)}^t \mathrm{e}^{\beta s}y^{\mathrm{T}}(s,x)P_1 y(s,x)\mathrm{d}s\mathrm{d}x$$
$$+ \int_G\int_{t-\tau_2(t)}^t \mathrm{e}^{\beta s}y^{\mathrm{T}}(s,x)P_2 y(s,x)\mathrm{d}s\mathrm{d}x$$
$$+ (\tau_1 - \tau_0)\int_G\int_{-\tau_1}^{-\tau_0}\int_{t+\gamma}^t \mathrm{e}^{\beta(s-\gamma)}y^{\mathrm{T}}(s,x)P_3 y(s,x)\mathrm{d}s\mathrm{d}\gamma\mathrm{d}x$$
$$+ \int_G\int_{t-\tau_2(t)}^t \mathrm{e}^{\beta s}\left(\frac{\partial y(s,x)}{\partial s}\right)^{\mathrm{T}}P_4\left(\frac{\partial y(s,x)}{\partial s}\right)\mathrm{d}s\mathrm{d}x$$
$$+ \tau_2\int_G\int_{-\tau_2}^0\int_{t+\gamma}^t \mathrm{e}^{\beta(s-\gamma)}\left(\frac{\partial y(s,x)}{\partial s}\right)^{\mathrm{T}}P_5\left(\frac{\partial y(s,x)}{\partial s}\right)\mathrm{d}s\mathrm{d}\gamma\mathrm{d}x,$$

则

$$\frac{\mathrm{d}V(t, y(t,x))}{\mathrm{d}t}$$
$$= \beta\mathrm{e}^{\beta t}\int_G y^{\mathrm{T}}(t,x)Qy(t,x)\mathrm{d}x + 2\mathrm{e}^{\beta t}\int_G y^{\mathrm{T}}(t,x)Q\left[\sum_{l=1}^n \frac{\partial}{\partial x_l}\left(\alpha_l(t,x,y(t,x))\frac{\partial y(t,x)}{\partial x_l}\right)\right.$$

$$
\left. - Ay(t,x) + B\bar{f}(y(t,x)) + C\bar{f}(y(t-\tau_1(t),x)) + D\frac{\partial y(t-\tau_2(t),x)}{\partial t} \right] \mathrm{d}x
$$

$$
+ \mathrm{e}^{\beta t} \int_G [y^{\mathrm{T}}(t,x)P_1 y(t,x) - (1-\dot{\tau}_1(t))\mathrm{e}^{-\beta \tau_1(t)} y^{\mathrm{T}}(t-\tau_1(t),x)P_1 y(t-\tau_1(t),x)]\mathrm{d}x
$$

$$
+ \mathrm{e}^{\beta t} \int_G [y^{\mathrm{T}}(t,x)P_2 y(t,x) - (1-\dot{\tau}_2(t))\mathrm{e}^{-\beta \tau_2(t)} y^{\mathrm{T}}(t-\tau_2(t),x)P_2 y(t-\tau_2(t),x)]\mathrm{d}x
$$

$$
+ (\tau_1 - \tau_0) \int_G \int_{-\tau_1}^{-\tau_0} \mathrm{e}^{\beta(t-\gamma)} y^{\mathrm{T}}(t,x)P_3 y(t,x)\mathrm{d}\gamma\mathrm{d}x
$$

$$
- (\tau_1 - \tau_0) \int_G \int_{-\tau_1}^{-\tau_0} \mathrm{e}^{\beta t} y^{\mathrm{T}}(t+\gamma,x)P_3 y(t+\gamma,x)\mathrm{d}\gamma\mathrm{d}x
$$

$$
+ \mathrm{e}^{\beta t} \int_G \left[\left(\frac{\partial y(t,x)}{\partial t}\right)^{\mathrm{T}} P_4 \left(\frac{\partial y(t,x)}{\partial t}\right) \right.
$$

$$
\left. - (1-\dot{\tau}_2(t))\mathrm{e}^{-\beta \tau_2(t)} \left(\frac{\partial y(t-\tau_2(t),x)}{\partial t}\right)^{\mathrm{T}} P_4 \left(\frac{\partial y(t-\tau_2(t),x)}{\partial t}\right) \right] \mathrm{d}x
$$

$$
+ \int_G \int_{-\tau_2}^{0} \tau_2 \left[\mathrm{e}^{\beta(t-\gamma)} \left(\frac{\partial y(t,x)}{\partial t}\right)^{\mathrm{T}} P_5 \left(\frac{\partial y(t,x)}{\partial t}\right) \right.
$$

$$
\left. - \mathrm{e}^{\beta t} \left(\frac{\partial y(t+\gamma,x)}{\partial t}\right)^{\mathrm{T}} P_5 \left(\frac{\partial y(t+\gamma,x)}{\partial t}\right) \right] \mathrm{d}\gamma\mathrm{d}x.
$$

由于 $\tau_1 > \tau_0$，通过引理 1.10 得

$$
- (\tau_1 - \tau_0) \int_{-\tau_1}^{-\tau_0} y^{\mathrm{T}}(t+\gamma,x)P_3 y(t+\gamma,x)\mathrm{d}\gamma
$$

$$
\leqslant - \left[\int_{t-\tau_1}^{t-\tau_0} y(s,x)\mathrm{d}s \right]^{\mathrm{T}} P_3 \left[\int_{t-\tau_1}^{t-\tau_0} y(s,x)\mathrm{d}s \right]. \tag{1.177}
$$

如果 $\tau_1 = \tau_0$，不等式 (1.177) 仍然成立，即

$$
(\tau_1 - \tau_0) \int_{t-\tau_1}^{t-\tau_0} y^{\mathrm{T}}(s,x)P_3 y(s,x)\mathrm{d}s
$$

$$
= \left[\int_{t-\tau_1}^{t-\tau_0} y(s,x)\mathrm{d}s \right]^{\mathrm{T}} P_3 \left[\int_{t-\tau_1}^{t-\tau_0} y(s,x)\mathrm{d}s \right] = 0. \tag{1.178}
$$

又由引理 1.10 得

$$- \tau_2 \int_{t-\tau_2}^t \left(\frac{\partial y(s,x)}{\partial s} \right)^{\mathrm{T}} P_5 \left(\frac{\partial y(s,x)}{\partial s} \right) \mathrm{d}s$$

$$\leqslant - \left(\int_{t-\tau_2}^t \frac{\partial y(s,x)}{\partial s} \mathrm{d}s \right)^{\mathrm{T}} P_5 \left(\int_{t-\tau_2}^t \frac{\partial y(s,x)}{\partial s} \mathrm{d}s \right). \tag{1.179}$$

由假设 1.7, 存在正定矩阵 $O = \mathrm{diag}(o_1, \cdots, o_m)$ 和 $R = \mathrm{diag}(r_1, \cdots, r_m)$, 使得

$$0 \leqslant 2\mathrm{e}^{\beta t} \sum_{q=1}^m o_q(\bar{f}_q(y_q(t,x)) - l_q y_q(t,x))(\bar{l}_q y_q(t,x) - \bar{f}_q(y_q(t,x)))$$

$$= 2\mathrm{e}^{\beta t}[y^{\mathrm{T}}(t,x)(L+\bar{L})O\bar{f}(y(t,x)) - y^{\mathrm{T}}(t,x)LO\bar{L}y(t,x)$$

$$- \bar{f}^{\mathrm{T}}(y(t,x))O\bar{f}(y(t,x))],$$

$$0 \leqslant 2\mathrm{e}^{\beta t} \sum_{q=1}^m r_q(\bar{f}_q(y_q(t-\tau_1(t),x)) - l_q y_q(t-\tau_1(t),x))$$

$$\times (\bar{l}_q y_q(t-\tau_1(t),x) - \bar{f}_q(y_q(t-\tau_1(t),x)))$$

$$= 2\mathrm{e}^{\beta t}[y^{\mathrm{T}}(t-\tau_1(t),x)(L+\bar{L})R\bar{f}(y(t-\tau_1(t),x))$$

$$- y^{\mathrm{T}}(t-\tau_1(t),x)LR\bar{L}y(t-\tau_1(t),x)$$

$$- \bar{f}^{\mathrm{T}}(y(t-\tau_1(t),x))R\bar{f}(y(t-\tau_1(t),x))]. \tag{1.180}$$

根据 Newton-Leibniz 公式, 存在适当维数矩阵 S_ϵ, U_ϵ 和 $W_\epsilon(\epsilon = 1,2,3,4)$, 使得

$$0 = \int_G \left\{ 2 \left[y^{\mathrm{T}}(t,x)S_1 + y^{\mathrm{T}}(t-\tau_1(t),x)S_2 + y^{\mathrm{T}}(t-\tau_2(t),x)S_3 \right. \right.$$

$$\left. + \left(\int_{t-\tau_1(t)}^t \frac{\partial y(s,x)}{\partial s} \mathrm{d}s \right)^{\mathrm{T}} S_4 \right] \times \left[y(t,x) - y(t-\tau_1(t),x) \right.$$

$$\left. - \int_{t-\tau_1(t)}^t \frac{\partial y(s,x)}{\partial s} \mathrm{d}s \right] \right\} \mathrm{d}x,$$

$$0 = \int_G \left\{ 2 \left[y^{\mathrm{T}}(t,x)T_1 + y^{\mathrm{T}}(t-\tau_1(t),x)T_2 + y^{\mathrm{T}}(t-\tau_2(t),x)T_3 \right. \right.$$

$$\left. + \left(\int_{t-\tau_2(t)}^t \frac{\partial y(s,x)}{\partial s} \mathrm{d}s \right)^{\mathrm{T}} T_4 \right] \times \left[y(t,x) - y(t-\tau_2(t),x) \right.$$

$$- \int_{t-\tau_2(t)}^{t} \frac{\partial y(s,x)}{\partial s} \mathrm{d}s \bigg] \bigg\} \mathrm{d}x. \tag{1.181}$$

因此, 通过 (1.177)—(1.181) 得

$$\frac{\mathrm{d}V(t,y(t,x))}{\mathrm{d}t} = \mathrm{e}^{\beta t} \int_G \chi^{\mathrm{T}}(t) \Xi \chi(t) \mathrm{d}x,$$

其中

$$\bar{\alpha} = \mathrm{diag}\left(\sum_{l=1}^{n} \frac{\alpha_{1l}}{d_l^2}, \cdots, \sum_{l=1}^{n} \frac{\alpha_{ml}}{d_l^2}\right),$$

$$\chi^{\mathrm{T}}(t) = \left[y^{\mathrm{T}}(t,x), y^{\mathrm{T}}(t-\tau_1(t),x), y^{\mathrm{T}}(t-\tau_2(t),x), \bar{f}^{\mathrm{T}}(y(t,x)), \bar{f}^{\mathrm{T}}(y(t-\tau_1(t),x)), \right.$$

$$\left(\frac{\partial y(t,x)}{\partial t}\right)^{\mathrm{T}}, \left(\frac{\partial y(t-\tau_2(t),x)}{\partial t}\right)^{\mathrm{T}}, \left(\int_{t-\tau_1(t)}^{t} \frac{\partial y(s,x)}{\partial s} \mathrm{d}s\right)^{\mathrm{T}},$$

$$\left.\left(\int_{t-\tau_2(t)}^{t} \frac{\partial y(s,x)}{\partial s} \mathrm{d}s\right)^{\mathrm{T}}, \left(\int_{t-\tau_1}^{t-\tau_0} y(s,x) \mathrm{d}s\right)^{\mathrm{T}}, \left(\int_{t-\tau_2}^{t} \frac{\partial y(s,x)}{\partial s} \mathrm{d}s\right)^{\mathrm{T}}\right].$$

由 (1.176) 得 $\dfrac{\mathrm{d}V(t,y(t,x))}{\mathrm{d}t} \leqslant 0$, $t \geqslant t_0$. 故 $V(t,y(t,x)) \leqslant V(t_0,y(t_0,x))$, $t \geqslant t_0$. 另一方面,

$$V(t,y(t,x)) \geqslant \lambda_{\min}(Q)\mathrm{e}^{\beta t}\|y(t,x)\|^2,$$

$$V(t_0,y(t_0,x)) \leqslant \mathrm{e}^{\beta t_0} \bigg\{ \lambda_{\max}(Q) + \lambda_{\max}(P_1)\frac{1-\mathrm{e}^{-\beta\tau_1}}{\beta} + \lambda_{\max}(P_2)\frac{1-\mathrm{e}^{-\beta\tau_2}}{\beta}$$

$$+ \lambda_{\max}(P_3)\left[\frac{\tau_1-\tau_0}{\beta^2}(\mathrm{e}^{\beta\tau_1} - \mathrm{e}^{\beta\tau_0}) - \frac{(\tau_1-\tau_0)^2}{\beta}\right] + \lambda_{\max}(P_4)\frac{1-\mathrm{e}^{-\beta\tau_2}}{\beta}$$

$$+ \lambda_{\max}(P_5)\left[\frac{\tau_2}{\beta^2}(\mathrm{e}^{\beta\tau_2} - 1) - \frac{\tau_2^2}{\beta}\right] \bigg\} \sup_{-\tau \leqslant \theta \leqslant 0} \|\varpi(\theta,x)\|^2,$$

故

$$\|y(t,x)\|^2 \leqslant \mathrm{e}^{-\beta(t-t_0)}\rho \sup_{-\tau \leqslant \theta \leqslant 0} \|\varpi(\theta,x)\|^2.$$

即系统 (1.175) 的平凡解是指数稳定的, 其中

$$\rho = \frac{\bar{\rho}}{\lambda_{\min}(Q)},$$

$$\bar{\rho} = \lambda_{\max}(Q) + \lambda_{\max}(P_1)\frac{1-\mathrm{e}^{-\beta\tau_1}}{\beta} + \lambda_{\max}(P_2)\frac{1-\mathrm{e}^{-\beta\tau_2}}{\beta}$$

$$+ \lambda_{\max}(P_3)\left[\frac{\tau_1-\tau_0}{\beta^2}(\mathrm{e}^{\beta\tau_1} - \mathrm{e}^{\beta\tau_0}) - \frac{(\tau_1-\tau_0)^2}{\beta}\right]$$

$$+ \lambda_{\max}(P_4)\frac{1-\mathrm{e}^{-\beta\tau_2}}{\beta} + \lambda_{\max}(P_5)\left[\frac{\tau_2}{\beta^2}(\mathrm{e}^{\beta\tau_2} - 1) - \frac{\tau_2^2}{\beta}\right]. \qquad \square$$

下面分别对所得定理 1.16 和定理 1.17 的有效性进行说明. 先给出算例说明定理 1.16, 再对定理 1.17 进行说明.

例子 1.7 考虑具有以下参数的二维马尔可夫跳变时变时滞中立型随机反应扩散神经网络 (1.156). 设 $r(t)$, $t \geqslant 0$ 是一个马尔可夫链, 取值于有限空间 $S = \{1, 2\}$, 转移速率矩阵为

$$\Pi = (\pi_{ij})_{2\times 2} = \begin{bmatrix} -0.56 & 0.56 \\ 0.34 & -0.34 \end{bmatrix}, \qquad (1.182)$$

$$\beta = 0.4, \quad \alpha_l(t, x, u(t,x)) = \begin{bmatrix} 0.2 & 0 \\ 0 & 0.2 \end{bmatrix} \quad (l = 1, 2, \cdots, n),$$

$$A_1 = \begin{bmatrix} 0.4 & 0 \\ 0 & 0.8 \end{bmatrix}, \quad B_1 = \begin{bmatrix} 0.2 & 0.1 \\ 0.2 & 0.4 \end{bmatrix}, \quad C_1 = \begin{bmatrix} 0.4 & 0.2 \\ 0.3 & 0.4 \end{bmatrix},$$

$$D_1 = \begin{bmatrix} 0.4 & 0 \\ 0 & 0.4 \end{bmatrix}, \quad A_2 = \begin{bmatrix} 1.4 & 0 \\ 0 & 1.8 \end{bmatrix}, \quad B_2 = \begin{bmatrix} -2.2 & 1.1 \\ -1.2 & 1.4 \end{bmatrix},$$

$$C_2 = \begin{bmatrix} 2.4 & -3.2 \\ 2.3 & -2.4 \end{bmatrix}, \quad D_2 = \begin{bmatrix} 0.4 & 0 \\ 0 & 0.4 \end{bmatrix},$$

$$\bar{f}(y(t,x)) = 0.2\tanh(y(t,x)), \quad \tau_1(t) = 0.8 + 0.2\sin(4t), \quad \tau_2(t) = 0.7 + 0.3\cos(6t),$$

$$g_1(t, x, y(t,x), y(t-\tau_1(t), x), y(t-\tau_2(t), x))$$

$$= g_2(t, x, y(t,x), y(t-\tau_1(t), x), y(t-\tau_2(t), x))$$

$$= \begin{bmatrix} 0.3y_1(t,x) & 0 \\ 0 & 0.2y_2(t-\tau_1(t), x) \end{bmatrix} + \begin{bmatrix} 0.3y_2(t,x) & 0 \\ 0 & 0.2y_2(t-\tau_2(t), x) \end{bmatrix}.$$

故由以上参数可得系统 (1.117) 满足假设 1.6 和假设 1.7 且

$$\tau_0 = 0, \quad \tau_1 = 1, \quad \tau_2 = 0.8, \quad \kappa_1 = 1.2, \quad \kappa_2 = 1.8, \quad \tau = 1,$$

$$L = 0, \quad \bar{L} = 0.2I,$$

$$M_{11} = 0.18I, \quad M_{21} = 0.18I, \quad M_{31} = 0.18I, \quad M_{12} = 0.08I,$$

$$M_{22} = 0.08I, \quad M_{32} = 0.08I,$$

如果 $r(t) = i = 1$, 通过式 (1.157)-(1.158) 得 $\lambda_1 = 2.9555\mathrm{e}+01$,

$$Q_1 = \begin{bmatrix} -3.9665\mathrm{e}+00 & 1.0040\mathrm{e}-01 \\ 1.0040\mathrm{e}-01 & -4.5730\mathrm{e}+00 \end{bmatrix}, \quad Q_2 = \begin{bmatrix} 5.9636\mathrm{e}+02 & 3.1555\mathrm{e}-01 \\ 3.1555\mathrm{e}-01 & 5.8835\mathrm{e}+02 \end{bmatrix},$$

$$O_1 = \begin{bmatrix} 3.6088\mathrm{e}+01 & 1.4960\mathrm{e}-01 \\ 1.4960\mathrm{e}-01 & 3.6339\mathrm{e}+01 \end{bmatrix}, \quad R_1 = \begin{bmatrix} 1.6581\mathrm{e}+01 & 0 \\ 0 & 1.6581\mathrm{e}+01 \end{bmatrix},$$

$$P_1 = \begin{bmatrix} -3.5506\mathrm{e}+02 & 1.2670\mathrm{e}-13 \\ 1.2670\mathrm{e}-13 & -3.5506\mathrm{e}+02 \end{bmatrix}, \quad P_2 = \begin{bmatrix} -8.1940\mathrm{e}+01 & 6.4146\mathrm{e}-15 \\ 6.4146\mathrm{e}-15 & -8.1940\mathrm{e}+01 \end{bmatrix},$$

$$P_3 = \begin{bmatrix} 3.2240\mathrm{e}+01 & 1.4646\mathrm{e}-01 \\ 1.4646\mathrm{e}-01 & 3.2485\mathrm{e}+01 \end{bmatrix}, \quad P_4 = \begin{bmatrix} 3.3825\mathrm{e}+01 & 3.6637\mathrm{e}-15 \\ 3.6637\mathrm{e}-15 & 3.3825\mathrm{e}+01 \end{bmatrix},$$

$$P_5 = \begin{bmatrix} -5.8953\mathrm{e}+01 & 0 \\ 0 & -5.8953\mathrm{e}+01 \end{bmatrix}, \quad P_6 = \begin{bmatrix} 3.3640\mathrm{e}+01 & 0 \\ 0 & 3.3640\mathrm{e}+01 \end{bmatrix},$$

$$S_1 = \begin{bmatrix} 4.2281\mathrm{e}+00 & 2.0517\mathrm{e}-15 \\ 2.0517\mathrm{e}-15 & 4.2281\mathrm{e}+00 \end{bmatrix}, \quad S_2 = \begin{bmatrix} -4.2281\mathrm{e}+00 & 5.2649\mathrm{e}-15 \\ 5.2649\mathrm{e}-15 & -4.2281\mathrm{e}+00 \end{bmatrix},$$

$$S_3 = \begin{bmatrix} 2.1140\mathrm{e}+00 & 4.4059\mathrm{e}-16 \\ 4.4059\mathrm{e}-16 & 2.1140\mathrm{e}+00 \end{bmatrix}, \quad S_4 = \begin{bmatrix} 1.0570\mathrm{e}+01 & -8.0328\mathrm{e}-16 \\ -8.0328\mathrm{e}-16 & 1.0570\mathrm{e}+01 \end{bmatrix},$$

$$T_1 = \begin{bmatrix} 4.2281\mathrm{e}+00 & 1.2251\mathrm{e}-15 \\ 1.2251\mathrm{e}-15 & 4.2281\mathrm{e}+00 \end{bmatrix}, \quad T_2 = \begin{bmatrix} 2.1140\mathrm{e}+00 & -1.2179\mathrm{e}-15 \\ -1.2179\mathrm{e}-15 & 2.1140\mathrm{e}+00 \end{bmatrix},$$

$$T_3 = \begin{bmatrix} -4.2281\mathrm{e}+00 & 1.1212\mathrm{e}-15 \\ 1.1212\mathrm{e}-15 & -4.2281\mathrm{e}+00 \end{bmatrix}, \quad T_4 = \begin{bmatrix} 1.0570\mathrm{e}+01 & 2.5968\mathrm{e}-17 \\ 2.5968\mathrm{e}-17 & 1.0570\mathrm{e}+01 \end{bmatrix}.$$

如果 $r(t) = i = 2$, 通过式 (1.157)-(1.158) 得 $\lambda_2 = 3.3783\mathrm{e}+01$,

$$Q_1 = \begin{bmatrix} 9.4092\mathrm{e}+02 & 4.4733\mathrm{e}-01 \\ 4.4733\mathrm{e}-01 & 9.2635\mathrm{e}+02 \end{bmatrix}, \quad Q_2 = \begin{bmatrix} 6.7074\mathrm{e}-01 & 4.2964\mathrm{e}-02 \\ 4.2964\mathrm{e}-02 & -7.2254\mathrm{e}-01 \end{bmatrix},$$

$$O_2 = \begin{bmatrix} 3.6252\mathrm{e}+01 & -1.8780\mathrm{e}-01 \\ -1.8780\mathrm{e}-01 & 3.6117\mathrm{e}+01 \end{bmatrix}, \quad R_2 = \begin{bmatrix} 1.6573\mathrm{e}+01 & 0 \\ 0 & 1.6573\mathrm{e}+01 \end{bmatrix},$$

$$P_1 = \begin{bmatrix} -3.3539\mathrm{e}+02 & 1.1173\mathrm{e}-14 \\ 1.1173\mathrm{e}-14 & -3.3539\mathrm{e}+02 \end{bmatrix}, \quad P_2 = \begin{bmatrix} -7.7401\mathrm{e}+01 & 5.6825\mathrm{e}-16 \\ 5.6825\mathrm{e}-16 & -7.7401\mathrm{e}+01 \end{bmatrix},$$

$$P_3 = \begin{bmatrix} 3.2401\mathrm{e}+01 & -1.8386\mathrm{e}-01 \\ -1.8386\mathrm{e}-01 & 3.2270\mathrm{e}+01 \end{bmatrix}, \quad P_4 = \begin{bmatrix} 3.3809\mathrm{e}+01 & 7.6319\mathrm{e}-17 \\ 7.6319\mathrm{e}-17 & 3.3809\mathrm{e}+01 \end{bmatrix},$$

$$P_5 = \begin{bmatrix} -5.8925\mathrm{e}+01 & 0 \\ 0 & -5.8925\mathrm{e}+01 \end{bmatrix}, \quad P_6 = \begin{bmatrix} 3.3624\mathrm{e}+01 & 0 \\ 0 & 3.3624\mathrm{e}+01 \end{bmatrix},$$

$$S_1 = \begin{bmatrix} 4.2261\mathrm{e}+00 & 1.8131\mathrm{e}-16 \\ 1.8131\mathrm{e}-16 & 4.2261\mathrm{e}+00 \end{bmatrix}, \quad S_2 = \begin{bmatrix} -4.2261\mathrm{e}+00 & 4.6428\mathrm{e}-16 \\ 4.6428\mathrm{e}-16 & -4.2261\mathrm{e}+00 \end{bmatrix},$$

$$S_3 = \begin{bmatrix} 2.1131\mathrm{e}+00 & 3.8732\mathrm{e}-17 \\ 3.8732\mathrm{e}-17 & 2.1131\mathrm{e}+00 \end{bmatrix}, \quad S_4 = \begin{bmatrix} 1.0565\mathrm{e}+01 & -7.0742\mathrm{e}-17 \\ -7.0742\mathrm{e}-17 & 1.0565\mathrm{e}+01 \end{bmatrix},$$

$$T_1 = \begin{bmatrix} 4.2261\mathrm{e}+00 & 1.0833\mathrm{e}-16 \\ 1.0833\mathrm{e}-16 & 4.2261\mathrm{e}+00 \end{bmatrix}, \quad T_2 = \begin{bmatrix} 2.1131\mathrm{e}+00 & -1.0723\mathrm{e}-16 \\ -1.0723\mathrm{e}-16 & 2.1131\mathrm{e}+00 \end{bmatrix},$$

$$T_3 = \begin{bmatrix} -4.2261\mathrm{e}+00 & 9.9367\mathrm{e}-17 \\ 9.9367\mathrm{e}-17 & -4.2261\mathrm{e}+00 \end{bmatrix}, \quad T_4 = \begin{bmatrix} 1.0565\mathrm{e}+01 & 2.2407\mathrm{e}-18 \\ 2.2407\mathrm{e}-18 & 1.0565\mathrm{e}+01 \end{bmatrix}.$$

马尔可夫过程在模式 1 和模式 2 之间的切换如图 1.7 所示; 当 $r(t) = 1$ 时, 系统 (1.156) 状态 $\mathrm{E}y_1^2(t,x)$ 和 $\mathrm{E}y_2^2(t,x)$ 的仿真如图 1.8 和图 1.9 所示; 当 $r(t) = 2$ 时, 系统 (1.156) 状态 $\mathrm{E}y_1^2(t,x)$ 和 $\mathrm{E}y_2^2(t,x)$ 的仿真如图 1.10 和图 1.11 所示; 当 $r(t) = 1$ 时, 系统 (1.156) 状态 $\|\varpi(\cdot)\|^2\mathrm{e}^{-\beta(t-t_0)}$ 和 $\mathrm{E}\|y(t,x)\|^2$ 的收敛性如图 1.12 所示; 当 $r(t) = 2$ 时, 系统 (1.156) 状态 $\|\varpi(\cdot)\|^2\mathrm{e}^{-\beta(t-t_0)}$ 和 $\mathrm{E}\|y(t,x)\|^2$ 的收敛性如图 1.13 所示. 显然, 系统 (1.156) 的平凡解是均方指数稳定的.

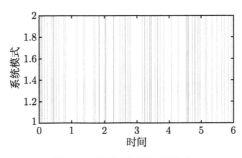

图 1.7　马尔可夫跳变模式

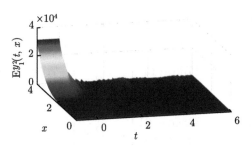

图 1.8　　当模态为 $r(t) = 1$ 时, 状态 $\mathrm{E}y_1^2(t,x)$ 的仿真

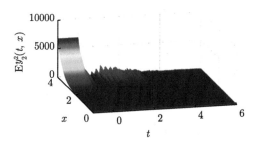

图 1.9　　当模态为 $r(t) = 1$ 时, 状态 $\mathrm{E}y_2^2(t,x)$ 的仿真

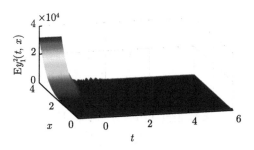

图 1.10　　当模态为 $r(t) = 2$ 时, 状态 $\mathrm{E}y_1^2(t,x)$ 的仿真

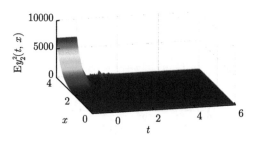

图 1.11　　当模态为 $r(t) = 2$ 时, 状态 $\mathrm{E}y_2^2(t,x)$ 的仿真

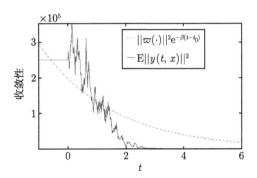

图 1.12　当模态为 $r(t) = 1$ 时, $\|\varpi(\cdot)\|^2 \mathrm{e}^{-\beta(t-t_0)}$ 和 $\mathrm{E}\|y(t,x)\|^2$ 的收敛性

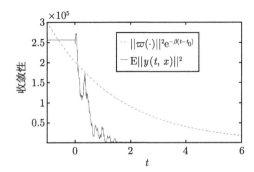

图 1.13　当模态为 $r(t) = 2$ 时, $\|\varpi(\cdot)\|^2 \mathrm{e}^{-\beta(t-t_0)}$ 和 $\mathrm{E}\|y(t,x)\|^2$ 的收敛性

下面说明定理 1.17 的可行性.

例子 1.8　对于系统 (1.175), 取以下参数:

$$A = \begin{bmatrix} 0.2 & 0 \\ 0 & 0.8 \end{bmatrix}, \quad B = \begin{bmatrix} 0.18 & 0.2 \\ 0.2 & 0.3 \end{bmatrix},$$

$$C = \begin{bmatrix} 0.6 & 0.1 \\ 0.3 & 0.4 \end{bmatrix}, \quad D = \begin{bmatrix} 0.4 & 0 \\ 0 & 0.4 \end{bmatrix},$$

$$\bar{f}(y(t,x)) = 0.2\tanh(y(t,x)), \quad \tau_1(t) = 0.6 + 0.4\sin(3t),$$

$$\tau_2(t) = 0.6 + 0.2\cos(6t).$$

由以上参数得系统 (1.175) 满足假设 1.6 且

$$\tau_0 = 0, \quad \tau_1 = 1, \quad \tau_2 = 0.8, \quad \kappa_1 = 1.2,$$

$$\kappa_2 = 1.2, \quad \tau = 1, \quad L = 0, \quad \bar{L} = 0.2I.$$

设 $\beta = 0.04$. 由定理 1.17 中式 (1.176) 得

$$Q = \begin{bmatrix} -1.7739\text{e}-01 & -8.2555\text{e}-02 \\ -8.2555\text{e}-02 & -4.6801\text{e}-01 \end{bmatrix}, \quad O = \begin{bmatrix} 3.3889\text{e}+00 & 1.8724\text{e}-01 \\ 1.8724\text{e}-01 & 3.6258\text{e}+00 \end{bmatrix},$$

$$R = \begin{bmatrix} 7.5375\text{e}-01 & 0 \\ 0 & 7.5375\text{e}-01 \end{bmatrix}, \quad P_1 = \begin{bmatrix} -1.7572\text{e}+00 & -6.6990\text{e}-02 \\ -6.6990\text{e}-02 & -2.1097\text{e}+00 \end{bmatrix},$$

$$P_2 = \begin{bmatrix} -2.6038\text{e}+00 & -5.6448\text{e}-02 \\ -5.6448\text{e}-02 & -2.9009\text{e}+00 \end{bmatrix}, \quad P_3 = \begin{bmatrix} 8.5603\text{e}-01 & 5.8244\text{e}-02 \\ 5.8244\text{e}-02 & 9.2967\text{e}-01 \end{bmatrix},$$

$$P_4 = \begin{bmatrix} -2.9588\text{e}+00 & 0 \\ 0 & -2.9588\text{e}+00 \end{bmatrix}, \quad P_5 = \begin{bmatrix} 1.6588\text{e}+00 & 0 \\ 0 & 1.6588\text{e}+00 \end{bmatrix},$$

$$S_1 = \begin{bmatrix} 4.1915\text{e}-01 & -1.1813\text{e}-03 \\ -1.1813\text{e}-03 & 4.1293\text{e}-01 \end{bmatrix}, \quad S_2 = \begin{bmatrix} 3.2466\text{e}-01 & -2.6905\text{e}-03 \\ -2.6905\text{e}-03 & 3.1050\text{e}-01 \end{bmatrix},$$

$$S_3 = \begin{bmatrix} 3.6863\text{e}-02 & 3.0837\text{e}-04 \\ 3.0837\text{e}-04 & 3.8486\text{e}-02 \end{bmatrix}, \quad S_4 = \begin{bmatrix} 4.0803\text{e}-01 & 3.7730\text{e}-04 \\ 3.7730\text{e}-04 & 4.1002\text{e}-01 \end{bmatrix},$$

$$T_1 = \begin{bmatrix} 4.1032\text{e}-01 & -1.1354\text{e}-03 \\ -1.1354\text{e}-03 & 4.0434\text{e}-01 \end{bmatrix}, \quad T_2 = \begin{bmatrix} 1.9207\text{e}-02 & 4.0027\text{e}-04 \\ 4.0027\text{e}-04 & 2.1314\text{e}-02 \end{bmatrix},$$

$$T_3 = \begin{bmatrix} 2.8052\text{e}-01 & -2.4607\text{e}-03 \\ -2.4607\text{e}-03 & 2.6757\text{e}-01 \end{bmatrix}, \quad T_4 = \begin{bmatrix} 4.1686\text{e}-01 & 3.3134\text{e}-04 \\ 3.3134\text{e}-04 & 4.1860\text{e}-01 \end{bmatrix}.$$

系统 (1.175) 状态 $y_1(t,x)$ 和 $y_2(t,x)$ 的仿真如图 1.14 和图 1.15 所示; $\|\varpi(\cdot)\|^2 \cdot \text{e}^{-\beta(t-t_0)}$ 和 $\|y(t,x)\|^2$ 的收敛性如图 1.16 所示. 显然, 系统 (1.175) 的平凡解 $u(t,x) = 0$ 是指数稳定的.

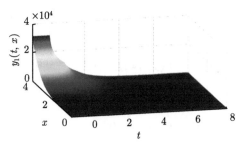

图 1.14　系统状态 $y_1(t,x)$ 的仿真

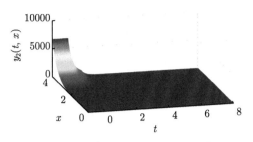

图 1.15 系统状态 $y_2(t, x)$ 的仿真

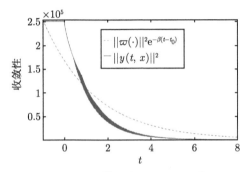

图 1.16 $\|\varpi(\cdot)\|^2 e^{-\beta(t-t_0)}$ 和 $\|y(t, x)\|^2$ 的收敛性

1.6.3 本节小结

基于化学工程系统中物理和化学过程的复杂性, 学者引入了中立型随机泛函微分方程[44,45]. 因此, 研究具有马尔可夫跳变和反应扩散项的时变时滞中立型随机神经网络的稳定性问题是有意义的. 本节利用 Lyapunov 直接法和线性矩阵不等式, 给出了马尔可夫跳变时变时滞中立型随机反应扩散神经网络均方指数稳定的新的准则. 最后的数值例子说明了具有马尔可夫跳变时系统是均方指数稳定的, 给出了模态 1 和模态 2 之间的切换以及系统状态的仿真, 说明了当忽略马尔可夫跳变时系统的平凡解是指数稳定的.

第 2 章　脉冲随机反应扩散系统

本章, 主要讨论脉冲影响下, 脉冲反应扩散系统的稳定性问题.

在 2.1 节, 我们研究一类具有脉冲影响的时滞反应扩散系统的一致渐近稳定性问题. 主要通过 Lyapunov 直接法以及比较原理得到了一类时滞反应扩散系统在脉冲影响下的一致渐近稳定性判据.

在 2.2 节, 我们在本节中假设脉冲影响具有周期性, 在此基础上, 给出了滑模面的可达性条件. 在此基础上, 使得所考虑的系统具有期望的性能, 如稳定性、跟踪能力和抗干扰能力等. 目前, 研究反应扩散脉冲不确定系统滑模控制的结果比较少见. 本节主要利用线性矩阵不等式得到了反应扩散脉冲不确定闭环系统的鲁棒指数稳定性判据. 值得注意的是, 本节构造的 Lyapunov 函数包含脉冲影响, 这与前面几节所讨论的 Lyapunov 泛函的形式有所不同; 滑模函数和滑模控制律都与脉冲相关.

在 2.3 节, 我们讨论了一类具有随时间变化周期性自抑制、连接权重和输入的模糊脉冲反应扩散时滞细胞神经网络的动力学行为. 在没有假设时变时滞函数可微的情况下, 通过应用时滞微分方程不等式、M-矩阵理论和一些分析方法, 得到了确保在 Neumann 边界条件下模糊脉冲反应扩散时滞细胞神经网络模型周期解存在唯一且全局指数稳定的一些新的充分条件, 并且对指数收敛速度进行了估计.

在 2.4 节, 我们研究了一类混合时滞脉冲随机模糊反应扩散 Cohen-Grossberg 神经网络的均方指数稳定性问题, 通过使用 M 锥的性质、非负定矩阵谱半径的特征空间、Lyapunov 泛函、Itô 公式和不等式技巧, 我们获得了保证平衡解均方指数稳定的几个充分条件, 改进和推广了已有结果.

在 2.5 节, 研究了一类时滞随机不确定反应扩散广义细胞神经网络在脉冲影响下的鲁棒均方稳定性, 主要利用线性矩阵不等式技术, 得到了时滞随机不确定反应扩散广义细胞神经网络的鲁棒均方稳定的充分性条件.

2.1 时滞脉冲反应扩散系统

2.1.1 本节预备知识

假设 X 表示 Banach 空间, 设 $\mu > 0$, $C = C([-\mu, 0] \times G, X)$ 是 Banach 空间, 具有范数 $\|\varpi\|_C = \sup\limits_{-\mu \leqslant \theta \leqslant 0} \left(\int_G |\varpi(\theta, x)|^2 \mathrm{d}x \right)^{\frac{1}{2}}$, $\varpi \in C$; 对于函数 $z \in$

$C([-\mu, b] \times G, X)$, $b > 0$, $t \in [0, b)$, 定义 $z_t \in C$ 为 $z_t(\theta, x) = z(t + \theta, x)$, $\theta \in [-\mu, 0]$, $x \in G$; $\mathcal{K} = \{\nu \in C([0, +\infty), [0, +\infty)) : \nu(r)$ 是严格递增, 满足 $\nu(0) = 0\}$. $J \subseteq \mathbb{R}$, $\mathcal{PC}[J \times G, X] = \{\varrho : J \times G \to X | \varrho(t, x)$ 是除 t_k 点之外连续的函数, 其中 $\varrho(t_k^-, x)$ 和 $\varrho(t_k^+, x)$ 存在且 $\varrho(t_k^+, x) = \varrho(t_k, x)$, $k \in \mathbb{Z}^+\}$; $\mathcal{PC}^1[J \times G, \mathbb{R}^n] = \{\varrho \in \mathcal{PC}[J \times G, X] : \varrho(t, x)$ 处处连续可微, 且有不连续点 t_k, 其中 $\dot{\varrho}(t_k^-, x)$ 和 $\dot{\varrho}(t_k^+, x)$ 存在且 $\dot{\varrho}(t_k^+, x) = \dot{\varrho}(t_k, x)$, $k \in \mathbb{Z}^+\}$.

考虑以下时滞脉冲反应扩散系统:

$$\frac{\partial z(t, x)}{\partial t} = \bar{D}\nabla^2 z(t, x) + \varphi(t, z_t), \quad t \neq t_k, \quad t \geqslant 0, \ x \in G,$$

$$\Delta z(t, x) = I_k(z(t, x)), \quad t = t_k, \ k \in \mathbb{Z}^+,$$

$$z_{t_0}(\theta, x) = \varpi, \quad \varpi \in C, \ \theta \in [-\mu, 0],$$

$$\left.\frac{\partial z(t, x)}{\partial \mathcal{N}}\right|_{t=0} = 0, \quad z(t, x)\Big|_{t=0} = 0, \ x \in \partial G, \tag{2.1}$$

其中 $\bar{D} = \mathrm{diag}(\bar{d}_1, \cdots, \bar{d}_n)$, $\bar{d}_i \geqslant 0$, $i = 1, \cdots, n$. $\mathcal{N}$ 表示 ∂G 的单位法向量. 对于 $z \in C([-\mu, b] \times G, X)$, 假设 $\mu_k(z) = t_k$, $k = 0, 1, 2, \cdots$.

下面给出几个假设:

假设 2.1 t_k 是脉冲时刻, $k \in \mathbb{Z}^+$, 满足 $t_0 < t_1 < t_2 < \cdots < t_k < \cdots$, 且 $\lim\limits_{k\to\infty} t_k = +\infty$.

假设 2.2 $\varphi : [t_0, +\infty) \times C \to \mathbb{R}^n$ 在 $[t_0, +\infty)$ 上一致连续, 在 $[t_0, +\infty) \times C$ 上关于第二变量是 Lipschitz 连续, 并有界, 即存在常数 $M > 0$, 对任意的 $t \geqslant t_0$, $z \in C$, 使得 $\|\varphi(t, z)\| \leqslant M$.

假设 2.3 $\varphi(t, 0) = 0$, $t \in \mathbb{R}$.

假设 2.4 $I_k \in C([-\mu, b] \times G, X)$, $k = 1, 2, \cdots$.

假设 2.5 $I_k(0) = 0$, $k = 1, 2, \cdots$.

$z(t_0, \varpi)(t, x)$ 表示过点 (t_0, ϖ) 的系统 (2.1) 的解.

定义 2.1[46] (i) 如果对任意的 $\varepsilon > 0$, 存在 $\delta = \delta(\varepsilon, t_0) > 0$, 对 $\varpi \in C$, $\|\varpi\|_C < \delta$, 使得 $\|z(t_0, \varpi)(t, x)\|_X < \varepsilon$ ($t \geqslant t_0$, $x \in \Omega$), 则称系统 (2.1) 的平凡解 $z(t, x) = 0$ 是稳定的;

(ii) 如果 (i) 中表示的 δ 只与 ε 有关, 则称系统 (2.1) 的平凡解 $z(t, x) = 0$ 是一致稳定的;

(iii) 如果对任意的 $\eta > 0$, 存在 $\delta = \delta(t_0) > 0$, $T(\eta, t_0, \varpi) > 0$, 对 $\varpi \in C$, $\|\varpi\|_C < \delta$, $t \geqslant t_0 + T(\eta, t_0, \varpi)$, 使得 $\|z(t_0, \varpi)(t, x)\|_X < \eta$ ($x \in G$), 则称系统 (2.1) 的平凡解 $z(t, x) = 0$ 是吸引的;

(iv) 如果 (iii) 中的数 T 只与 η 有关, 则称系统 (2.1) 的平凡解 $z(t,x) = 0$ 是一致吸引的;

(v) 如果对任意的 $\gamma > 0$, 存在 $\beta = \beta(\gamma) > 0$, 对 $\varpi \in C$, $\|\varpi\|_C \leqslant \gamma$, 使得 $\|z(t_0, \varpi)(t,x)\|_X \leqslant \beta$ $(t \geqslant t_0, x \in G)$, 则称系统 (2.1) 的平凡解 $z(t,x) = 0$ 是一致有界的;

(vi) 如果 (ii), (iv) 和 (v) 成立, 则称系统 (2.1) 的平凡解 $z(t,x) = 0$ 是一致渐近稳定的.

对于系统 (2.1), 定义以下 Lyapunov 泛函的导数.

定义 2.2[47]　对于函数 $V: \mathbb{R} \times C \to \mathbb{R}$, 如果

(i) V 在每个 $[t_{k-1}, t_k] \times C$ 上连续, 并且存在 $\lim\limits_{(t,\varpi) \to (t_k^-, \varsigma)} V(t, \varpi) = V(t_k^-, \varsigma)$;

(ii) $V(t, z)$ 在 z 上是 Lipschitz 连续的, 则称 V 属于 v_0 类.

设 $V \in v_0$, $z(t, \varpi)$ 是系统 (2.1) 的过初始值 (t, ϖ) 的解, 则沿着系统 (2.1) 的解, $V(t, \varpi)$ 的导数定义为

$$\mathrm{D}^+ V(t, \varpi) = \overline{\lim_{c \to 0^+}} \frac{V(t + c, z_{t+c}(t, \varpi)) - V(t, \varpi)}{c}. \tag{2.2}$$

假设 2.6　假设 $V(t, 0) = 0$, $V \in v_0$, $t \in [t_0, +\infty)$.

2.1.2　时滞脉冲反应扩散系统的一致渐近稳定性

本节研究时滞反应扩散系统在脉冲影响下的一致渐近稳定性. 为了得到主要结论, 下面首先给出一个引理.

引理 2.1　设以下条件成立:

(i) 假设 2.1, 假设 2.2 和假设 2.4 成立;

(ii) 函数 $h: [t_0, \infty) \times \mathbb{R}^+ \to \mathbb{R}$ 在每个集合 $(t_{k-1}, t_k] \times \mathbb{R}^+$, $k \in \mathbb{Z}^+$ 上连续, 且 $h(t, 0) = 0$, $t \in [t_0, \infty)$;

(iii) $\Gamma_k \in C[\mathbb{R}^+, \mathbb{R}^+]$, $\Gamma_k(0) = 0$, 且关于 w, $\gamma_k(w) = w + \Gamma_k(w)$ $(k = 1, 2, \cdots)$ 是递增的;

(iv) 对于 $t \in [t_0, +\infty)$, 定义:

$$\begin{cases} \dfrac{\partial w(t,x)}{\partial t} = \bar{D} \nabla^2 w(t,x) + h(t, w(t,x)), & t \geqslant t_0, \ t \neq t_k, \\ w(t_0, x) = w_0(x), & x \in G, \\ \dfrac{\partial w(t_0, x)}{\partial \mathcal{N}} + w(t_0, x) = 0, & x \in \partial G, \\ \Delta w_k(t,x) = \Gamma_k(w(t_k, x)), & t_k > t_0, \ k \in \mathbb{Z}^+, \end{cases} \tag{2.3}$$

其中 $w_0(x) \geqslant 0$, 且假设 $w^+(t,x) = \pi(t, x; t_0, w_0(x))$ 为系统 (2.3) 的最大解;

(v) $z = z(t, x)$ 是系统 (2.1) 的解, 使得 $z \in \mathcal{PC}[[t_0 - \mu, \infty) \times G, \mathbb{R}^n] \cap \mathcal{PC}^1[[t_0, \infty) \times G, \mathbb{R}^n]$;

(vi) $V \in v_0$, 使得 $V(t_0, \varpi(0, x)) \leqslant w_0(x)$ $(x \in G)$, 且对于 $t \in [t_0, \infty)$, $\theta \in [-\mu, 0]$ 和 $x \in G$, 不等式

$$\frac{\partial V(t, z_t(\theta, x))}{\partial t} \leqslant \bar{D} \nabla^2 V(t, z_t(\theta, x)) + h(t, V(t, z_t(\theta, x))), \quad t \neq t_k, \ k \in \mathbb{Z}^+ \quad (2.4)$$

和

$$V(t, z_t(\theta, x) + I_k(z(t, x))) \leqslant \gamma_k(V(t, z_t)), \quad t = t_k, \ k \in \mathbb{Z}^+ \quad (2.5)$$

成立, 则对于 $t \in [t_0, \infty)$, 有

$$V(t, z_t(t_0, \varpi)(\theta, x)) \leqslant \pi(t, x; w_0(x), t_0). \quad (2.6)$$

证明 对于 $t \in [t_0, \infty)$, 系统 (2.3) 的最大解定义为 $\pi(t, x; w_0(x), t_0)$, 即

$$w^+(t, x) = \pi(t, x; w_0(x), t_0) = \begin{cases} \pi_0(t, x; w_0^+(x), t_0), & t_0 \leqslant t \leqslant t_1, \\ \pi_1(t, x; w_1^+(x), t_1), & t_1 < t \leqslant t_2, \\ \quad \cdots \cdots \\ \pi_k(t, x; w_k^+(x), t_k), & t_k < t \leqslant t_{k+1}, \\ \quad \cdots \cdots \end{cases}$$

其中 $\pi_k(t, x; w_k^+(x), t_k)$ 是忽略脉冲时, 方程 $\dot{w}(t, x) = \bar{D} \nabla^2 w(t, x) + h(t, w(t, x))$ 在 $(t_k, t_{k+1}]$ $(k \in \mathbb{N})$ 上的最大解. 这里 $w_k^+(x) = \gamma_k(\pi_{k-1}(t_k, x; w_{k-1}^+(x), t_{k-1}))$, $k \in \mathbb{Z}^+$, $w_0^+(x) = w_0(x)$.

如果 $t \in [t_0, t_1]$, 设 $L_t V = \dfrac{\partial V(t, z_t(\theta, x))}{\partial t} - \bar{D} \nabla^2 V(t, z_t(\theta, x))$, $L_t w = \dfrac{\partial w(t, x)}{\partial t} - \bar{D} \nabla^2 w(t, x)$, 则由 (2.3) 和 (2.4) 得

$$L_t w - h(t, w(t, x)) \geqslant L_t V(t, z_t(\theta, x)) - h(t, V(t, z_t(\theta, x))), \quad t_0 \leqslant t \leqslant t_1, \ x \in G,$$

$$w(t, x) \geqslant V(t, z_t(\theta, x)), \quad x \in \partial G, \quad (2.7)$$

且 $V(t_0, \varpi(0, x)) \leqslant w_0(x)$ $(x \in G)$, 故由相关的比较原理得

$$V(t, z_t(t_0, \varpi)(\theta, x)) \leqslant \pi(t, x; w_0(x), t_0), \quad t \in [t_0, t_1],$$

即对于 $t \in [t_0, t_1]$, (2.6) 式成立. 假设对于 $t \in (t_{k-1}, t_k]$ $(k = 2, 3, \cdots)$, (2.6) 式成立, 故由式 (2.5) 和函数 γ_k 递增可得

$$V(t_k, z_{t_k}(t_0, \varpi)(\theta, x) + 0) \leqslant \gamma_k(V(t_k, z_{t_k}(t_0, \varpi)(\theta, x))) \leqslant \gamma_k(\pi(t, x; w_0(x), t_0))$$

$$= \gamma_k(\pi_{k-1}(t_k, x; w_{k-1}^+(x), t_{k-1})) = w_k^+(x),$$

并且对于 $t_k < t \leqslant t_{k+1}$, 有

$$L_t w - h(t, w(t, x)) \geqslant L_t V(t, z_t(\theta, x)) - h(t, V(t, z_t(\theta, x))), \quad t \in (t_k, t_{k+1}], \ x \in G,$$

$$w(t, x) \geqslant V(t, z_t(\theta, x)), \quad x \in \partial G, \tag{2.8}$$

故在 $(t_k, t_{k+1}]$ 上, 再次使用比较原理后, 有

$$V(t, z_t(t_0, \varpi)(\theta, x)) \leqslant \pi_k(t, x; w_k^+(x), t_k) = \pi(t, x; w_0(x), t_0).$$

即对于 $t \in (t_k, t_{k+1}]$, 不等式 (2.6) 成立. 因此, 用归纳法证明了引理.　　□

如果对于 $(t, w) \in [t_0, \infty) \times \mathbb{R}^+$, $\bar{D}\nabla^2 w(t, x) + h(t, w) = 0$ 且对于 $w \in \mathbb{R}^+$, $\gamma_k(w) = w$, 则由引理 2.1 得到以下推论.

推论 2.1　设

(i) 假设 2.1, 假设 2.2 和假设 2.4 成立;

(ii) $z \in \mathcal{PC}[[t_0 - \mu, \infty) \times G, \mathbb{R}^n] \cap \mathcal{PC}^1[[t_0, \infty) \times G, \mathbb{R}^n]$;

(iii) $V \in v_0$, 对于任意的 $t \in [t_0, \infty)$, $x \in G$, 满足

$$V(t, z_t(\theta, x) + I_k(z(t, x))) \leqslant V(t, z_t(\theta, x)), \quad t = t_k, \ k \in \mathbb{Z}^+,$$

$$\frac{\partial V(t, z_t(\theta, x))}{\partial t} \leqslant 0, \quad t \neq t_k, \ k \in \mathbb{Z}^+, \ \theta \in [-\mu, 0],$$

则 $V(t, z_t(t_0, \varpi)(\theta, x)) \leqslant V(t_0, \varpi), t \geqslant t_0, \varpi \in C$.

通过推论 2.1 得到以下结论.

定理 2.1　假设 2.1—假设 2.6 成立. 设 A 和 B 分别是 C 和 $\mathbb{R}^n$ 上的有界集, 函数 $\varphi : \mathbb{R} \times A \to B$. $p, q, r \in \mathcal{K}$. 如果 $V : \mathbb{R} \times C \to \mathbb{R}^n$ 是一个 Lyapunov 函数, 且满足

(i) $p(\|\varpi(0)\|_x) \leqslant V(t, \varpi) \leqslant q(\|\varpi\|_C)$, $t \in [0, +\infty)$, $\varpi \in C$;

(ii) $D^+ V(t, \varpi) \leqslant -r(\|\varpi(0)\|_x)$, $t \neq t_k$;

(iii) $V(t, z_t(\theta, x) + I_k(z(t, x))) \leqslant V(t, z_t(\theta, x))$, $t = t_k, \ k \in \mathbb{Z}^+, \ \theta \in [-\mu, 0]$,

则系统 (2.1) 的平凡解 $z(t, x) = 0$ 是一致稳定的; 此外, 如果 $\lim\limits_{s \to \infty} p(s) = \infty$, 则系统 (2.1) 的平凡解 $z(t, x) = 0$ 是一致有界的; 对于 $s > 0$, 如果 $r(s) > 0$, 则系统 (2.1) 的平凡解 $z(t, x) = 0$ 是一致渐近稳定的.

证明　首先, 证明系统 (2.1) 的平凡解 $z(t, x) = 0$ 是一致稳定的. 对于任意的 $\varpi \in C$ 和 $t_0 \in \mathbb{R}$, 设 $z(t_0, \varpi)(t, x)$ 是系统 (2.1) 的解. 对任意的 $\varepsilon > 0$, 存在

$\delta = \delta(\varepsilon), 0 < \delta < \varepsilon$, 使得 $q(\delta) < p(\varepsilon)$. 假设 $\|\varpi\|_C < \delta$, 对于 $t \geqslant t_0$, 由 (i), (ii) 和推论 2.1 得

$$p(\|z(t_0, \varpi)(t, x)\|_X) \leqslant V(t, z_t(t_0, \varpi)(\theta, x)) \leqslant V(t_0, \varpi)$$

$$\leqslant q(\|\varpi\|_C) < q(\delta) < p(\varepsilon), \quad \theta \in [-\mu, 0].$$

因此, $\|z(t_0, \varpi)(t, x)\|_X < \varepsilon$, $x \in G$. 由 $\|\varpi\|_C < \delta < \varepsilon$ 得, 系统 (2.1) 的平凡解 $z(t, x) = 0$ 是一致稳定的.

其次, 证明系统 (2.1) 的平凡解 $z(t, x) = 0$ 是一致有界的. 由 $\lim\limits_{s \to \infty} p(s) = \infty$, 对任意给定的常数 $\alpha > 0$, 存在 $\beta = \beta(\alpha) > 0$, 使得 $p(\beta) > q(\alpha)$. 通过推论 2.1 得 $V(t, z_t(t_0, \varpi)(\theta, x)) \leqslant V(t_0, \varpi)$. 如果 $\|\varpi\|_C \leqslant \alpha$, 由假设 (i) 和 (ii) 得

$$p(\|z(t_0, \varpi)(t, x)\|_X) \leqslant V(t, z_t(t_0, \varpi)(\theta, x)) \leqslant V(t_0, \varpi)$$

$$\leqslant q(\alpha) < p(\beta), \quad t \geqslant t_0, \ \theta \in [-\mu, 0], \ x \in G.$$

因此, 过点 (t_0, ϖ) 的解 $z(t_0, \varpi)$ 满足 $\|z(t_0, \varpi)(t, x)\|_X \leqslant \beta$ $(t \geqslant t_0, \ x \in G)$. 即系统 (2.1) 的平凡解 $z(t, x) = 0$ 是一致有界的.

最后, 证明系统 (2.1) 的平凡解 $z(t, x) = 0$ 是一致吸引的.

对于 $\varepsilon = 1$, 选择 $\delta = \delta(1)$. 对任意的 $\eta > 0$, 存在 $T(\delta, \eta) > 0$, 对于 $\varpi \in C$, $\|\varpi\|_C \leqslant \delta$, 满足 $\|z_t(t_0, \varpi)(\theta, x)\|_C > \eta$, $t \geqslant t_0$. 由于每个长度为 h 的区间都包含一个 s, 使得 $\|z(t_0, \varpi)(s, x)\|_X \geqslant \eta$, 则存在序列 $\{s_m\}$ $(m \to \infty)$, 使得 $t_0 + (2m-1)h \leqslant s_m \leqslant t_0 + 2mh$ 且 $\|z(t_0, \varpi)(s_m, x)\|_C \geqslant \eta$ $(m = 1, 2, \cdots)$. 又通过 φ 的给定条件, 存在常数 $M > 0$, 满足 $|\partial_t z(t, x)| < M$ $(t \geqslant t_0)$. 故 $z(t_0, \varpi)(t, x)$ 一致连续. 故对于 $t \in \left[s_m - \dfrac{\eta}{2M}, s_m + \dfrac{\eta}{2M}\right]$, 有 $\|z(t_0, \varpi)(t, x)\|_X > \dfrac{\eta}{2}$. 因此, 由以上公式和 (ii) 得

$$D^+ V(t, z_t(t_0, \varpi)(\theta, x)) \leqslant -r(\|z(t_0, \varpi)(t, x)\|_X)$$

$$\leqslant -r\left(\frac{\eta}{2}\right), \quad s_m - \frac{\eta}{2M} \leqslant t \leqslant s_m + \frac{\eta}{2M}.$$

取充分大的 M, 且以上区间是不相交的. 通过 (i) 和 (ii) 得

$$V(s_m, z_{s_m}(t_0, \varpi)(\theta, x)) \leqslant V(t_0, \varpi) - \int_{t_0}^{s_m} r(\|z(t_0, \varpi)(t, x)\|_X) dt$$

$$\leqslant q(\delta) - r\left(\frac{\eta}{2}\right) m \frac{\eta}{M}.$$

设 $K(\delta, M) = \left| \dfrac{q(\delta)}{\dfrac{\eta}{M} r\left(\dfrac{\eta}{2}\right)} \right|$, 如果 $m > K(\delta, M)$, 得

$$V(s_m, z_{s_m}(t_0, \varpi)(\theta, x)) \leqslant 0,$$

这与 V 正定矛盾. 设 $T(\delta, \eta) = 2hK(\delta, M)$. 故存在一个 $\hat{t} \in [t_0, t_0 + T(\delta, \eta)]$, 满足 $\|z_{\hat{t}}(t_0, \varpi)(\theta, x)\|_C < \eta$. 故对于 $t \geqslant t_0 + T(\delta, \eta)$, $\|z_t(t_0, \varpi)(\theta, x)\|_C < \eta$, $\theta \in [-\mu, 0]$. 因此, 易得系统 (2.1) 的平凡解 $z(t, x) = 0$ 是一致吸引的. 综上可得, 系统 (2.1) 的平凡解 $z(t, x) = 0$ 是一致渐近稳定的. $\qquad\square$

下面考虑以下抽象自治系统:

$$\frac{\partial z(t, x)}{\partial t} = \bar{D}\nabla^2 z(t, x) + \varphi(z_t), \tag{2.9}$$

其中

$$\bar{D} = \begin{bmatrix} \bar{d}_1 & \cdots & 0 \\ \vdots & \ddots & \vdots \\ 0 & \cdots & \bar{d}_n \end{bmatrix},$$

$\bar{d}_i \geqslant 0$ $(i = 1, \cdots, n)$, $\varphi : C \to \mathbb{R}^n$ 是一个有界连续函数, 且 $\varphi(0) = 0$.

设 $z(t, x) = 0$ 是 C 上的系统 (2.9) 的平凡解.

定理 2.2 假设 $V : C \to \mathbb{R}$ 是 Lyapunov 函数, 满足

(i) $p(\|\varpi(0)\|_X) \leqslant V(\varpi)$, $t \in [0, +\infty)$, $\varpi \in C$;

(ii) $\mathrm{D}^+ V(\varpi) \leqslant -r(\|\varpi(0)\|_X)$, $t \neq t_k$;

(iii) $V(z_t(\theta, x) + I_k(z(t, x))) \leqslant V(z_t(\theta, x))$, $t = t_k$, $\theta \in [-\mu, 0]$, $k = 1, 2, \cdots$,

其中 $p, r \in \mathcal{K}$, 则系统 (2.9) 的平凡解 $z(t, x) = 0$ 是一致稳定的; 此外, 如果当 $s \to \infty$ 时, $p(s) \to \infty$, 则系统 (2.9) 的平凡解 $z(t, x) = 0$ 是一致有界的; 如果 $\forall s > 0$, $r(s) > 0$, 则系统 (2.9) 的平凡解 $z(t, x) = 0$ 是一致渐近稳定的.

下面给出仿真算例说明定理 2.1 的有效性. 考虑以下系统:

例子 2.1

$$\frac{\partial z(t, x)}{\partial t} = \frac{\partial^2 z(t, x)}{\partial x^2} - u(t)z(t, x) - v(t)z(t - \mu, x), \quad t \in [t_0, +\infty), \ x \in G,$$

$$\Delta z(t, x) = -\frac{1}{k^2} z(t, x), \quad t = t_k, \ k \in \mathbb{Z}^+,$$

$$z_{t_0}(\kappa, x) = \varpi(\theta, x), \quad x \in G, \ \theta \in [-\mu, 0],$$

$$\left.\frac{\partial z(t,x)}{\partial \mathcal{N}}\right|_{t=0} = 0, \quad z(t,x)|_{t=0} = 0, \quad x \in \partial G, \tag{2.10}$$

其中 $u(t)$ 和 $v(t)$ 是有界连续函数, 并且存在 $\rho > 0$, 使得

$$u(t) > \frac{3}{2} + \frac{4}{5}\rho^2, \quad 0 < v(t) < \sqrt{\frac{16}{15}}\rho. \tag{2.11}$$

假设 $\mu = 1$, $\rho = 0.5$, $\theta = -0.4$, $u(t) = -1.8\tanh t$, $v(t) = 0.12\tanh t$, $\varpi(\theta,x) = \cos(2\theta\pi)\sin(1.2\pi)$, 并且 (2.10) 定义在 $C = C([-\mu,0], H_0^1(G))$ 上, 这里假设 $X = H_0^1(G)$ 是具有以下 Sobolev 范数 $\|\varpi\|_{H_0^1(\Omega)}^2 = \int_G |\varpi_x(0,x)|^2 dx$ 的 Sobolev 空间.

建立以下 Lyapunov 函数 $V : \mathbb{R} \times C \to \mathbb{R}$:

$$V(t,\varpi) = \int_G \left[\frac{1}{2}\varpi_x^2(0,x) + \frac{1}{2}\varpi^2(0,x) + \frac{4}{5}\rho^2\int_{-\mu}^0 \varpi^2(\theta,x)d\theta\right]dx. \tag{2.12}$$

并设 $p(s) = \frac{1}{2}s^2$, $q(s) = \left(1 + \frac{4\mu\rho^2}{5}\right)s^2$, 则 $p(\cdot), q(\cdot) \in \mathcal{K}$ 并满足定理 2.1 的条件 (i), 即

$$p(\|\varpi(0)\|_{H_0^1(G)}) \leqslant V(t,\varpi) \leqslant q(\|\varpi\|_C).$$

对于 $t \neq t_k$, 沿着系统 (2.10) 的解, 对 V 求导后

$$D^+V(t,\varpi)|_{(2.10)}$$

$$= \int_G \left[\frac{\partial z(t,x)}{\partial x}\frac{\partial}{\partial t}\left(\frac{\partial z(t,x)}{\partial x}\right) + \frac{\partial z(t,x)}{\partial t}z(t,x) + \frac{4\rho^2}{5}(z^2(t,x) - z^2(t-\mu,x))\right]dx$$

$$= \int_G \left[-\frac{\partial^2 z(t,x)}{\partial x^2}\frac{\partial z(t,x)}{\partial t} + z(t,x)\frac{\partial z(t,x)}{\partial t} + \frac{4\rho^2}{5}(z^2(t,x) - z^2(t-\mu,x))\right]dx$$

$$= \int_G \left[-\frac{1}{2}\left(\frac{\partial^2 z(t,x)}{\partial x^2} - v(t)z(t-\mu,x)\right)^2 - \frac{1}{2}\left(\frac{\partial^2 z(t,x)}{\partial x^2} - z(t,x)\right)^2\right.$$

$$\left. - \left(z(t,x) + \frac{1}{2}v(t)z(t-\mu,x)\right)^2 - u(t)\left(\frac{\partial z(t,x)}{\partial x}\right)^2\right.$$

$$\left. - \left(u(t) - \frac{3}{2} - \frac{4}{5}\rho^2\right)z^2(t,x) - \left(\frac{4}{5}\rho^2 - \frac{3}{4}v^2(t)\right)z^2(t-\mu,x)\right]dx,$$

其中 $\int_G \frac{\partial^2 z(t,x)}{\partial x^2}z(t,x)dx = -\int_G \left(\frac{\partial z(t,x)}{\partial x}\right)^2 dx$. 故

$$D^+V(t,\varpi)|_{(2.10)} \leqslant -\frac{1}{2}\int_G \left(\frac{\partial^2 z(t,x)}{\partial^2} - z(t,x)\right)^2 dx,$$

即

$$D^+V(t,\varpi)|_{(2.10)} \leqslant -\frac{1}{2}\int_G (\varpi_{xx}(0,x) - \varpi(0,x))^2 dx \leqslant -\frac{1}{2}\int_G (\varpi_{xx}(0,x))^2 dx.$$

从而由 Poincaré 不等式 $(\|\varpi_x\|_{H_0^1(G)} \leqslant \|\varpi_{xx}\|_{H_0^1(G)},\ \varpi \in C)$ 得

$$D^+V(t,\varpi)|_{(2.10)} \leqslant -\frac{1}{2}\int_G (\varpi_x(0,x))^2 dx$$

$$= -\frac{1}{2}\|\varpi_x(0,x)\|^2_{H_0^1(G)} = -\frac{1}{2}r(\|\varpi(0,x)\|_{H_0^1(G)}),$$

其中 $r(s) = \frac{1}{2}s^2$.

对于 $t = t_k,\ k \in \mathbb{N}$, 有

$$V(t, z_t(\theta,x) + I_k(z(t,x)))$$

$$= \int_G \left[\frac{1}{2}\left(1 - \frac{1}{k^2}\right)^2 z_x^2(t,x) + \frac{1}{2}\left(1 - \frac{1}{k^2}\right)^2 z^2(t,x) \right.$$

$$\left. + \frac{4}{5}\rho^2 \int_{-\mu}^0 \left(1 - \frac{1}{k^2}\right)^2 z^2(t+\theta,x)d\theta \right] dx$$

$$\leqslant V(t, z_t(\theta,x)).$$

当系统 (2.10) 忽略脉冲影响时, 系统状态 $z(t,x)$ 的仿真如图 2.1 所示; 当 $x = 1$, 系统 (2.10) 忽略脉冲影响时, 系统状态 $z(t,x)$ 的截面曲线如图 2.2 所示; 当系统 (2.10) 具有脉冲影响时, 系统状态 $z(t,x)$ 的仿真如图 2.3 所示; 当 $x = 1$, 系统 (2.10) 具有脉冲影响时, 系统状态 $z(t,x)$ 的截面曲线如图 2.4 所示. 显然, 系统 (2.10) 的平凡解 $z(t,x) = 0$ 是一致渐近稳定的.

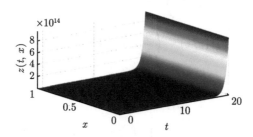

图 2.1 忽略脉冲影响时, 系统状态 $z(t,x)$ 的仿真

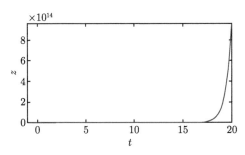

图 2.2 当 $x = 1$, 忽略脉冲影响时, 系统状态 $z(t, x)$ 的截面曲线

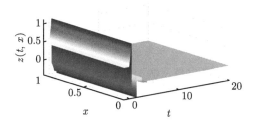

图 2.3 具有脉冲影响时, 系统状态 $z(t, x)$ 的仿真

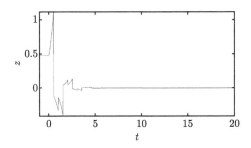

图 2.4 当 $x = 1$, 具有脉冲影响时, 系统状态 $z(t, x)$ 的截面曲线

2.1.3 本节小结

由于反应扩散系统涉及的很多问题来自物理学、化学、生物学等学科中众多的数学模型. 故研究具有脉冲、时滞的反应扩散系统的稳定性问题是具有实际意义. 本章利用 Lyapunov 泛函和比较原理, 讨论了时滞反应扩散系统在脉冲影响下的一致渐近稳定性. 首先, 介绍了具有脉冲影响的时滞反应扩散系统的比较原理 (引理 2.8). 在此基础上, 得到了具有脉冲影响的反应扩散系统的一致渐近稳定的充分性判据. 最后的算例验证了具有脉冲影响时系统是一致渐近稳定的.

2.2 反应扩散脉冲不确定系统

2.2.1 本节预备知识

设 $L^2(\mathbb{R}^+ \times G, \mathbb{R}^n)$ 是定义在 $\mathbb{R}^+ \times G$ 上的实值 Lebesgue 可测函数构成的空间, 并且是具有范数 $\|u\| = \left(\int_G |u|^2 \mathrm{d}x \right)^{\frac{1}{2}}$ 的 Banach 空间, 其中 $|\cdot|$ 表示 $u \in \mathbb{R}^n$ 的欧氏范数, $|\cdot|_1$ 表示 $u \in \mathbb{R}^n$ 的 1-范数. $\mathbb{N} = \{1, 2, \cdots\}$, $\mathbb{N}_0 = \{0\} \cup \mathbb{N}$. 对于一个方阵 A, $\mathrm{He}(A) \triangleq A + A^{\mathrm{T}}$. I_n 表示 $n \times n$ 恒等矩阵, I 表示一个适当维数的恒等矩阵, G 表示 $\mathbb{R}^m$ 中的紧集, 具有边界 ∂G 且测度 $\mu(G) > 0$. $\lambda_{\min}(\cdot)$ 和 $\lambda_{\max}(\cdot)$ 分别表示最小和最大特征值.

考虑以下反应扩散脉冲不确定系统:

$$
\begin{aligned}
\frac{\partial u(t,x)}{\partial t} &= \nabla \cdot (D \circ \nabla u(t,x)) + (X + \Delta X(t))u(t,x) \\
&\quad + Y(c(t,x) + h(u(t,x))), \quad t \neq t_k, \\
u(t_k, x) &= H_k u(t_k^-, x), \quad t = t_k, \ k \in \mathbb{N}_0, \ x \in G, \\
u(t_0, x) &= \varpi(t_0, x), \quad x \in G, \\
\frac{\partial u(t,x)}{\partial \mathcal{N}} &= 0, \quad t \geqslant t_0, \ x \in \partial G,
\end{aligned}
\tag{2.13}
$$

其中 $u(t,x) \in \mathbb{R}^n$ 是状态向量, $\mathcal{N}$ 表示 ∂G 的单位外法向量, $c(t,x) \in \mathbb{R}^m$ 是控制输入, $D = (D_{ij})_{n \times m}$, $D_{ij} \geqslant 0$ 表示传输扩散算子, $X \in \mathbb{R}^{n \times n}$ 和 $Y \in \mathbb{R}^{n \times m}$ 是实值矩阵, $\Delta X(t)$ 是参数不确定未知函数矩阵, $h : \mathbb{R}^n \to \mathbb{R}^m$ 是一个未知的连续向量函数; $H_k \in \mathbb{R}^{n \times n}$ 是 t_k 时刻的脉冲增益函数, $\{t_k\}$, $k \in \mathbb{N}$ 是脉冲序列, 满足 $0 \leqslant t_0 < t_1 < \cdots < t_{k-1} < t_k < \cdots$, $\lim\limits_{k \to \infty} t_k = \infty$; $\varpi(t_0, x)$ 表示有界连续初值函数. $u(t_k^-, x)$ 和 $u(t_k^+, x)$ 分别表示 t_k 处的左极限和右极限, 并且设 $u(t_k, x) = u(t_k^+, x)$.

给出以下假设.

假设 2.7 未知矩阵函数 $\Delta X(t)$ 是范数有界的, 即 $\Delta X(t) = AE(t)C$, 其中对于 $t \geqslant 0$, $E(t)$ 满足 $\|E(t)\| \leqslant 1$, A 和 C 是已知实值矩阵.

假设 2.8 向量函数 $h(\cdot)$ 满足 $\|h(z)\| \leqslant M\|z\|$, 其中 $M > 0$ 是一个标量, $z \in \mathbb{R}^n$.

假设 2.9 对于周期脉冲序列 $\{t_k\}$, 存在标量 $\alpha > 0$, 满足 $t_{k+1} - t_k = \alpha$, $k \in \mathbb{N}_0$.

定义 2.3[48]　如果存在标量 $\alpha > 0$ 和 $\beta > 0$, 使得对任意的 $\{t_k\}$ 和初值 ϖ, $c(t, x) = 0$ 的系统 (2.13) 对应的解 $u = u(t, x; t_0, \varpi)$ 满足

$$\|u(t, x)\| \leqslant \alpha \|\varpi\| e^{-\beta(t-t_0)}, \quad t \geqslant t_0,$$

则称 $c(t, x) = 0$ 的系统 (2.13) 的平凡解是鲁棒指数稳定的.

引理 2.2[49]　对于任意的矩阵 $X_{n \times n} > 0$, $U_{n \times n}$ 和标量 $\epsilon > 0$, 则

$$U X^{-1} U^{\mathrm{T}} \geqslant \epsilon(U + U^{\mathrm{T}}) - \epsilon^2 X.$$

2.2.2　积分滑模控制律下反应扩散脉冲不确定系统的镇定性

本小节目标是设计一个滑模控制律, 得到具有脉冲影响的反应扩散不确定闭环系统的鲁棒稳定性. 首先, 通过设计一个适当的积分滑模函数和一个滑模控制律, 使反应扩散脉冲不确定系统的轨迹驱动到特定的曲面上, 并一直保持在那里. 其次, 确保反应扩散脉冲不确定闭环系统在滑模控制律下是鲁棒指数稳定的.

对于给定的 $\{t_k\}$, 定义以下三个分段线性函数, 它用来建立连续滑模面和脉冲之间的关系.

$$\psi(t) = \frac{1}{\alpha}(t_{k+1} - t), \quad \sigma(t) = \frac{1}{\alpha}, \quad \theta(t) = t - t_k, \quad t \in [t_k, t_{k+1}), \ k \in \mathbb{N}_0,$$

其中 $\alpha = t_{k+1} - t_k$, $\alpha > 0$ 是标量, $k \in \mathbb{N}_0$.

2.2.3　设计滑模面

根据以上对 $\psi(t)$ 的定义, 系统 (2.13) 的积分滑模函数 $s(t, x)$ 设计为以下形式:

$$s(t, x) = Fu(t, x) + \psi(t)F(I - H_k)u(t_k^-, x) - \int_0^t [F\nabla \cdot (D \circ \nabla u(\theta, x))$$
$$+ F(X + YB)u(\theta, x)]\mathrm{d}\theta, \tag{2.14}$$

其中 $F = Y^{\mathrm{T}}Z$, $Z > 0$. 对于 $t \in [t_k, t_{k+1})$, $k \in \mathbb{N}_0$, 由 $\psi(t)$ 的定义, $s(t, x)$ 变为以下形式:

$$s(t, x) = Fu(t, x) + \frac{1}{\alpha}(t_{k+1} - t)F(I - H_k)u(t_k^-, x) - \int_0^t [F\nabla \cdot (D \circ \nabla u(\theta, x))$$
$$+ F(X + YB)u(\theta, x)]\mathrm{d}\theta. \tag{2.15}$$

引理 2.3　沿着系统 (2.13) 的解 $u(t, x)$, 滑模函数 $s(t, x)$ 在 $(0, +\infty) \times G$ 上关于 t 是连续的.

证明　我们证明 $s(t,x)$ 在脉冲时刻 t_k, $k \in \mathbb{N}_0$ 的连续性. 由 (2.15), $\psi(t_k) = 1$, $\psi(t_k^-) = 0$ 和 $u(t_k,x) = H_k u(t_k^-,x)$ 得

$$s(t_k,x) = Fu(t_k,x) + F(I - H_k)u(t_k^-,x) - \int_0^{t_k} [F\nabla \cdot (D \circ \nabla u(\theta,x))$$

$$+ F(X + YB)u(\theta,x)]\mathrm{d}\theta$$

$$= Fu(t_k^-,x) - \int_0^{t_k} [F\nabla \cdot (D \circ \nabla u(\theta,x)) + F(X + YB)u(\theta,x)]\mathrm{d}\theta$$

$$= s(t_k^-,x),$$

故 $s(t,x)$ 在脉冲时刻 t_k, $k \in \mathbb{N}_0$ 连续. 即 $s(t,x)$ 在 $(0,+\infty) \times G$ 上关于 t 是连续的. $\qquad\square$

　　注 2.1　与 [50] 中提出的积分滑模面不同的是, 由于我们考虑的系统包含反应扩散项, 所以提出的滑模函数既与时间有关, 也与空间有关. 即我们构造的积分滑模函数 (2.15) 不仅考虑了脉冲影响而且还考虑了反应扩散项, 故与文献 [50] 中设计的滑模函数相比, 我们设计的积分滑模函数更具有一般性. 如果忽略脉冲影响和反应扩散项, 那么我们设计的积分滑模函数就退化为以下经典的积分滑模函数:

$$\bar{s}(t) = Fu(t) - \int_0^t F(X + YB)u(\theta)\mathrm{d}\theta.$$

　　下面讨论滑模面的可达性.

2.2.4　滑模面的可达性分析

　　为了分析滑模面的可达性, 给出以下定理.

　　定理 2.3　对于系统 (2.13) 的积分滑模函数 (2.14), 滑模面 $s(t,x) = 0$ 在有限时间 $T^* > 0$ 内的可达性由以下滑模控制律所保证:

$$c(t,x) = Bu(t,x) - \phi(t)\mathrm{sgn}(s(t,x)), \tag{2.16}$$

其中

$$\phi(t) = \lambda + \|(FY)^{-1}FA\| \, |Cu(t,x)| + M|u(t,x)|$$

$$- \frac{1}{\alpha}|(FY)^{-1}F(I - H_k)u(t_k^-,x)|, \tag{2.17}$$

$\lambda > 0$ 是一个标量.

证明 对于 $t \in [t_k, t_{k+1})$, $k \in \mathbb{N}_0$, 式 (2.14) 关于 t 的 Dini 右上导数为

$$D^+ s(t,x) = F[\Delta X(t) - YB]u(t,x) + FY[c(t,x)$$
$$+ h(u(t,x))] - \sigma(t)F(I - H_k)u(t_k^-, x). \tag{2.18}$$

并将 (2.16) 代入 (2.18) 后得

$$D^+ s(t,x) = F\Delta X(t)u(t,x) + FY[-\phi(t)\text{sgn}(s(t,x))$$
$$+ h(u(t,x))] - \sigma(t)F(I - H_k)u(t_k^-, x). \tag{2.19}$$

考虑以下 Lyapunov 函数:

$$\bar{V}(t) = \frac{1}{2} \int_G s^{\mathrm{T}}(t,x)(FY)^{-1}s(t,x)\mathrm{d}x.$$

通过 (2.19) 和 (2.13) 得

$$D^+ \bar{V}(t) = \int_G s^{\mathrm{T}}(t,x)(FY)^{-1}[F\Delta X(t)u(t,x) + FY(-\phi(t)\text{sgn}(s(t,x))$$
$$+ h(u(t,x))) - \sigma(t)F(I - H_k)u(t_k^-, x)]\mathrm{d}x$$
$$\leqslant \int_G \Big[|s(t,x)|\,\|(FY)^{-1}FA\|\,|Cu(t,x)| - \phi(t)|s(t,x)|_1 + M|s(t,x)|\,|u(t,x)|$$
$$- \frac{1}{\alpha}|s(t,x)|\,|(FY)^{-1}F(I - H_k)u(t_k^-, x)| \Big]\mathrm{d}x. \tag{2.20}$$

因为 $|s(t,x)|_1 \geqslant |s(t,x)|$, 由 (2.17) 和 (2.20) 得

$$D^+ \bar{V}(t) \leqslant -\int_G |s(t,x)|[\phi(t) - \|(FY)^{-1}FA\|\,|Cu(t,x)| - M|u(t,x)|$$
$$+ \frac{1}{\alpha}|(FY)^{-1}F(I - H_k)u(t_k^-, x)|]\mathrm{d}x$$
$$= -\int_G \lambda|s(t,x)|\mathrm{d}x \leqslant -\frac{\lambda}{\bar{\lambda}}\sqrt{\bar{V}(t)}, \tag{2.21}$$

其中 $\bar{\lambda} = \sqrt{\dfrac{\lambda_{\max}(FY)^{-1}}{2}} > 0$. 由 $s(t,x)$ 在 $(0, +\infty) \times G$ 上关于 t 连续得 $\bar{V}(t) = 0$, $\forall t \geqslant T^*$, $T^* \triangleq \dfrac{2\bar{\lambda}}{\lambda}\sqrt{\bar{V}(0^+)}$. 因此, 系统 (2.13) 的状态轨迹在 $t \geqslant T^*$ 时到达切换面 $s(t,x) = 0$. □

注 2.2 与连续时间系统的滑模控制律相比较, 系统 (2.13) 的滑模控制律 (2.16) 额外包含了 $-|(FY)^{-1}F(I-H_k)u(t_k^-,x)|\text{sgn}(s(t,x))$ 项, 该项用来抑制脉冲引起的状态的跳跃.

2.2.5 反应扩散脉冲不确定系统的鲁棒指数镇定性

根据滑模控制理论, 如果系统 (2.13) 的状态轨迹进入滑模运动, 则 $s(t,x)=0$, $D^+s(t,x)=0$. 故系统 (2.13) 的等效滑模控制律为

$$
\begin{aligned}
c_{eq}(t,x) = & -(FY)^{-1}F(\Delta X(t)-YB)u(t,x) \\
& + \sigma(t)(FY)^{-1}F(I-H_k)u(t_k^-,x) - h(u(t,x)).
\end{aligned} \tag{2.22}
$$

将 $c(t,x)=c_{eq}(t,x)$ 代入系统 (2.13) 后得到以下系统:

$$
\begin{aligned}
\frac{\partial u(t,x)}{\partial t} = & \nabla \cdot (D \circ \nabla u(t,x)) + (X+YB)u(t,x) \\
& + (I-Y(FY)^{-1}F)\Delta X(t)u(t,x) \\
& + \sigma(t)Y(FY)^{-1}F(I-H_k)u(t_k^-,x), \quad t \neq t_k,
\end{aligned}
$$

$$
u(t_k,x) = H_k u(t_k^-,x), \quad t=t_k, \ k \in \mathbb{N}_0, \ x \in G,
$$

$$
(t_0,x) = \varpi(t_0,x), \quad x \in G,
$$

$$
\frac{\partial u(t,x)}{\partial \mathcal{N}} = 0, \quad t \geqslant t_0, \ x \in \partial G. \tag{2.23}
$$

为方便起见, 给出以下表示:

$$
\mathcal{I}_1 = [I_n, \ 0_n], \quad \mathcal{I}_2 = [0_n, \ I_n].
$$

定理 2.4 对于系统 (2.23), 假设 2.7—假设 2.9 成立, 如果存在 $n \times n$ 矩阵 $Q > 0$, $R_0 = R_0^{\mathrm{T}}$ 和标量 $\bar{\delta} > 0$, $\delta > 0$, $\varepsilon > 0$, 使得

$$
\begin{bmatrix}
\Theta_{1ij} & \delta\Psi_1^{\mathrm{T}}A & \mathcal{I}_1^{\mathrm{T}}C^{\mathrm{T}} & \varepsilon\Psi_1^{\mathrm{T}}Y & \Psi_2 \\
* & -\delta I & 0 & 0 & 0 \\
* & * & -\delta I & 0 & 0 \\
* & * & * & -\varepsilon\tilde{Z} & 0 \\
* & * & * & * & \Psi_3
\end{bmatrix} < 0 \tag{2.24}
$$

和

$$\begin{bmatrix} \Theta_{2ij} & \delta\Psi_1^{\mathrm{T}}A & \mathcal{I}_1^{\mathrm{T}}C^{\mathrm{T}} & \varepsilon\Psi_1^{\mathrm{T}}Y & \Psi_2 \\ * & -\delta I & 0 & 0 & 0 \\ * & * & -\delta I & 0 & 0 \\ * & * & * & -\varepsilon\tilde{Z} & 0 \\ * & * & * & * & \Psi_3 \end{bmatrix} < 0 \qquad (2.25)$$

成立, 则系统 (2.23) 的平凡解是鲁棒指数稳定的, 其中

$$\Theta_{1ij} = \bar{\Theta}_j - \alpha\mathcal{I}_2^{\mathrm{T}}R_0\mathcal{I}_2, \quad \Theta_{2ij} = \bar{\Theta}_j + \alpha\mathcal{I}_2^{\mathrm{T}}R_0\mathcal{I}_2,$$

$$\bar{\Theta}_j = \mathcal{I}_1^{\mathrm{T}}\mathrm{He}(-QD_L)\mathcal{I}_1 + \mathcal{I}_1^{\mathrm{T}}\mathrm{He}(Q(X+YB))\mathcal{I}_1 - \frac{1}{\alpha}\mathcal{I}_2^{\mathrm{T}}(Q - H_k^{\mathrm{T}}QH_k)\mathcal{I}_2,$$

$$\Psi_1 = Q\mathcal{I}_1, \quad \Psi_2 = \left[\frac{1}{\alpha}\mathcal{I}_2^{\mathrm{T}}(I - H_k)^{\mathrm{T}}, \ \mathcal{I}_1^{\mathrm{T}}C^{\mathrm{T}}\right],$$

$$\Psi_3 = -\varepsilon\mathrm{diag}(Z^{-1} - \bar{\delta}AA^{\mathrm{T}}, \bar{\delta}I), \quad \tilde{Z} = Y^{\mathrm{T}}ZY.$$

证明 由矩阵不等式 (2.24), (2.25) 和 $\dfrac{1}{\sigma(t)} = \alpha$, $\sigma(t) = \dfrac{1}{\alpha}$ 得

$$\Omega_1(t) \triangleq \begin{bmatrix} \Theta_1(t) & \delta\Psi_1^{\mathrm{T}}A & \mathcal{I}_1^{\mathrm{T}}C^{\mathrm{T}} & \varepsilon\Psi_1^{\mathrm{T}}Y & \Psi_2(t) \\ * & -\delta I & 0 & 0 & 0 \\ * & * & -\delta I & 0 & 0 \\ * & * & * & -\varepsilon\tilde{Z} & 0 \\ * & * & * & * & \Psi_3 \end{bmatrix} \leqslant -bI, \qquad (2.26)$$

$$\Omega_2(t) \triangleq \begin{bmatrix} \Theta_2(t) & \delta\Psi_1^{\mathrm{T}}A & \mathcal{I}_1^{\mathrm{T}}C^{\mathrm{T}} & \varepsilon\Psi_1^{\mathrm{T}}Y & \Psi_2(t) \\ * & -\delta I & 0 & 0 & 0 \\ * & * & -\delta I & 0 & 0 \\ * & * & * & -\varepsilon\tilde{Z} & 0 \\ * & * & * & * & \Psi_3 \end{bmatrix} \leqslant -bI, \qquad (2.27)$$

其中 $b > 0$ 是充分小的标量, 且

$$\Theta_1(t) = \bar{\Theta}(t) - \frac{1}{\sigma(t)}\mathcal{I}_2^{\mathrm{T}}R_0\mathcal{I}_2, \quad \Theta_2(t) = \bar{\Theta}(t) + \frac{1}{\sigma(t)}\mathcal{I}_2^{\mathrm{T}}R_0\mathcal{I}_2,$$

$$\bar{\Theta}(t) = \mathcal{I}_1^{\mathrm{T}}\mathrm{He}(-QD_L)\mathcal{I}_1 + \mathcal{I}_1^{\mathrm{T}}\mathrm{He}(Q(X+YB))\mathcal{I}_1$$
$$- \sigma(t)\mathcal{I}_2^{\mathrm{T}}(Q - H_k^{\mathrm{T}}QH_k)\mathcal{I}_2,$$

$$\Psi_2(t) = [\sigma(t)\mathcal{I}_2^{\mathrm{T}}(I - H_k)^{\mathrm{T}}, \ \mathcal{I}_1^{\mathrm{T}}C^{\mathrm{T}}].$$

结合 (2.26) 和 (2.27) 得

$$\bar{\psi}(t)\Omega_1(t) + \psi(t)\Omega_2(t) \leqslant -bI, \tag{2.28}$$

其中 $\bar{\psi}(t) = 1 - \psi(t)$. 设

$$\Phi(t) = \bar{\Theta}(t) + (\phi(t) - \theta(t))\mathcal{I}_2^{\mathrm{T}} R_0 \mathcal{I}_2$$

$$\Psi_4 = [\delta\Psi_1^{\mathrm{T}}A, \ \mathcal{I}_1^{\mathrm{T}}C^{\mathrm{T}}, \ \varepsilon\Psi_1^{\mathrm{T}}Y], \quad \Psi_5 = \mathrm{diag}(-\delta I, -\delta I, -\varepsilon\tilde{Z}),$$

其中 $\phi(t) = \dfrac{\psi(t)}{\sigma(t)}$. 故式 (2.28) 变为

$$\begin{bmatrix} \Phi(t) & \Psi_4 & \Psi_2(t) \\ * & \Psi_5 & 0 \\ * & * & \Psi_3 \end{bmatrix} \leqslant -bI. \tag{2.29}$$

又对 (2.29) 应用 Schur 补引理后, 有

$$\Phi(t) + \delta\Psi_1^{\mathrm{T}}AA^{\mathrm{T}}\Psi_1 + \delta^{-1}\mathcal{I}_1^{\mathrm{T}}C^{\mathrm{T}}C\mathcal{I}_1 + \varepsilon\Psi_1^{\mathrm{T}}Y\tilde{Z}^{-1}Y^{\mathrm{T}}\Psi_1$$

$$+ \varepsilon^{-1}\sigma^2(t)\mathcal{I}_2^{\mathrm{T}}(I - H_k)^{\mathrm{T}}(Z^{-1} - \bar{\delta}AA^{\mathrm{T}})^{-1}(I - H_k)\mathcal{I}_2$$

$$+ \varepsilon^{-1}\bar{\delta}^{-1}\mathcal{I}_1^{\mathrm{T}}C^{\mathrm{T}}C\mathcal{I}_1 \leqslant -bI. \tag{2.30}$$

由引理 2.2 得

$$\sigma^2(t)\mathcal{I}_2^{\mathrm{T}}(I - H_k)^{\mathrm{T}}(Z^{-1} - \bar{\delta}AA^{\mathrm{T}})^{-1}(I - H_k)\mathcal{I}_2 + \bar{\delta}^{-1}\mathcal{I}_1^{\mathrm{T}}C^{\mathrm{T}}C\mathcal{I}_1$$

$$\geqslant (\sigma(t)(I - H_k)\mathcal{I}_2 - AE(t)C\mathcal{I}_1)^{\mathrm{T}}Z(\sigma(t)(I - H_k)\mathcal{I}_2 - AE(t)C\mathcal{I}_1)$$

$$= (\sigma(t)(I - H_k)\mathcal{I}_2 - \Delta X(t)\mathcal{I}_1)^{\mathrm{T}}Z(\sigma(t)(I - H_k)\mathcal{I}_2 - \Delta X(t)\mathcal{I}_1). \tag{2.31}$$

由 Young 不等式得

$$\delta\Psi_1^{\mathrm{T}}AA^{\mathrm{T}}\Psi_1 + \delta^{-1}\mathcal{I}_1^{\mathrm{T}}C^{\mathrm{T}}C\mathcal{I}_1 \geqslant \mathrm{He}(\Psi_1^{\mathrm{T}}\Delta X(t)\mathcal{I}_1),$$

$$\varepsilon\Psi_1^{\mathrm{T}}Y\tilde{Z}^{-1}Y^{\mathrm{T}}\Psi_1 + \varepsilon^{-1}(\sigma(t)(I - H_k)\mathcal{I}_2 - \Delta X(t)\mathcal{I}_1)^{\mathrm{T}}Z$$

$$\times (\sigma(t)(I - H_k)\mathcal{I}_2 - \Delta X(t)\mathcal{I}_1)$$

$$\geqslant \mathrm{He}[\Psi_1^{\mathrm{T}}Y\tilde{Z}^{-1}Y^{\mathrm{T}}Z(\sigma(t)(I - H_k)\mathcal{I}_2 - \Delta X(t)\mathcal{I}_1)]. \tag{2.32}$$

通过 (2.31)-(2.32), (2.30) 变为

$$\Phi(t) + \mathrm{He}[\Psi_1^{\mathrm{T}}(I - Y\tilde{Z}^{-1}Y^{\mathrm{T}}Z)\Delta X(t)\mathcal{I}_1]$$

$$+ \text{He}(\sigma(t)\Psi_1^{\mathrm{T}}Y\tilde{Z}^{-1}Y^{\mathrm{T}}Z(I - H_k)\mathcal{I}_2) \leqslant -bI. \tag{2.33}$$

构造以下 Lyapunov 泛函:

$$V(t) = \int_G [u^{\mathrm{T}}(t,x)Qu(t,x) + \phi(t)\theta(t)u^{\mathrm{T}}(t_k^-,x)R_0 u(t_k^-,x)$$

$$+ \psi(t)u^{\mathrm{T}}(t_k^-,x)(Q - H_k^{\mathrm{T}}QH_k)u(t_k^-,x)]\mathrm{d}x. \tag{2.34}$$

首先, 证明 V 在 $\mathbb{R}_+$ 上的连续性. 注意到, 在脉冲时刻 t_k $(k \in \mathbb{N}_0)$, 有

$$\psi(t_k^-) = 0, \quad \varphi(t_k^-) = 0, \quad \theta(t_k^-) = 0, \quad \psi(t_k) = 1.$$

易得

$$V(t_k) = \int_G [u^{\mathrm{T}}(t_k,x)Qu(t_k,x) + \phi(t_k)\theta(t_k)u^{\mathrm{T}}(t_k^-,x)R_0 u(t_k^-,x)$$

$$+ \psi(t_k)u^{\mathrm{T}}(t_k^-,x)(Q - H_k^{\mathrm{T}}QH_k)u(t_k^-,x)]\mathrm{d}x$$

$$= \int_G u^{\mathrm{T}}(t_k^-,x)Qu(t_k^-,x)\mathrm{d}x = V(t_k^-).$$

因此, V 在 $\mathbb{R}_+$ 上是连续的.

接下来, 证明

$$\mathrm{D}^+V(t) \leqslant -b\|\zeta\|^2, \quad t \in [t_k, t_{k+1}), \ k \in \mathbb{N}_0, \tag{2.35}$$

其中 $\|\zeta\|^2 = \int_G |\zeta|^2 \mathrm{d}x$, $\zeta = [u(t,x), \ u(t_k^-,x)]^{\mathrm{T}}$. 对于 $t \in [t_k, t_{k+1})$, $k \in \mathbb{N}_0$, 有

$$\mathrm{D}^+V(t) = \int_G [2u^{\mathrm{T}}(t,x)Q\nabla \cdot (D\nabla \circ u(t,x)) + 2u^{\mathrm{T}}(t,x)Q(X + YB)u(t,x)$$

$$+ 2u^{\mathrm{T}}(t,x)Q(I - Y(FY)^{-1}F)\Delta X(t)u(t,x)$$

$$+ 2\sigma(t)u^{\mathrm{T}}(t,x)QY(FY)^{-1}F(I - H_k)u(t_k^-,x)$$

$$+ (\phi(t) - \theta(t))u^{\mathrm{T}}(t_k^-,x)R_0 u(t_k^-,x)$$

$$- \sigma(t)u^{\mathrm{T}}(t_k^-,x)(Q - H_k^{\mathrm{T}}QH_k)u(t_k^-,x)]\mathrm{d}x. \tag{2.36}$$

利用边界条件、格林公式和 Poincaré 不等式得

$$\int_G u^{\mathrm{T}}(t,x)\nabla \cdot (D\nabla \circ u(t,x))\mathrm{d}x = \int_G u_i(t,x)\sum_{j=1}^m \frac{\partial}{\partial x_j}\left(D_{ij}\frac{\partial u_i(t,x)}{\partial x_j}\right)\mathrm{d}x$$

$$\leqslant - \int_G \sum_{j=1}^m D_{ij} \frac{1}{L_j^2} u_i^2(t,x) \mathrm{d}x = - \int_G u^{\mathrm{T}}(t,x) D_L u(t,x) \mathrm{d}x, \qquad (2.37)$$

其中

$$\left(D_{ij}\frac{\partial u_i(t,x)}{\partial x_j}\right)_{j=1}^m = \left[D_{i1}\frac{\partial u_i(t,x)}{\partial x_1}, \cdots, D_{im}\frac{\partial u_i(t,x)}{\partial x_m}\right]^{\mathrm{T}}$$

$$D_L = \mathrm{diag}\left(\sum_{j=1}^m \frac{D_{1j}}{L_j^2}, \sum_{j=1}^m \frac{D_{2j}}{L_j^2}, \cdots, \sum_{j=1}^m \frac{D_{nj}}{L_j^2}\right).$$

故由 (2.33) 和 (2.37), (2.36) 变为

$$\begin{aligned}
\mathrm{D}^+ V(t) &\leqslant \int_G \zeta^{\mathrm{T}}[\mathrm{He}(-\Psi_1^{\mathrm{T}} D_L \mathcal{I}_1 + \Psi_1^{\mathrm{T}}(X+YB)\mathcal{I}_1 \\
&\quad + \Psi_1^{\mathrm{T}}(I - Y(FY)^{-1}F)\Delta X(t)\mathcal{I}_1 \\
&\quad + \sigma(t)\Psi_1^{\mathrm{T}} Y(FY)^{-1}F(I - H_k)\mathcal{I}_2) \\
&\quad + (\phi(t) - \theta(t))\mathcal{I}_2^{\mathrm{T}} R_0 \mathcal{I}_2 - \sigma(t)\mathcal{I}_2^{\mathrm{T}}(Q - H_k^{\mathrm{T}} Q H_k)\mathcal{I}_2]\zeta \mathrm{d}x \\
&\leqslant -b \int_G |\zeta|^2 \mathrm{d}x = -b\|\zeta\|^2.
\end{aligned}$$

因此, (2.35) 成立.

最后, 证明系统 (2.23) 的平凡解是鲁棒指数稳定的. 从 V 的定义可知, 存在标量 $a_1 > 0$, $a_2 > 0$, 使得

$$V(t) \leqslant \int_G (a_1|u(t,x)|^2 + a_2|u(t_k^-,x)|^2)\mathrm{d}x, \quad t \in [t_{k-1}, t_k), \quad k \in \mathbb{N}. \qquad (2.38)$$

取充分小的标量 b_0, 且 $0 < b_0 < \dfrac{b}{a_2}$, 满足 $\hat{b} \triangleq b - a_1 b_0 > 0$. 对于 $t \in [t_{k-1}, t_k)$ $(k \in \mathbb{N})$, 通过 (2.35) 和 (2.38) 得

$$\mathrm{D}^+(\mathrm{e}^{b_0 t} V(t)) \leqslant -(b - a_1 b_0)\mathrm{e}^{b_0 t} \int_G |u(t,x)|^2 \mathrm{d}x. \qquad (2.39)$$

在 (2.39) 的两边从 t_k 到 t 积分后得

$$\mathrm{e}^{b_0 t} V(t) \leqslant \mathrm{e}^{b_0 t_k} V(t_k) + \int_{t_k}^t \left[-(b - a_1 b_0)]\mathrm{e}^{b_0 v} \int_G |u(t,x)|^2 \mathrm{d}x\right] \mathrm{d}v$$

$$\leqslant \mathrm{e}^{b_0 t_k} V(t_k).$$

这意味着

$$V(t) \leqslant \mathrm{e}^{-b_0(t-t_k)} V(t_k), \quad t \in [t_{k-1}, t_k), \ k \in \mathbb{N}. \tag{2.40}$$

由 V 在 $\mathbb{R}^+$ 上的连续性和 (2.40) 得

$$V(t) \leqslant \mathrm{e}^{-b_0(t-t_0)} V(t_0), \quad t \geqslant t_0.$$

根据 $V(t_k) = \displaystyle\int_G u^{\mathrm{T}}(t_k^-, x) Q u(t_k^-, x) \mathrm{d}x$ 得

$$\|u(t_k^-, x)\| \leqslant a \mathrm{e}^{-\frac{b_0}{2}(t_k - t_0)} \|u(t_0, x)\|, \quad k \in \mathbb{N}. \tag{2.41}$$

另一方面, 设 $\widehat{V}(t) = \displaystyle\int_G u^{\mathrm{T}}(t, x) u(t, x) \mathrm{d}x$. 对于 $t \in [t_{k-1}, t_k)$ $(k \in \mathbb{N})$, 有

$$\mathrm{D}^+ \widehat{V}(t)$$

$$= \int_G 2 u^{\mathrm{T}}(t, x) \frac{\partial u(t, x)}{\partial t} \mathrm{d}x$$

$$\leqslant \int_G [u^{\mathrm{T}}(t, x) \mathrm{He}(O_1(t)) u(t, x) + 2\sigma(t) u^{\mathrm{T}}(t, x) O_2 u(t_k^-, x)] \mathrm{d}x$$

$$\leqslant \int_G [u^{\mathrm{T}}(t, x) \mathrm{He}(O_1(t)) u(t, x) + \sigma^2(t) u^{\mathrm{T}}(t, x) O_2^{\mathrm{T}} O_2 u(t, x) + u^{\mathrm{T}}(t_k^-, x) u(t_k^-, x)] \mathrm{d}x$$

$$= \int_G [u^{\mathrm{T}}(t, x) \mathrm{He}(O_1(t)) + \sigma^2(t) O_2^{\mathrm{T}} O_2 u(t, x) + u^{\mathrm{T}}(t_k^-, x) u(t_k^-, x)] \mathrm{d}x$$

$$\leqslant c \widehat{V}(t) + \widehat{V}(t_k^-),$$

其中 $O_1(t) = -Q D_M + X + Y B + (I - Y(FY)^{-1} F) \Delta X(t)$, $O_2 = Y(FY)^{-1} F(I - H_k)$, $c > 0$ 是标量, 使得 $\mathrm{He}(O_1(t)) + \sigma^2(t) O_2^{\mathrm{T}} O_2 \leqslant cI$, $t \geqslant t_0$. 因此, 有

$$\widehat{V} \leqslant \mathrm{e}^{c\alpha_2} \widehat{V}_{t_k} + \alpha_2 \mathrm{e}^{c\alpha_2} \widehat{V}_{t_k^-} \leqslant \mathrm{e}^{c\alpha_2} [\lambda_{\max}(H_k^{\mathrm{T}} H_k) + \alpha_2] \widehat{V}(t_k^-).$$

这意味着

$$\|u(t, x)\| \leqslant \bar{b} \|u(t_k^-, x)\|, \quad t \in [t_{k-1}, t_k), \ k \in \mathbb{N}, \tag{2.42}$$

这里 $\bar{b} = \sqrt{\mathrm{e}^{c\alpha_2}(\lambda_{\max}(H_k^{\mathrm{T}} H_k) + \alpha_2)}$. 结合 (2.41) 和 (2.42) 得

$$\|u(t, x)\| \leqslant \alpha \|\varpi(t_0, x)\| \mathrm{e}^{-\beta(t-t_0)}, \quad t \geqslant t_0,$$

其中 $\alpha = a \bar{b} \mathrm{e}^{\frac{b_0}{2} \alpha_2}$, $\beta = \dfrac{b_0}{2}$. 即系统 (2.23) 的平凡解是鲁棒指数稳定的. $\qquad \square$

注 2.3 为了得到系统 (2.23) 的稳定性判据, 我们构造了一个与系统的脉冲影响有关的 Lyapunov 泛函 (2.34).

下面考虑忽略脉冲影响时, 反应扩散不确定系统的积分滑模控制问题. 如果积分滑模函数 $s(t,x)$ 定义为以下形式:

$$s(t,x) = Fu(t,x) - \int_0^t [F\nabla \cdot (D \circ \nabla u(\theta,x)) + F(X + YB)u(\theta,x)]\mathrm{d}\theta, \quad (2.43)$$

其中 $F = Y^{\mathrm{T}}Z$, $Z > 0$. 那么滑模控制律为

$$c_{eq}(t,x) = -(FY)^{-1}F(\Delta X(t) - YB)u(t,x) - h(u(t,x)). \quad (2.44)$$

所考虑的反应扩散不确定滑模系统变为

$$\frac{\partial u(t,x)}{\partial t} = \nabla \cdot (D \circ \nabla u(t,x)) + (X + YB)u(t,x)$$

$$+ (I - Y(FY)^{-1}F)\Delta X(t)u(t,x),$$

$$u(t_0,x) = \varpi(t_0,x), \quad x \in G,$$

$$\frac{\partial u(t,x)}{\partial \mathcal{N}} = 0, \quad t \geqslant t_0, \ x \in \partial G. \quad (2.45)$$

对于系统 (2.45), 得到了以下结论.

推论 2.2 假设 2.7 和假设 2.8 成立. 如果存在矩阵 $Q_{n \times n} > 0$ 和标量 $\kappa > 0$, 使得

$$\mathrm{He}(-QD_L + Q(X + YB))$$

$$+ (\kappa^{-1}Q(I - Y(FY)^{-1}F)AA^{\mathrm{T}} + \kappa C^{\mathrm{T}}C) \leqslant -bI \quad (2.46)$$

成立, 则系统 (2.45) 的平凡解是鲁棒指数稳定的.

证明 对系统 (2.45), 构造以下函数:

$$\tilde{V}(t) = \int_G u^{\mathrm{T}}(t,x)Qu(t,x)\mathrm{d}x. \quad (2.47)$$

首先, 证明

$$\mathrm{D}^+\tilde{V}(t) \leqslant -b\|u(t,x)\|^2, \quad t \in \mathbb{R}^+. \quad (2.48)$$

对于 $t \in \mathbb{R}^+$, 有

$$\mathrm{D}^+\tilde{V}(t) = \int_G [2u^{\mathrm{T}}(t,x)Q\nabla \cdot (D \circ \nabla u(t,x)) + 2u^{\mathrm{T}}(t,x)Q(X + YB)u(t,x)$$

$$+ 2u^{\mathrm{T}}(t,x)Q(I - Y(FY)^{-1}F)\Delta X(t)u(t,x)]\mathrm{d}x$$

$$\leqslant \int_G u^{\mathrm{T}}(t,x)[-2QD_L + 2Q(X + YB)$$

$$+ 2Q(I - Y(FY)^{-1}F)\Delta X(t)]u(t,x)\mathrm{d}x$$

$$\leqslant \int_G [u^{\mathrm{T}}(t,x)\mathrm{He}(-QD_L + Q(X + YB))u(t,x)$$

$$+ u^{\mathrm{T}}(t,x)(\kappa^{-1}Q(I - Y(FY)^{-1}F)AA^{\mathrm{T}} + \kappa C^{\mathrm{T}}C)u(t,x)]\mathrm{d}x$$

$$\leqslant - b \int_G |u(t,x)|^2 \mathrm{d}x = -b\|u(t,x)\|^2.$$

因此, (2.48) 成立.

由 $\tilde{V}$ 的定义可知, 存在标量 $a > 0$, 使得

$$\tilde{V}(t) \leqslant \int_G a|u(t,x)|^2 \mathrm{d}x. \tag{2.49}$$

取充分小的标量 b_0, 满足 $0 < b_0 < \dfrac{b}{a}$. 对于 $t \geqslant t_0$, 由 (2.48) 和 (2.49) 得

$$\mathrm{D}^+(\mathrm{e}^{b_0 t}\tilde{V}(t)) \leqslant -(b - ab_0)\mathrm{e}^{b_0 t}\int_G |u(t,x)|^2\mathrm{d}x. \tag{2.50}$$

在 (2.50) 的两边从 t_0 到 t 积分后得

$$\mathrm{e}^{b_0 t}\tilde{V}(t) \leqslant \mathrm{e}^{b_0 t_0}\tilde{V}(t_0) + \int_{t_0}^t \left([-(b - ab_0)]\mathrm{e}^{b_0\theta}\int_G |u(\theta,x)|^2\mathrm{d}x\right)\mathrm{d}\theta \leqslant \mathrm{e}^{b_0 t_0}\tilde{V}(t_0).$$

这意味着

$$\tilde{V}(t) \leqslant \mathrm{e}^{-b_0(t-t_0)}\tilde{V}(t_0), \quad t \geqslant t_0. \tag{2.51}$$

易得

$$\|\tilde{V}(t_0)\| \leqslant \lambda_{\max}(Q)\|u(t_0,x)\|^2, \quad \tilde{V}(t) \geqslant \lambda_{\min}(Q)\|u(t,x)\|^2. \tag{2.52}$$

因此, $\|u(t,x)\| \leqslant \alpha \mathrm{e}^{-\beta(t-t_0)}\|\varpi(t_0,x)\|$, 其中 $\alpha = \left(\dfrac{\lambda_{\max}(Q)}{\lambda_{\min}(Q)}\right)^{\frac{1}{2}}$, $\beta = \dfrac{b_0}{2}$. 即系统 (2.45) 的平凡解是鲁棒指数稳定的.　　□

当忽略不确定参数和脉冲影响时, 考虑以下反应扩散系统的积分滑模控制问题. 积分滑模函数形式为 (2.43). 那么滑模控制律形式为

$$c_{eq}(t,x) = (FY)^{-1}FYBu(t,x) - h(u(t,x)). \tag{2.53}$$

因此, 所考虑的反应扩散滑模动力学系统的形式变为

$$\frac{\partial u(t,x)}{\partial t} = \nabla \cdot (D \circ \nabla u(t,x)) + (X+YB)u(t,x),$$

$$u(t_0,x) = \varpi(t_0,x), \quad x \in G,$$

$$\frac{\partial u(t,x)}{\partial \mathcal{N}} = 0, \quad t \geqslant t_0, \ x \in \partial G. \tag{2.54}$$

那么得到以下结论.

推论 2.3　假设 2.8 成立. 如果存在矩阵 $Q_{n \times n} > 0$, 使得

$$\mathrm{He}(-QD_L + Q(X+YB)) \leqslant -bI \tag{2.55}$$

成立, 则系统 (2.54) 的平凡解是指数稳定的.

当矩阵 $Z > 0$ 是未知的, 且 H_k 是非奇异脉冲矩阵时, 得到以下结论.

定理 2.5　假设 2.7—假设 2.9 成立. 如果存在矩阵 $Z_{n \times n} > 0$, $\bar{B}_{m \times n} > 0$, 标量 η, $\xi_1 > 0$, $\xi_2 > 0$, $\bar{\delta} > 0$, $\delta > 0$ 和 $\varepsilon > 0$, 使得

$$\begin{bmatrix} \hat{\Theta}_{1ij} & \hat{\Psi}_1 & \dfrac{1}{\alpha}\hat{\Psi}_{21} & \mathcal{I}_1^{\mathrm{T}}ZC^{\mathrm{T}} \\ * & -\hat{\Psi}_4 & 0 & 0 \\ * & * & \varepsilon\hat{\Psi}_{22} & 0 \\ * & * & * & -\varepsilon\bar{\delta}I \end{bmatrix} < 0 \tag{2.56}$$

和

$$\begin{bmatrix} \hat{\Theta}_{2ij} & \hat{\Psi}_1 & \dfrac{1}{\alpha}\hat{\Psi}_{21} & \mathcal{I}_1^{\mathrm{T}}ZC^{\mathrm{T}} \\ * & \hat{\Psi}_4 & 0 & 0 \\ * & * & \varepsilon\hat{\Psi}_{22} & 0 \\ * & * & * & -\varepsilon\bar{\delta}I \end{bmatrix} < 0 \tag{2.57}$$

成立, 其中

$$\hat{\Theta} = \mathcal{I}_1^{\mathrm{T}}\mathrm{He}(-D_LZ)\mathcal{I}_1 + \mathcal{I}_1^{\mathrm{T}}\mathrm{He}(XZ+Y\bar{B})\mathcal{I}_1$$

$$+ \frac{1}{\alpha}\mathcal{I}_2^{\mathrm{T}}[-\xi_1(ZH_k^{-\mathrm{T}} + H_k^{-1}Z) + (\xi_1^2+1)Z]\mathcal{I}_2,$$

$$\hat{\Theta}_{1ij} = \hat{\Theta} - \eta\alpha\mathcal{I}_2^{\mathrm{T}}Z\mathcal{I}_2, \quad \hat{\Theta}_{2ij} = \hat{\Theta} + \eta\alpha\mathcal{I}_2^{\mathrm{T}}Z\mathcal{I}_2,$$

$$\hat{\Psi}_1 = [\delta\mathcal{I}_1^{\mathrm{T}}A, \mathcal{I}_1^{\mathrm{T}}ZC^{\mathrm{T}}, \varepsilon\mathcal{I}_1^{\mathrm{T}}Y], \quad \hat{\Psi}_{21} = \mathcal{I}_2^{\mathrm{T}}Z(H_k^{-\mathrm{T}} - I),$$

$$\hat{\Psi}_4 = \mathrm{diag}(-\delta I, -\delta I, -\varepsilon Y^{\mathrm{T}}ZY), \quad \hat{\Psi}_{22} = -2\xi_2 I + \xi_2^2 Z + \bar{\delta}AA^{\mathrm{T}}.$$

此外, 滑模增益为 $B = \bar{B}Z^{-1}$. 那么称系统 (2.23) 的平凡解是鲁棒指数稳定的.

证明 定义 $\Sigma = \mathrm{diag}(Z, H_k^{-1}Z)$, $Q = Z^{-1}$, $B = \bar{B}Z^{-1}$, $R_0 = \kappa_0 H_k^{\mathrm{T}}Z^{-1}H_k$. 利用不等式 $-Z^{-1} \leqslant -2\xi_1 I + \xi_1^2 Z$, $-ZH_k^{-\mathrm{T}}Z^{-1}H_k^{-1}Z \leqslant -\xi_2(ZH_k^{-\mathrm{T}} + H_k^{-1}Z) + \xi_2^2 Z$, 而且在 (2.56) 和 (2.57) 的两侧分别乘以 $\mathrm{diag}(\Sigma^{\mathrm{T}}, I, I, I, I, I)$, $\mathrm{diag}(\Sigma^{\mathrm{T}}, I, I, I, I, I)$ 及它们的转置. 故由引理 2.2 得 (2.24)-(2.25). 因此, 由定理 2.4 得, 系统 (2.23) 的平凡解是鲁棒指数稳定的. $\qquad\square$

注 2.4 文献 [51] 研究了一类简单的具有脉冲影响的线性不确定系统的滑模控制问题, 通过构造一个分段线性函数, 建立了连续滑模面和脉冲之间的联系. 该积分滑模函数与传统的滑模函数相比, 它增加了一个额外的有关分段线性函数和脉冲的项, 用于消除脉冲引起的跳跃现象, 使滑模面 $s(t) = 0$ 在有限时间内的可达性得到了保证. 但文献 [51] 没有考虑反应扩散项的影响. 实际上, 现实世界中经常会遇到反应扩散现象.

因此, 我们研究了反应扩散脉冲不确定系统的积分滑模控制问题. 我们通过构造三个分段线性函数来建立了连续滑模面与脉冲之间的联系, 并利用构造的三个分段线性函数设计了积分滑模函数 $s(t, x)$, 该积分滑模函数比文献 [51] 中设计的积分滑模函数多了一个反应扩散项. 当忽略脉冲和反应扩散影响时, 可以得到经典的积分滑模函数. 因此, 我们设计的滑模函数更具有一般性. 根据反应扩散项和脉冲相关的积分滑模函数我们设计了滑模控制律, 得到了反应扩散脉冲不确定系统的积分滑模切换流形的有限时间可达条件. 通过应用我们上面引入的分段函数构造了与脉冲相关的 Lyapunov 函数, 利用线性矩阵不等式、格林公式以及边界条件, 得到了反应扩散脉冲不确定闭环系统的鲁棒指数稳定性条件, 我们的结果考虑了脉冲影响还考虑了反应扩散项, 推广了现有结果.

下面给出数值算例说明定理 2.4 的可行性.

例子 2.2 对于系统 (2.23), 取以下参数:

$$X = \begin{bmatrix} 1 & 0 \\ 0 & 1.1 \end{bmatrix}, \quad Y = \begin{bmatrix} -2 & -1 \\ -2.2 & 6 \end{bmatrix},$$

$$A = \begin{bmatrix} 1 & -0.6 \\ 0.6 & 0.2 \end{bmatrix}, \quad C = \begin{bmatrix} -0.4 & 0.6 \\ 0.6 & -0.5 \end{bmatrix},$$

$$E(t) = 0.5\cos(t), \quad h(u(t, x)) = u(t, x),$$

$$B = \begin{bmatrix} 1 & -3 \\ -3.4 & 2 \end{bmatrix}, \quad H_k = \begin{bmatrix} 126 & 0 \\ 0 & 130 \end{bmatrix} \quad (k \in \mathbb{N}_0),$$

$$D = \begin{bmatrix} 1 & 0 \\ 0 & 1 \end{bmatrix}, \quad Z = \begin{bmatrix} 0.0625 & 0 \\ 0 & 0.06 \end{bmatrix}.$$

选取 $\alpha = 0.21$, $\bar{\delta} = 0.1$, $\delta = 0.1$, $\varepsilon = 0.4$, 则由线性矩阵不等式得

$$Q = \begin{bmatrix} 2.7037 & -1.5724 \\ -1.5724 & 1.9607 \end{bmatrix},$$

$$R_0 = \begin{bmatrix} 0.4339\mathrm{e} - 03 & -0.3500\mathrm{e} - 03 \\ -0.3500\mathrm{e} - 03 & 0.2824\mathrm{e} - 03 \end{bmatrix}.$$

系统 (2.23) 状态 $u_1(t,x)$ 和 $u_2(t,x)$ 的仿真如图 2.5 和图 2.6 所示; 当 $x = 1$ 时, 系统 (2.23) 状态 $u_1(t,x)$ 和 $u_2(t,x)$ 的收敛时间如图 2.7 和图 2.8 所示; 系统 (2.23) 滑模控制器 $c_1(t,x)$ 和 $c_2(t,x)$ 的仿真如图 2.9 和图 2.10 所示. 显然, 系统 (2.23) 的平凡解是鲁棒指数稳定的.

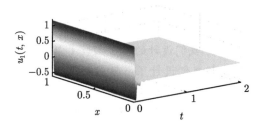

图 2.5　系统状态 $u_1(t,x)$ 的仿真

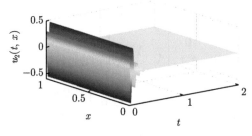

图 2.6　系统状态 $u_2(t,x)$ 的仿真

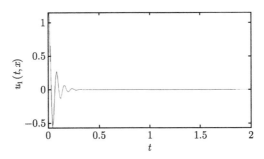

图 2.7 系统状态 $u_1(t,x)$ 的时间收敛

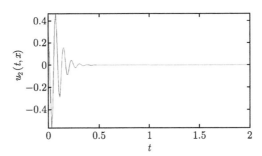

图 2.8 系统状态 $u_2(t,x)$ 的时间收敛

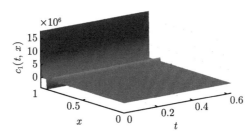

图 2.9 控制器 $c_1(t,x)$ 的仿真

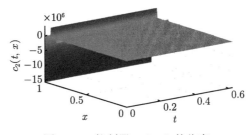

图 2.10 控制器 $c_2(t,x)$ 的仿真

2.2.6　本节小结

　　本节研究了一类具有反应扩散项的脉冲不确定系统的滑模控制. 利用线性矩阵不等式以及构造具有脉冲影响的 Lyapunov 函数, 得到了反应扩散脉冲不确定闭环系统的鲁棒指数稳定的新的判据. 我们构造了一个带有脉冲效应和反应扩散项的积分滑模函数, 并为了保证滑模面在有限时间内的可达性, 构造了具有脉冲效应的滑模控制律. 最后, 数值例子验证了闭环系统是鲁棒指数稳定的, 并给出了具有脉冲影响时的系统状态以及滑模控制器的仿真.

2.3　脉冲模糊时滞反应扩散细胞神经网络

2.3.1　本节预备知识

　　在本节中, $\mathbb{R}^n$ 和 $\mathbb{R}^{n \times m}$ 分别表示 n-维欧几里得空间和 $n \times m$ 实矩阵的集合, 上标 "T" 表示矩阵的转置, $X \geqslant Y$ (或 $X > Y$), 表示 $X - Y$ 是半正定的 (正定的), 这里 X 和 Y 是对称矩阵. $\Omega = \{x = [x_1, \cdots, x_m]^{\mathrm{T}}, |x_i| < \mu\}$ 是空间 $\mathbb{R}^m$ 中带有光滑边界 $\partial\Omega$ 的有界闭集, 测度 $\mathrm{mes}\Omega > 0$, Neumann 边界条件 $\dfrac{\partial u_i}{\partial \mathcal{N}} = 0$ 为 $\partial\Omega$ 的外法线方向, $L^2(\Omega)$ 是 Ω 上的实函数空间, 这里 L^2 是 Lebesgue 可测的, 它是一个 Banach 空间, 范数 $\|u\|_2 = \left(\sum\limits_{i=1}^{n} \|u_i\|_2^2 \right)^{\frac{1}{2}}$, 其中 $u(x) = [u_1(x), \cdots, u_n(x)]^{\mathrm{T}}$, $\|u_i\|_2 = \left(\int_{\Omega} |u_i|^2 \mathrm{d}x \right)^{\frac{1}{2}}$. 函数 $g(x)$ 有正周期 ω, 我们记 $\bar{g} = \max\limits_{t \in [0, \omega]} g(t), \underline{g} = \min\limits_{t \in [0, \omega]} g(t)$. 在不至于混淆的情况下我们省略关于函数或矩阵的一些论证.

　　考虑以下脉冲模糊时滞反应扩散延迟细胞神经网络模型:

$$
\begin{aligned}
\frac{\partial u_i(t, x)}{\partial t} ={}& \sum_{l=1}^{m} \frac{\partial}{\partial x_l} \left(D_i \frac{\partial u_i(t, x)}{\partial x_l} \right) - c_i(t) u_i(t, x) \\
& + \sum_{j=1}^{n} a_{ij}(t) f_j(u_j(t, x)) \\
& + \sum_{j=1}^{n} b_{ij}(t) v_j(t) + J_i(t) + \bigwedge_{j=1}^{n} \alpha_{ij}(t) f_j(u_j(t - \tau_j(t), x)) \\
& + \bigvee_{j=1}^{n} \beta_{ij}(t) f_j(u_j(t - \tau_j(t)), x) + \bigwedge_{j=1}^{n} T_{ij}(t) v_j(t) \\
& + \bigvee_{j=1}^{n} H_{ij}(t) v_j(t), \quad t \neq t_k, \ x \in \Omega,
\end{aligned}
$$

$$u_i(t_k^+, x) - u_i(t_k^-, x) = I_k(u_i(t_k^-, x)), \quad t = t_k, \ k \in \mathbb{Z}_+, \ x \in \Omega,$$

$$\frac{\partial u_i(t, x)}{\partial \mathcal{N}} = 0, \quad t \geqslant t_0, \ x \in \partial\Omega,$$

$$u_i(t_0 + s, x) = \psi_i(s, x), \quad -\tau_j \leqslant s \leqslant 0, \ x \in \Omega, \tag{2.58}$$

这里 $n \geqslant 2$ 是网络上神经元的个数, $u_i(t, x)$ 表示在时刻 t 位置 x 处第 i 个神经元的状态, $D = \mathrm{diag}(D_1, D_2, \cdots, D_n)$ 是扩散系数矩阵, $D_i \geqslant 0$. $f_j(u_j(t, x))$ 表示第 j 个单元的激活函数, $v_j(t)$ 表示第 j 个单元的输入函数, $J_i(t)$ 是在时刻 t 的输入, $c_i(t) > 0$ 表示在与神经网络不连通并且无外部附加电压差的情况下第 i 个神经元恢复孤立静息状态的速率, $a_{ij}(t)$ 和 $b_{ij}(t)$ 分别代表时刻 t 的反馈模板元素和前馈模板元素. 此外, 在模型 (2.58) 中, $\alpha_{ij}(t)$, $\beta_{ij}(t)$, $T_{ij}(t)$ 和 $H_{ij}(t)$ 分别代表时刻 t 的模糊反馈 "最小" 模板元素、模糊反馈 "最大" 模板元素、模糊前馈 "最小" 模板元素、模糊前馈 "最大" 模板元素, 符号 "$\bigwedge$" 和 "$\bigvee$" 分别表示模糊 "与" 和模糊 "或" 算子, 变时滞 $\tau_j(t)$ 是沿第 j 个单元的轴突的传输延迟, 满足 $0 \leqslant \tau_j(t) \leqslant \tau_j$ (τ_j 是常数), 初始条件 $\psi_i(s, x)$ 在 $[-\tau, 0] \times \Omega$ 上是有界连续的, 这里 $\tau = \max\limits_{1 \leqslant j \leqslant n} \tau_j$, 确定的时刻 t_k 满足 $0 = t_0 < t_1 < t_2 < \cdots$, $\lim\limits_{k \to +\infty} t_k = +\infty$, $k \in \mathbb{N}$. $u_i(t_k^+, x)$ 和 $u_i(t_k^-, x)$ 分别表示 t_k 的右极限和左极限. 我们总是假设 $u_i(t_k^+, x) = u_i(t_k, x)$ 对所有的 $k \in \mathbb{N}$ 成立. 初值函数 $\psi(s, x)$ 属于 $PC_\Omega([-\tau, 0] \times \Omega; \mathbb{R}^n)$, $PC_\Omega(J \times \Omega, L^2(\Omega)) = \{\psi : J \times \Omega \to L^2(\Omega) |$ 对于每个 $t \in J$, $\psi(t, x) \in L^2(\Omega)$, 对于任意给定的 $x \in \Omega$, $\psi(t, x)$ 是连续的, 但至多在可数个点 $s \in J$ 上 $\psi(s^+, x)$ 和 $\psi(s^-, x)$ 满足 $\psi(s^+, x) = \psi(s^-, x)\}$, 这里 $\psi(s^+, x)$ 和 $\psi(s^-, x)$ 分别表示函数 $\psi(s, x)$ 的右极限和左极限. 特别地, 令 $PC_\Omega = PC([-\tau, 0] \times \Omega, L^2(\Omega))$. 对任意 $\psi(t, x) = [\psi_1(t, x), \cdots, \psi_n(t, x)] \in PC_\Omega$, 假设 $|\psi_i(t, x)|_\tau = \sup\limits_{-\tau < s \leqslant 0} |\psi_i(t + s, x)|$ 存在且有极限, 范数 $\|\psi(t)\|_2 = \left(\sum\limits_{i=1}^{n} \|\psi_i(t)\|_2^2\right)^{\frac{1}{2}}$, 这里 $\|\psi_i(t)\|_2 = \left(\int_\Omega |\psi_i(t, x)|^2 \mathrm{d}x\right)^{\frac{1}{2}}$.

在本节, 我们给出以下假设:

H1. 存在正定对角矩阵 $L = \mathrm{diag}(L_1, L_2, \cdots, L_n)$, 使得

$$L_j = \sup_{x \neq y} \left| \frac{f_j(x) - f_j(y)}{x - y} \right|$$

对所有 $x \neq y$, $j = 1, 2, \cdots, n$ 成立.

H2. $c_i(t) > 0$, $a_{ij}(t)$, $b_{ij}(t)$, $\alpha_{ij}(t)$, $\beta_{ij}(t)$, $T_{ij}(t)$, $H_{ij}(t)$, $v_i(t)$, $I_i(t)$ 且 $\tau_j(t) \geqslant 0$ 是周期函数, 有着相同的正周期 ω, $t \geqslant t_0$, $i, j = 1, 2, \cdots, n$.

H3. 对 $\omega > 0$, 存在 $q \in \mathbb{N}^+$ 和常数 $\bar{I}_k > 0$, 使得 $t_k + \omega = t_{k+q}$, $I_k(u) = I_{k+q}(u)$, 且 $|I_k(u_i(t_k, x))| \leqslant \bar{I}_k$, $k \in \mathbb{N}^+$, $i = 1, 2, \cdots, n$.

定义 2.4 系统 (2.58) 称作全局指数周期的, 若

(i) 存在一个 ω-周期解;

(ii) $t \to +\infty$ 时, 模型的其他解都指数收敛于这个解.

定义 2.5[52] 令 $\mathbf{C} = ([t - \tau, t], \mathbb{R}^n)$, 这里 $\tau \geqslant 0$ 且 $F(t, x, y) \in \mathbf{C}(\mathbb{R}^+ \times \mathbb{R}^n \times \mathbf{C}, \mathbb{R}^n)$, 那么函数 $F(t, x, y) = [f_1(t, x, y), f_2(t, x, y), \cdots, f_n(t, x, y)]^{\mathrm{T}}$ 称作一个 M-函数, 若

(i) 对每个 $t \in \mathbb{R}^+$, $x \in \mathbb{R}^n$, $y^{(1)} \in \mathbf{C}$, $F(t, x, y^{(1)}) \leqslant F(t, x, y^{(2)})$, $y^{(1)} \leqslant y^{(2)}$ 成立, 这里 $y^{(1)} = [y_1^{(1)}, \cdots, y_n^{(1)}]^{\mathrm{T}}$, $y^{(2)} = [y_1^{(2)}, \cdots, y_n^{(2)}]^{\mathrm{T}}$;

(ii) 对任意的 $y \in \mathbf{C}$, $t \geqslant t_0$, F 的每个分量 i 满足 $f_i(t, x^{(1)}, y) \leqslant f_i(t, x^{(2)}, y)$, 其中 $x^{(1)}$, $x^{(2)}$ 是任意的, $(x^{(1)} \leqslant x^{(2)}) \in \mathbb{R}^n$, 且 $x_i^{(1)} = x_i^{(2)}$, 这里 $x^{(1)} = [x_1^{(1)}, \cdots, x_n^{(1)}]^{\mathrm{T}}$, $x^{(2)} = [x_1^{(2)}, \cdots, x_n^{(2)}]^{\mathrm{T}}$.

定义 2.6[29] 实矩阵 $A = (a_{ij})_{n \times n}$ 称作非奇异 M-矩阵, 若 $a_{ij} \leqslant 0$ ($i \neq j$, $i, j = 1, \cdots, n$), 且 A 的每个顺序主子式都是正的.

引理 2.4[54] 令 u 和 u^* 是模型 (2.58) 的两个状态, 那么我们有

$$\left| \bigwedge_{j=1}^n \alpha_{ij}(t) f_j(u_j) - \bigwedge_{j=1}^n \alpha_{ij}(t) f_j(u_j^*) \right| \leqslant \sum_{j=1}^n |\alpha_{ij}(t)| \cdot |f_j(u_j) - f_j(u_j^*)|,$$

$$\left| \bigvee_{j=1}^n \beta_{ij}(t) f_j(u_j) - \bigvee_{j=1}^n \beta_{ij}(t) f_j(u_j^*) \right| \leqslant \sum_{j=1}^n |\beta_{ij}(t)| \cdot |f_j(u_j) - f_j(u_j^*)|.$$

引理 2.5[52] 假设 $F(t, x, y)$ 是一个 M-矩阵, 且

(i) $x(t) < y(t)$, $t \in [t - \tau, t_0]$;

(ii) $\mathrm{D}^+ y(t) > F(t, y(t), y^s(t))$, $\mathrm{D}^+ x(t) \leqslant F(t, x(t), x^s(t))$, $t \geqslant t_0$, 这里 $x^s(t) = \sup_{-\tau \leqslant s \leqslant 0} x(t + s)$, $y^s(t) = \sup_{-\tau \leqslant s \leqslant 0} y(t + s)$, 那么 $x(t) < y(t)$, $t \geqslant t_0$.

2.3.2 脉冲模糊反应扩散延迟细胞神经网络的周期性及指数稳定性

首先, 我们要指出的是, 在假设条件 H1—H3 的条件下, 脉冲模糊反应扩散延迟细胞神经网络模型 (2.58) 至少有一个 ω-周期解, 模型 (2.58) 的周期解的存在性可类似于 [21, 29] 中利用非线性泛函分析中拓扑度的方法进行证明. 为了方便起见, 我们略去这一部分的证明. 下面给出主要结论.

定理 2.6 假设条件 H1—H3 成立. 此外, 假设以下条件成立

H4. $\underline{C} - (\bar{A} + \bar{\alpha} + \bar{\beta})L$ 是一个非奇异 M-矩阵.

H5. 脉冲算子 $h_k(u) = u + I_k(u)$ 在 $\mathbb{R}^n$ 上是 Lipschitz 连续的, 即存在一个非负定对角矩阵 $\Gamma_k = \text{diag}(\gamma_{1k}, \cdots, \gamma_{nk})$, 使得 $|h_k(u) - h_k(u^*)| \leqslant \Gamma_k|u - u^*|$ 对所有 $u, u^* \in \mathbb{R}^n, k \in \mathbb{N}^+$ 成立, 这里 $h_k(u) = [h_{1k}(u_1), \cdots, h_{nk}(u_n)]^\mathrm{T}$, $I_k(u) = [I_{1k}(u_1), \cdots, I_{nk}(u_n)]^\mathrm{T}$.

H6. $\eta = \sup\limits_{k \in \mathbb{N}^+} \left\{ \dfrac{\ln \eta_k}{t_k - t_{k-1}} \right\} < \lambda$, 这里 $\eta_k = \max\limits_{1 \leqslant i \leqslant n} \{1, \gamma_{ik}\}, k \in \mathbb{N}^+$.

那么系统 (2.58) 全局指数周期的, 指数收敛率为 $\lambda - \eta$, λ 满足

$$\xi_i \left(\lambda - \underline{c}_i + \sum_{j=1}^n \xi_j L_j |\bar{a}_{ij}| + \mathrm{e}^{\tau\lambda}(|\bar{\alpha}_{ij}| + |\bar{\beta}_{ij}|) \right) < 0, \quad i = 1, \cdots, n,$$

这里 $\underline{C} = \text{diag}(\underline{c}_1, \cdots, \underline{c}_n)$, $\xi_i > 0$, $\bar{A} = (|\bar{a}_{ij}|)_{n \times n}$, $\bar{\alpha} = (|\bar{\alpha}_{ij}|)_{n \times n}$, $\bar{\beta} = (|\bar{\beta}_{ij}|)_{n \times n}$, 满足 $-\xi_i \underline{c}_i + \sum\limits_{j=1}^n \xi_i L_i(|\bar{a}_{ij}| + |\bar{\alpha}_{ij}| + |\bar{\beta}_{ij}|) < 0$.

证明 对任意 $\phi, \psi \in PC_\Omega$, 令 $u(t, x, \phi) = [u_1(t, x, \phi), \cdots, u_n(t, x, \phi)]^\mathrm{T}$ 是初始条件为 ϕ 的系统 (2.58) 的一个周期解, $u(t, x, \psi) = [u_1(t, x, \psi), \cdots, u_n(t, x, \psi)]^\mathrm{T}$ 是初始条件为 ψ 的系统 (2.58) 的一个任意解, 定义

$$u_t(\phi, x) = u(t + s, x, \phi), \quad u_t(\psi, x) = u(t + s, x, \psi), \quad s \in [-\tau, 0].$$

我们可发现 $u_t(\phi, x), u_t(\psi, x) \in PC_\Omega$ 对所有 $t > 0$ 成立, 令 $U_i = u_i(t, x, \phi) - u_i(t, x, \psi)$, 则由 (2.58) 可得

$$\frac{\partial U_i}{\partial t} = \sum_{l=1}^m \frac{\partial}{\partial x_l}\left(D_i \frac{\partial U_i}{\partial x_l} \right) - c_i U_i$$

$$+ \sum_{j=1}^n a_{ij}(t)[f_j(u_j(t, x, \phi)) - f_j(u_j(t, x, \psi))]$$

$$+ \left[\bigwedge_{j=1}^n \alpha_{ij}(t) f_j(u_j(t - \tau_j(t), x, \phi)) - \bigwedge_{j=1}^n \alpha_{ij}(t) f_j(u_j(t - \tau_j(t), x, \psi)) \right]$$

$$+ \left[\bigvee_{j=1}^n \beta_{ij}(t) f_j(u_j(t - \tau_j(t), x, \phi)) - \bigvee_{j=1}^n \beta_{ij}(t) f_j(u_j(t - \tau_j(t), x, \psi)) \right],$$

$$(2.59)$$

对所有 $t \neq t_k$, $x \in \Omega$, $i = 1, \cdots, n$ 成立. 在系统 (2.59) 的两边同时乘 U_i 并在 Ω 上积分, 可得

$$\frac{1}{2}\frac{\mathrm{d}}{\mathrm{d}t} \int_\Omega U_i^2 \mathrm{d}x = \int_\Omega U_i \sum_{l=1}^m \frac{\partial}{\partial x_l}\left(D_i \frac{\partial U_i}{\partial x_l} \right) \mathrm{d}x - c_i(t) \int_\Omega U_i^2 \mathrm{d}x$$

$$+ \sum_{j=1}^{n} a_{ij}(t) \int_{\Omega} U_i[f_j(u_j(t,x,\phi) - f_j(u_j(t,x,\psi)))]\mathrm{d}x$$

$$+ \int_{\Omega} U_i\bigg[\bigwedge_{j=1}^{n} \alpha_{ij}(t) f_j(u_j(t-\tau_j(t),x,\phi))$$

$$- \bigwedge_{j=1}^{n} \alpha_{ij}(t) f_j(u_j(t-\tau_j(t),x,\psi))\bigg]\mathrm{d}x$$

$$+ \int_{\Omega} U_i\bigg[\bigvee_{j=1}^{n} \beta_{ij}(t) f_j(u_j(t-\tau_j(t),x,\phi))$$

$$- \bigvee_{j=1}^{n} \beta_{ij}(t) f_j(u_j(t-\tau_j(t),x,\psi))\bigg]\mathrm{d}x, \tag{2.60}$$

对所有 $t \neq t_k$, $x \in \Omega$, $i = 1, \cdots, n$ 成立. 由边界条件和格林公式, 我们可得

$$\int_{\Omega} U_i \sum_{l=1}^{m} \frac{\partial}{\partial x_l}\bigg(D_i \frac{\partial U_i}{\partial x_l}\bigg)\mathrm{d}x \leqslant -D_i \int_{\Omega} (\nabla U_i)^2 \mathrm{d}x. \tag{2.61}$$

那么由 (2.60), (2.61), 假设条件 H1—H3, 引理 2.4 和 Hölder 不等式, 可得

$$\frac{\mathrm{d}}{\mathrm{d}t}\|U_i\|_2^2 \leqslant -2\underline{c_i}\|U_i\|_2^2 + 2\sum_{j=1}^{n} |\bar{a}_{ij}|L_j\|U_i\|_2\|U_j\|_2$$

$$+ 2\sum_{j=1}^{n} (|\bar{\alpha}_{ij}| + |\bar{\beta}_{ij}|)L_j\|U_i\|_2\|u_j(t-\tau_j(t),x,\phi)$$

$$- u_j(t-\tau_j(t),x,\psi)\|_2, \quad t \neq t_k. \tag{2.62}$$

因此

$$\mathrm{D}^+\|U_i\|_2 \leqslant -\underline{c_i}\|U_i\|_2 + \sum_{j=1}^{n} |\bar{\alpha}_{ij}|L_j\|U_j\|_2$$

$$+ \sum_{j=1}^{n} (|\bar{\alpha}_{ij}| + |\bar{\beta}_{ij}|)L_j\|u_j(t-\tau_j(t),x,\phi)$$

$$- u_j(t-\tau_j(t),x,\psi)\|_2, \quad t \neq t_k \tag{2.63}$$

对 $i = 1, \cdots, n$ 成立. 因为 $\underline{C} - (\bar{A} + \bar{\alpha} + \bar{\beta})L$ 是非奇异 M-矩阵, 存在一个向量 $\xi = (\xi_1, \cdots, \xi_n)^{\mathrm{T}} > 0$, 使得

$$-\xi_i \underline{c}_i + \sum_{j=1}^{n} \xi_j L_j (|\bar{a}_{ij}| + |\bar{\alpha}_{ij}| + |\bar{\beta}_{ij}|) < 0. \tag{2.64}$$

考虑函数

$$\Psi_i(y) = \xi_i(y - \underline{c}_i) + \sum_{j=1}^{n} \xi_j L_j (|\bar{a}_{ij}| + \mathrm{e}^{\tau y}(|\bar{\alpha}_{ij}| + |\bar{\beta}_{ij}|)), \quad i = 1, \cdots, n.$$

由 (2.64) 可知, $\Psi_i(0) < 0$, 且 $\Psi_i(y)$ 是连续的. 因为 $\dfrac{\mathrm{d}\Psi_i(y)}{\mathrm{d}y} > 0$, $\Psi_i(y)$ 是严格单调递增的, 存在一个标量 $\lambda_i > 0$, 使得

$$\Psi_i \lambda_i = \xi_i(\lambda_i - \underline{c}_i) + \sum_{j=1}^{n} \xi_j L_j (|\bar{a}_{ij}| + \mathrm{e}^{\tau \lambda_i}(|\bar{\alpha}_{ij}| + |\bar{\beta}_{ij}|)) = 0, \quad i = 1, \cdots, n.$$

选择 $0 < \lambda < \min\{\lambda_1, \cdots, \lambda_n\}$, 我们有

$$\xi_i(\lambda_i - \underline{c}_i) + \sum_{j=1}^{n} \xi_j L_j (|\bar{a}_{ij}| + \mathrm{e}^{\tau \lambda_i}(|\bar{\alpha}_{ij}| + |\bar{\beta}_{ij}|)) < 0, \quad i = 1, \cdots, n. \tag{2.65}$$

即

$$\lambda \xi - (\underline{C} - \bar{A}L)\xi + (\bar{\alpha} + \bar{\beta})L\xi \mathrm{e}^{-\lambda t} < 0. \tag{2.66}$$

此外, 选择足够大的标量 p, 使得

$$p\mathrm{e}^{-\lambda t}\xi > [1, 1, \cdots, 1]^{\mathrm{T}}, \quad t \in [-\tau, 0]. \tag{2.67}$$

令

$$r(t) = p\mathrm{e}^{-\lambda t}(\|\phi - \psi\|_2 + \varepsilon)\xi, \quad t_0 \leqslant t < t_1. \tag{2.68}$$

由 (2.66)—(2.68), 我们得

$$\mathrm{D}^+ r(t) > -(\underline{C} - \bar{A}L)r(t) + (\bar{\alpha} + \bar{\beta})Lr^s(t) =: G(t, r(t), r^s(t)), \quad t_0 \leqslant t < t_1, \tag{2.69}$$

这里 $r^s(t) = [r_1^s(t), \cdots, r_n^s(t)]^{\mathrm{T}}$, $r_i^s(t) = \sup\limits_{-\tau \leqslant s \leqslant 0} p\mathrm{e}^{-\lambda(t+s)}(\|\phi - \varphi\|_2 + \varepsilon)\xi_i$. 容易证明 $G(t, r(t), r^s(t))$ 是一个 M-函数, 由 (2.67) 和 (2.68) 得

$$\|U_i\|_2 \leqslant \|\phi - \varphi\|_2 < p\mathrm{e}^{-\lambda t}\xi_i \|\phi - \varphi\|_2 < r_i(t), \quad t \in [-\tau, 0], \ i = 1, 2, \cdots, n. \tag{2.70}$$

记

$$U^\diamond := \left[\|u_1(t, x, \phi) - u_1(t, x, \psi)\|_2, \cdots, \|u_n(t, x, \phi) - u_n(t, x, \psi)\|_2 \right]^{\mathrm{T}},$$

$$U^{\diamond(s)} := \left[\|u_1(t,x,\phi) - u_1(t,x,\psi)\|_2^{(s)}, \cdots, \|u_n(t,x,\phi) - u_n(t,x,\psi)\|_2^{(s)}\right]^{\mathrm{T}},$$

这里 $\|U_i\|_2^{(s)} = \sup\limits_{-\tau \leqslant s \leqslant 0} \|u_i(t+s,x,\phi) - u_i(t+s,x,\psi)\|_2$, 则

$$U^{\diamond} < r(t), \quad t \in [-\tau, 0]. \tag{2.71}$$

由 (2.63) 得

$$\mathrm{D}^+ U^{\diamond} \leqslant -(\underline{C} - \bar{A}L)U^{\diamond} + (\bar{\alpha} + \bar{\beta})LU^{\diamond(s)} = G(t, U^{\diamond}, U^{\diamond(s)}), \quad t \neq t_k. \tag{2.72}$$

现在, 由 (2.69)—(2.72) 和引理 2.5, 有

$$U^{\diamond} < r(t) = p e^{-\lambda t}(\|\phi - \psi\|_2 + \varepsilon)\xi, \quad t_0 \leqslant t < t_1.$$

令 $\varepsilon \to 0$, 我们有

$$U^{\diamond} \leqslant p\xi\|\phi - \psi\|_2 e^{-\lambda t}, \quad t_0 \leqslant t < t_1. \tag{2.73}$$

此外, 由 (2.73) 可得

$$\left(\sum_{i=1}^n \|U_i\|_2^2\right)^{\frac{1}{2}} \leqslant p\left(\sum_{i=1}^n \xi_i^2\right)^{\frac{1}{2}} \|\phi - \psi\|_2 e^{-\lambda t}, \quad t_0 \leqslant t < t_1. \tag{2.74}$$

令 $M = p\left(\sum\limits_{i=1}^n \xi_i^2\right)^{\frac{1}{2}}$, 那么 $M \geqslant 1$. 定义 $W(t) = \|u_t(x,\phi) - u_t(x,\psi)\|_2$, 由 (2.74)
和 $u_t(\phi,x)$ 与 $u_t(\psi,x)$ 的定义得

$$W(t) = \|u_t(x,\phi) - u_t(x,\psi)\|_2 \leqslant M\|\phi - \psi\|_2 e^{-\lambda t}, \quad t_0 \leqslant t < t_1. \tag{2.75}$$

容易观察到

$$W(t) \leqslant M\|\phi - \psi\|_2 e^{-\lambda t}, \quad -\tau \leqslant t \leqslant t_0 = 0.$$

因为 (2.75) 成立, 我们假设当 $l \leqslant k$ 时, 不等式

$$W(t) \leqslant \eta_0 \cdots \eta_{l-1} M\|\phi - \psi\|_2 e^{-\lambda t}, \quad t_{l-1} \leqslant t < t_l \tag{2.76}$$

成立, 这里 $\eta_0 = 1$. 当 $l = k+1$ 时, 有

$$W(t_k) = \|u_{t_k}(x,\phi) - u_{t_k}(x,\psi)\|_2 = \|h_k(u_{t_k}^-(x,\phi)) - h_k(u_{t_k}^-(x,\psi))\|_2$$

$$\leqslant \Gamma_k \|u_{t_k}^-(x,\phi) - u_{t_k}^-(x,\psi)\|_2 = \Gamma_k W(t_k^-) \leqslant \eta_0 \cdots \eta_{l-1} \Gamma_k M\|\phi - \psi\|_2 e^{-\lambda t_k}$$

$$\leqslant \eta_0 \cdots \eta_{l-1} \eta_k M\|\phi - \psi\|_2 e^{-\lambda t_k}. \tag{2.77}$$

由 (2.76), (2.77) 和 $\eta \geqslant 1$, 有

$$W(t) \leqslant \eta_0 \cdots \eta_{l-1} \eta_k M \|\phi - \psi\|_2 e^{-\lambda t}, \quad t_k - \tau \leqslant t \leqslant t_k. \tag{2.78}$$

结合 (2.63), (2.68), (2.78) 和引理 2.5, 我们得

$$W(t) \leqslant \eta_0 \cdots \eta_{l-1} \eta_k M \|\phi - \psi\|_2 e^{-\lambda t}, \quad t_k \leqslant t < t_{k+1}, \ k \in \mathbb{N}^+. \tag{2.79}$$

应用数学归纳法, 我们可得

$$W(t) \leqslant \eta_0 \cdots \eta_{l-1} M \|\phi - \psi\|_2 e^{-\lambda t}, \quad t_{k-1} \leqslant t < t_k, \ k \in \mathbb{N}^+. \tag{2.80}$$

由假设条件 H6 和 (2.80), 有

$$W(t) \leqslant e^{\eta t_1} e^{\eta(t_2 - t_1)} \cdots e^{\eta(t_{k-1} - t_{k-2})} M \|\phi - \psi\|_2 e^{-\lambda t} \leqslant M \|\phi - \psi\|_2 e^{\eta t} e^{-\lambda t}$$

$$= M \|\phi - \psi\|_2 e^{-(\lambda - \eta)t}, \quad t_{k-1} \leqslant t < t_k, \ k \in \mathbb{N}^+. \tag{2.81}$$

这说明

$$\|u_t(x, \phi) - u_t(x, \psi)\|_2 \leqslant M \|\phi - \psi\|_2 e^{-(\lambda - \eta)t}$$

$$\leqslant M \|\phi - \psi\|_2 e^{-(\lambda - \eta)(t - \tau)}, \quad t \geqslant t_0. \tag{2.82}$$

选择正整数 N, 使得

$$M e^{-(\lambda - \eta)(N\omega - \tau)} \leqslant \frac{1}{6}. \tag{2.83}$$

定义一个 Poincaré 映射 $\mathfrak{D} : \Gamma \to \Gamma$ 如下:

$$\mathfrak{D}(\phi) = u_\omega(x, \phi),$$

那么

$$\mathfrak{D}^N(\phi) = u_{N\omega}(x, \phi). \tag{2.84}$$

在 (2.82) 中令 $t = N\omega$, 由 (2.83) 和 (2.84), 我们有

$$\|\mathfrak{D}^N(\phi) - \mathfrak{D}^N(\psi)\|_2 \leqslant \frac{1}{6} \|\phi - \psi\|_2,$$

这说明 $\mathfrak{D}^N$ 是一个压缩映射. 因此, 存在一个唯一的不动点 $\phi^* \in \Gamma$, 使得

$$\mathfrak{D}^N(\mathfrak{D}(\phi^*)) = \mathfrak{D}(\mathfrak{D}^N(\phi^*)) = \mathfrak{D}(\phi^*).$$

由 (2.84), 我们知 $\mathfrak{D}(\phi^*)$ 也是 $\mathfrak{D}^N$ 的不动点, 那么由不动点的唯一性可得

$$\mathfrak{D}(\phi^*) = \phi^*, \quad \text{即 } u_\omega(x, \phi^*) = \phi^*.$$

令 $u(t, x, \phi^*)$ 是模型 (2.58) 的一个解, 那么 $u(t+\omega, x, \phi^*)$ 也是 (2.58) 的一个解. 显然

$$u_{t+\omega}(x, \phi^*) = u_t(u_\omega(x, \phi^*)) = u_t(x, \phi^*)$$

对所有 $t \geqslant t_0$ 成立. 因此, $u(t+\omega, x, \phi^*) = u(t, x, \phi^*)$, 这说明 $u(t, x, \phi^*)$ 恰好是模型 (2.58) 的一个 ω-周期解. 容易看到当 $t \to +\infty$ 时, 模型 (2.58) 的其他解指数收敛于这个周期解, 并指数收敛率为 $\lambda - \eta$.　　$\square$

注 2.5　令 $c_i(t) = c_i$, $a_{ij}(t) = a_{ij}$, $b_{ij}(t) = b_{ij}$, $\alpha_{ij}(t) = \alpha_{ij}$, $\beta_{ij}(t) = \beta_{ij}$, $T_{ij}(t) = T_{ij}$, $H_{ij}(t) = H_{ij}$, $v_i(t) = v_i$, $I_i(t) = I_i$ 和 $\tau_t = \tau_i$, 其中 c_i, a_{ij}, b_{ij}, α_{ij}, β_{ij}, T_{ij}, H_{ij}, v_i, I_i 和 τ_i 都是常数, 那么模型 (2.58) 变为

$$\begin{aligned}
\frac{\partial u_i(t, x)}{\partial t} &= \sum_{l=1}^m \frac{\partial}{\partial x_l}\left(D_i \frac{\partial u_i(t, x)}{\partial x_l}\right) - c_i u_i(t, x) + \sum_{j=1}^n a_{ij} f_j(u_j(t, x)) \\
&\quad + \sum_{j=1}^n b_{ij} v_j + J_i + \bigwedge_{j=1}^n \alpha_{ij} f_j(u_j(t - \tau_j(t), x)) \\
&\quad + \bigvee_{j=1}^n \beta_{ij} f_j(u_j(t - \tau_j(t)), x) + \bigwedge_{j=1}^n T_{ij} v_j \\
&\quad + \bigvee_{j=1}^n H_{ij} v_j, \quad t \neq t_k, \ x \in \Omega,
\end{aligned}$$

$$u_i(t_k^+, x) - u_i(t_k^-, x) = I_k(u_i(t_k^-, x)), \quad t = t_k, \ k \in \mathbb{Z}_+, \ x \in \Omega,$$

$$\frac{\partial u_i(t, x)}{\partial \mathcal{N}} = 0, \quad t \geqslant t_0, \ x \in \partial\Omega,$$

$$u_i(t_0 + s, x) = \psi_i(s, x), \quad -\tau_j \leqslant s \leqslant 0, \ x \in \Omega. \tag{2.85}$$

对任意正数 $\omega \geqslant 0$, 我们有 $c_i(t+\omega) = c_i(t)$, $a_{ij}(t+\omega) = a_{ij}(t)$, $b_{ij}(t+\omega) = b_{ij}(t)$, $\alpha_{ij}(t+\omega) = \alpha_{ij}(t)$, $\beta_{ij}(t+\omega) = \beta_{ij}(t)$, $T_{ij}(t+\omega) = T_{ij}(t)$, $H_{ij}(t+\omega) = H_{ij}(t)$, $v_i(t+\omega) = v_i(t)$, $I_i(t+\omega) = I_i(t)$ 和 $\tau_i(t+\omega) = \tau_i(t)$ 对 $t \geqslant t_0$ 成立. 因此, 满足定理 2.6 的充分性条件.

注 2.6　若 $I_k(\cdot) = 0$, 模型 (2.58) 变为

$$\frac{\partial u_i(t, x)}{\partial t} = \sum_{l=1}^m \frac{\partial}{\partial x_l}\left(D_i \frac{\partial u_i(t, x)}{\partial x_l}\right) - c_i(t) u_i(t, x)$$

$$+ \sum_{j=1}^{n} a_{ij}(t) f_j(u_j(t,x)) + \sum_{j=1}^{n} b_{ij}(t) v_j(t) + J_i(t)$$

$$+ \bigwedge_{j=1}^{n} \alpha_{ij}(t) f_j(u_j(t - \tau_j(t), x)) + \bigvee_{j=1}^{n} \beta_{ij}(t) f_j(u_j(t - \tau_j(t)), x)$$

$$+ \bigwedge_{j=1}^{n} T_{ij}(t) v_j(t) + \bigvee_{j=1}^{n} H_{ij}(t) v_j(t), \quad t \neq t_k,\ x \in \Omega,$$

$$\frac{\partial u_i(t,x)}{\partial \mathcal{N}} = 0, \quad t \geqslant t_0,\ x \in \partial\Omega,$$

$$u_i(t_0 + s, x) = \psi_i(s, x), \quad -\tau_j \leqslant s \leqslant 0,\ x \in \Omega. \tag{2.86}$$

正文文献 [55] 指出的, 模型 (2.86) 更具一般性, 例如当 $c_i(t) > 0$, $a_{ij}(t)$, $b_{ij}(t)$, $\alpha_{ij}(t)$, $\beta_{ij}(t)$, $T_{ij}(t)$, $H_{ij}(t)$, $v_i(t)$, $I_i(t)$ 都是常数时, 模型 (2.86) 减弱为文献 [56] 研究的模型. 此外, 若 $D_i = 0$, $\tau_i(t) = 0$, $f_i(\theta) = \frac{1}{2}(|\theta + 1| - |\theta - 1|)$ $(i = 1, \cdots, n)$, 则文献 [57,58] 研究的模型作为一个特例包含在模型 (2.58) 中. 若 $D_i = 0$ 且假设 $\tau_j(t) i, j = 1, 2, \cdots, n$ 可微, 那么模型 (2.86) 即变为文献 [59] 中研究的模型与文献 [60] 中提出的模型. 显然, 我们的结论比如上提到的其他研究结果保守性更小, 因为他们都没有考虑脉冲效应.

下面给出例子说明所得结论的有效性.

例子 2.3 考虑一个双神经元脉冲模糊时滞反应扩散细胞神经网络模型如下:

$$\frac{\partial u_i(t,x)}{\partial t} = \sum_{l=1}^{m} \frac{\partial}{\partial x_l} \left(D_i \frac{\partial u_i(t,x)}{\partial x_l} \right) - c_i(t) u_i(t,x)$$

$$+ \sum_{j=1}^{n} a_{ij}(t) f_j(u_j(t,x)) + \sum_{j=1}^{n} b_{ij}(t) v_j(t) + J_i(t)$$

$$+ \bigwedge_{j=1}^{n} \alpha_{ij}(t) f_j(u_j(t - \tau_j(t), x)) + \bigvee_{j=1}^{n} \beta_{ij}(t) f_j(u_j(t - \tau_j(t)), x)$$

$$+ \bigwedge_{j=1}^{n} T_{ij}(t) v_j(t) + \bigvee_{j=1}^{n} H_{ij}(t) v_j(t), \quad t \neq t_k,\ x \in \Omega,$$

$$u_i(t_k^+, x) = (1 - \gamma_{ik}) u_i(t_k^-, x), \quad t = t_k,\ k \in \mathbb{Z}_+,\ x \in \Omega,$$

$$\frac{\partial u_i(t,x)}{\partial \mathcal{N}} = 0, \quad t \geqslant t_0,\ x \in \partial\Omega,$$

$$u_i(t_0 + s, x) = \psi_i(s, x), \quad -\tau_j \leqslant s \leqslant 0,\ x \in \Omega, \tag{2.87}$$

这里 $i = 1, 2$, $c_1(t) = 26$, $c_2(t) = 20.8$, $a_{11}(t) = -1 - \cos(t)$, $a_{12}(t) = 1 + \cos(t)$, $a_{21}(t) = 1 + \sin(t)$, $a_{22}(t) = -1 - \sin(t)$, $D_1 = 8$, $D_2 = 4$, $\dfrac{\partial u_i(t,x)}{\partial \mathcal{N}} = 0$ $(t \geqslant t_0, x = 0, 2\pi)$, $\gamma_{1k} = 0.4$, $\gamma_{2k} = 0.2$, $\psi_1(\cdot) = \psi_2(\cdot) = 5$, $b_{11}(t) = b_{21}(t) = \cos(t)$, $b_{12}(t) = b_{22}(t) = -\cos(t)$, $J_1(t) = J_2(t) = 1$, $H_{11}(t) = H_{21}(t) = \sin(t)$, $H_{12}(t) = H_{22}(t) = -1 + \sin(t)$, $T_{11}(t) = T_{21}(t) = -\sin(t)$, $T_{12}(t) = T_{22}(t) = 2 + \sin(t)$, $\tau_1(t) = \tau_2(t) = 1$, $f_j(u_j) = u_j(t,x)(j=1,2)$, $f_j(u_j(t-1,x)) = u_j(t-1,x)\mathrm{e}^{-u_j(t-1,x)}(j=1,2)$, $\alpha_{11}(t) = -12.8, \alpha_{21}(t) = \alpha_{12}(t) = -1 + \cos(t)$, $\alpha_{22}(t) = -10, \beta_{11}(t) = 12.8$, $\beta_{12}(t) = -1 + \sin(t) = \beta_{21}(t), \beta_{22}(t) = 10$, $v_j(t) = \sin(t)$. 显然, f_1 和 f_2 满足假设 H1, 其中 $L_1 = L_2 = 1$, 满足假设 H2 和假设 H3, 且有相同的正周期 2π. 矩阵

$$\underline{C} - (\bar{A} + \bar{\alpha} + \bar{\beta})L = \begin{bmatrix} \dfrac{2}{5} & 0 \\ 0 & \dfrac{4}{5} \end{bmatrix}$$

是一个非奇异 M-矩阵, 定理 2.58 的条件都被满足, 因此模型存在一个 2ω-周期解, 且 $t \to +\infty$ 时, 模型的所有其他解都指数收敛于该周期解. 此外, 指数收敛率为 $\lambda = 0.021$, 因为这里 $\eta_k = 1$, $\eta = 0$.

2.3.3 本节小结

本节讨论了一类具有变系数变时滞的脉冲模糊时滞反应扩散细胞神经网络模型的周期性及指数稳定性. 利用 Halanay 时滞微分不等式、M-矩阵理论和同伦不变性分析方法, 我们得到了一些新的满足系统周期解存在唯一且全局指数稳定的充分条件, 并且还对指数收敛速率进行了估计. 我们给出了一个数值算例及其仿真, 验证了所得结果的有效性. 特别是, 我们不需要时变时滞满足可微的条件. 具有指数周期的模糊神经网络在学习系统等很多领域都有着重要的作用.

2.4 脉冲时滞随机模糊反应扩散 Cohen-Grossberg 神经网络

2.4.1 本节预备知识

在本节, 我们考虑下面的脉冲模糊细胞神经网络:

$$\mathrm{d}u_i(t,x) = \left\{ \sum_{l=1}^{m} \frac{\partial}{\partial x_l}\left(D_{il}\frac{\partial u_i(t,x)}{\partial x_l} \right) - a_i(u_i(t,x)) \right.$$
$$\times \left[b_i(u_i(t,x)) - \sum_{j=1}^{n} b_{ij}\mu_j - \sum_{j=1}^{n} a_{ij}\hat{f}_j(u_j(t,x)) \right.$$

$$-\bigwedge_{j=1}^{n} T_{ij}\mu_j - \bigwedge_{j=1}^{n} \alpha_{ij}g_j(u_j(t-\tau_{ij}(t),x)) - \bigvee_{j=1}^{n} H_{ij}\mu_j$$

$$-\bigvee_{j=1}^{n} \beta_{ij}g_j(u_j(t-\tau_{ij}(t),x))$$

$$-\bigvee_{j=1}^{n} \theta_{ij} \int_{-\infty}^{t} k_{ij}(t-s)f_j(u_j(s,x))\mathrm{d}s$$

$$\left. -\bigwedge_{j=1}^{n} \gamma_{ij} \int_{-\infty}^{t} k_{ij}(t-s)f_j(u_j(s,x))\mathrm{d}s + I_i\right]\right\}\mathrm{d}t$$

$$+\sum_{j=1}^{n} \sigma_{ij}(u_i(t,x),u_i(t-\tau_{ij}(t),x))\mathrm{d}w_j(t), \quad t_0\leqslant t\neq t_k, \quad x\in G,$$

$$u_i(s+t_0,x)=\varphi_i(s,x), \quad -\infty<s\leqslant 0, \quad x\in G,$$

$$u_i(t,x)=0, \quad x\in\partial G,$$

$$u_i(t_k,x)=\Gamma_{ik}(u_1((t_k-\tau_{i1}(t_k))^-,x),\cdots,u_n((t_k-\tau_{in}(t_k))^-,x))$$

$$+h_{ik}(u_1(t_k^-,x),\cdots,u_n(t_k^-,x))+J_{ik}, \quad x\in G, \tag{2.88}$$

其中 $i,j=1,\cdots,n$, $k=1,2,\cdots,n$ 是网络上神经元的个数, $u_i(t,x)$ 表示神经元在时刻 t 和空间 x 处的状态向量, $D_{il}=D_{il}(u,t,x)\geqslant 0$ 表示沿着第 i 个神经元的传递扩散算子. $G=\{x=[x_1,\cdots,x_m]^{\mathrm{T}},|x_i|<\pi_i\}\in\mathbb{R}^m$ 表示带有光滑边界 $\partial\Omega$ 的有界开集, 测度 $\mu(G)>0$, α_{ij} 和 γ_{ij} 是模糊反馈 "最小" 模板的元素. β_{ij} 和 θ_{ij} 是模糊反馈 "最大" 模板的元素, T_{ij} 和 H_{ij} 分别是模糊前馈 "最小" 模板元素和模糊前馈 "最大" 模板元素, a_{ij} 和 b_{ij} 分别是模糊反馈模板元素和模糊前馈模板元素, "$\bigwedge$" 和 "$\bigvee$" 分别表示模糊 "与" 和模糊 "或" 算子, μ_i 和 I_i 分别表示输入和偏置的第 i 个神经元, $\hat{f}_j,f_j$ 和 g_j 是激活函数, τ_{ij} 对应传输延迟, 满足 $0\leqslant\tau_{ij}\leqslant\tau$. $h_{ik}(u_1(t_k^-,x),\cdots,u_n(t_k^-k,x))$ 表示第 i 个神经元在时刻 t_k 的脉冲扰动, $\Gamma_{ik}(u_1((t_k-\tau_{i1}(t_k))^-x),\cdots,u_n((t_k-\tau_{in}(t_k))^-,x))$ 表示第 i 个神经元在时刻 t_k 由传输时滞导致的脉冲扰动, J_{ik} 是连续的脉冲输入, $w(t)=[w_1(t),\cdots,w_n(t)]^{\mathrm{T}}$ 是定义在完备概率空间 $(\Omega,\mathcal{F},\mathrm{P})$ 上的 n-维布朗运动, 滤子 $\{\mathcal{F}_t\}_{t\geqslant 0}$ 由 $\{w(t):0\leqslant s\leqslant t\}$ 生成, 满足通常的条件 (例如是右连续的, 包含所有 P-空集), 其中 $\{w(t)\}$ 是 $w(t)$ 所产生的标准空间. 将由 $\{w(t)\}$ 生成的概率测度为 P 的 σ-代数记为 $\mathcal{F}$, $\sigma:\mathbb{R}^n\mapsto\mathbb{R}^{n\times n}$ 是扩散系数矩阵. t_k 称作脉冲时刻, 满足 $0<t_1<t_2<\cdots$, $\lim\limits_{k\to\infty}t_k=+\infty$, $u_i(t_k^+,x)$ 和 $u_i(t_k^-,x)$ 分别表

示 t_k 的右极限和左极限, 我们总是假设 $u_i(t_k^+, x) = u_i(t_k, x)$ 对于所有的 $k \in \mathbb{N}$ 成立. 函数 $\varphi(s, x)$ 的初始值属于 $PC_{\mathcal{F}_0}^b((-\infty, 0] \times G; \mathbb{R}^n)$, 是所有有界 $\mathcal{F}_0$ 可测 $PC[(-\infty, 0] \times G, \mathbb{R}^n]$ 值随机变量的集合, 满足 $\|\varphi\|_{L^2}^2 = \sup\limits_{-\infty < s \leqslant 0} \mathrm{E}\|\varphi\|_2^2 < \infty$, 其中 E 表示随机过程的期望.

为了方便, 我们介绍下面的一些符号, 令 I 表示 $n \times n$ 单位矩阵, $e_n = [1, 1, \cdots, 1]^{\mathrm{T}} \in \mathbb{R}^n$. 对于 $A, B \in \mathbb{R}^{m \times n}$ 或者 $A, B \in \mathbb{R}^n$, 符号 $A \geqslant B$ $(A > B)$ 表示 $A - B$ 是半正定的 (正定的), 其中 A, B 是对称矩阵. 特别地, $A \in \mathbb{R}^{m \times n}$ 称作非负矩阵, 若 $A \geqslant 0$; 若 $z > 0$, $z \in \mathbb{R}^n$ 是正定向量. $A \circ B = (a_{ij}b_{ij})_{n \times m}$ 为矩阵 $A = (a_{ij}), B = (b_{ij})$ 的 Hadamard 积或 Schur 积, $C(X, Y)$ 表示拓扑空间 X 到拓扑空间 Y 的连续映射. 特别地, 令 $C = C[(-\infty, 0], \mathbb{R}^n]$. $L^2(G)$ 是 G 上的实函数空间, 这里 L^2 是 Lebesgue 可测的, 它是一个 Banach 空间, 范数 $\|u\|_2 = \left(\sum\limits_{i=1}^n \|u_i\|_2^2 \right)^{1/2}$, $u(x) = [u_1(x), \cdots, u_n(x)]^{\mathrm{T}}$, $\|u_i\|_2 = \left(\int_G |u_i|^2 \mathrm{d}x \right)^{1/2}$.

为了讨论系统 (2.88) 的指数稳定性, 我们首先介绍以下假设:

$k_{ij}(t) \geqslant 0$ 表示定义在区间 $(-\infty, 0]$ 上的反馈内核. 时滞核 $k_{ij} : [0, \infty) \to \mathbb{R}$ 是分段连续的、可积的实值, 存在非负常数 k_{ij}, 使得

A0.

$$0 < \int_0^\infty |k_{ij}(s)| \mathrm{d}s = 1, \quad \int_0^\infty e^{s\lambda_0} k_{ij}(s) \mathrm{d}s < \infty, \quad (2.89)$$

其中 λ_0 是正数.

A1. 每个函数 $a_i(\cdot)$ 是有界的、正定的, 且满足 $0 < \underline{a}_i \leqslant a_i(s) \leqslant \overline{a}_i$, 对任意的 $i \in \mathbb{N}, s \in \mathbb{R}$.

A2. 每个函数 $b_i(\cdot)$ 是连续的, 且满足 $\dfrac{b_i(s_1) - b_i(s_2)}{s_1 - s_2} \geqslant b_i > 0$, 对任意的 $i \in \mathbb{N}, s_1, s_2 \in \mathbb{R}$ $(s_1 \neq s_2)$.

A3. 激活函数 $\hat{f}_j, g_j$ 和 $f_j (j = 1, 2, \cdots, n)$ 是 Lipschitz 连续的, 也就是说, 存在非负常数 $\hat{F}_j, G_j^g$ 和 F_j^f, 对于任意的 $x_1, x_2 \in \mathbb{R}$, 满足

$$|f_j(x_1) - f_j(x_2)| \leqslant F_j^f |x_1 - x_2|,$$

$$|g_j(x_1) - g_j(x_2)| \leqslant G_j^g |x_1 - x_2|,$$

$$|\hat{f}_j(x_1) - \hat{f}_j(x_2)| \leqslant \hat{F}_j |x_1 - x_2|.$$

A4. 存在常数 $\overline{L}_{ij}$ 和 $\underline{L}_{ij}$, 使得

$$\mathrm{Trace}[\sigma_i(t,x,y)(\sigma_i(t,x,y))^{\mathrm{T}}] \leqslant \sum_{j=1}^{n}(\overline{L}_{ij}x_i^2 + \underline{L}_{ij}y_i^2).$$

A5. 对于任意的 u_j 和 $v_j \in \mathbb{R}$ $(j = 1, \cdots, n)$, 存在非负常数 $h_{ij}^{(k)}$ 和 $\Gamma_{ij}^{(k)}$, 使得

$$|h_{ik}(u_1, \cdots, u_n) - h_{ik}(v_1, \cdots, v_n)| \leqslant \sum_{j=1}^{n} h_{ij}^{(k)}|u_j - v_j|, \quad H_k = (h_{ij}^{(k)})_{n\times n},$$

$$|\Gamma_{ik}(u_1, \cdots, u_n) - \Gamma_{ik}(v_1, \cdots, v_n)| \leqslant \sum_{j=1}^{n} \Gamma_{ij}^{(k)}|u_j - v_j|, \quad \Gamma_k = (\Gamma_{ij}^{(k)})_{n\times n}.$$

A6. 令 $M = -(\tilde{P} + P + Q)$ 是一个非奇异 M-矩阵, 其中

$$B = \mathrm{diag}\{b_1, \cdots, b_n\}, \quad \overline{A} = \mathrm{diag}\{\overline{a}_1, \cdots, \overline{a}_n\},$$

$$\underline{A} = \mathrm{diag}\{\underline{a}_1, \cdots, \underline{a}_n\}, \quad \hat{F} = \mathrm{diag}\{\hat{F}_1, \cdots, \hat{F}_n\},$$

$$Q(s) = \overline{A}([\gamma]^+ + [\theta]^+) \circ K(s)F^f, \quad [\alpha]^+ = (|\alpha_{ij}|)_{n\times n},$$

$$F^f = \mathrm{diag}\{F_i^f, \cdots, F_n^f\}, \quad G^g = \mathrm{diag}\{G_i^g, \cdots, G_n^g\},$$

$$[A]^+ = (|a_{ij}|)_{n\times n}, \quad K(s) = (k_{ij}(s))_{n\times n},$$

$$[\gamma]^+ = (\gamma_{ij})_{n\times n}, \quad [\theta]^+ = (\theta_{ij})_{n\times n},$$

$$\tilde{P} = -(\underline{A}B + D) + \frac{1}{2}[\overline{L}]^+ + \overline{A}[A]^+ + \hat{F},$$

$$P = \overline{A}([\alpha]^+ + [\beta]^+)G^g + \frac{1}{2}[\underline{L}]^+, \quad [\overline{L}]^+ = (\overline{L}_{ij})_{n\times n},$$

$$Q = \int_0^{+\infty} Q(s)\mathrm{d}s, \quad [\underline{L}]^+ = (\underline{L}_{ij})_{n\times n}, \quad [\beta]^+ = (|\beta_{ij}|)_{n\times n},$$

$$D = \mathrm{diag}\left\{\frac{1}{\pi_1^2}\sum_{l=1}^{m}D_{1i}, \cdots, \frac{1}{\pi_n^2}\sum_{l=1}^{m}D_{nl}\right\}.$$

A7. 集合 $\Lambda = \bigcap_{k=1}^{\infty}\left[\Omega_\rho(H_k) \cap \Omega_\rho(\Gamma_k)\right] \cap \Omega_M(D)$ 是非空的, 其中 $H_k = (h_{ij}^{(k)})_{n\times n}$, $\Gamma_k = (\Gamma_{ij}^{(k)})_{n\times n}$.

A8. $\varrho(k) = \max\{1, \rho(H_k) + \rho(\Gamma_k)\mathrm{e}^{\lambda\tau}\}$, 假设存在一个正数 η, 使得

$$\frac{\ln \varrho_k}{t_k - t_{k-1}} \leqslant \eta < \lambda, \quad k = 1, 2, \cdots,$$

其中常数 $\lambda \in (0, \lambda_0]$. 对于给定的 $z \in \Lambda$, 定义以下不等式:

$$\left[\lambda I + \tilde{P} + P\mathrm{e}^{\lambda\tau} + \int_0^\infty Q(s)\mathrm{e}^{\lambda\tau}\mathrm{d}s\right] z < 0. \tag{2.90}$$

A9. $\sigma_{ij}(u^*) = 0$, 对于所有的 $i, j \in \mathbb{N}$ 成立.

定义 2.7　函数 $u(t, x) \in (-\infty, +\infty) \times \Omega$ 被称为初始条件为 $u_i(s + t_0, x) = \varphi_i(s, x)$, $-\infty < s \leqslant 0$ 的系统 (2.88) 的解, 若下面的两个条件成立:

(i) $u(t, x)$ 关于 t 是分段连续的, 且 t_k 是第一类不连续点, 此外, $u(t, x)$ 在每个不连续点右连续.

(ii) $t \geqslant 0$, $u_i(s + t_0, x) = \varphi_i(s, x)$, $-\infty < s \leqslant 0$ 时, $u(t, x)$ 满足系统 (2.88); 特别地, 点 $u^*(t, x) \in (-\infty, +\infty) \times \Omega$ 称作系统 (2.88) 的平衡点, 若 $u(t, x) = u^*(t, x)$ 是系统 (2.88) 的一个解. 本节我们总是假设 $u^*(t_k, x) = 0$.

定义 2.8　系统 (2.88) 的平衡解 u^* 称作 p 阶指数稳定的, 若存在常数 $\mu > 0$ 和 $M \geqslant 0$, 使得对 $t \geqslant t_0$, 有

$$\mathrm{E}\|u(t, x) - u^*\|^p \leqslant M\mathrm{E}\|\varphi(t, x) - u^*\|^p\mathrm{e}^{\lambda(t-t_0)}.$$

对于一个非奇异的 M-矩阵 D (参见文献 [28]), 我们记 $\Omega_M(D) = \{z \in \mathbb{R}^n | Dz > 0, z > 0\}$.

引理 2.6[19]　对于一个非奇异 M-矩阵 D, $\Omega_M(D)$ 是非空的, 对于任意 $z_1, z_2 \in \Omega_M(D)$, 我们有

$$k_1 z_1 + k_2 z_2 \in \Omega_M(D), \quad k_1, k_2 > 0.$$

则 $\Omega_M(D)$ 是一个在 $\mathbb{R}^n$ 中没有锥面的锥体, 我们称之为 M 锥. 对于一个非奇异矩阵 $A \in \mathbb{R}^{n \times n}$, 令 $\rho(A)$ 是 A 的谱半径, 那么 $\rho(A)$ 是 A 的一个特征值, 其特征空间记作

$$\Omega_\rho(A) = \{z \in \mathbb{R}^n | Az = \rho(A)z\},$$

它包含了 A 的所有正的特征向量, 如果非负定矩阵 A 至少有一个正的特征向量 (参见文献 [61]).

引理 2.7[57]　$f(x)$ 在 $\mathbb{R}$ 上定义, 那么对于任意的 $\alpha_i, \beta_i \in \mathbb{R}$, 我们有下式成立:

$$\left|\bigwedge_{j=1}^n \alpha_j f(x_j) - \bigwedge_{j=1}^n \alpha_j f(x_j)\right| \sum_{j=1}^n \leqslant |\alpha_j|\, |f(x_j - f(y_j))|$$

和

$$\left| \bigvee_{j=1}^{n} \beta_j f(x_j) - \bigvee_{j=1}^{n} \beta_j f(y_j) \right| \sum_{j=1}^{n} \leqslant |\beta_j| \, |f(x_j) - f(y_j)|.$$

引理 2.8 [62]   令 $0 < r(t) \leqslant \tau$, $A = (a_{ij})_{n \times n} \geqslant 0$, $P = (p_{ij})_{n \times n}$, 其中 $p_{ij} \geqslant 0$ $(i \neq j)$, $Q(t) = (q_{ij})_{n \times n} \geqslant 0$ 是分段连续的, 存在一个正数 λ_1, 使得对每个 $i,j = 1, 2, \cdots, n$, 有 $\int_0^\infty e^{\lambda t} q_{ij}(t) dt < 0$.

H1. $\int_0^\infty e^{\lambda t} q_{ij}(t) dt < 0$.

记 $Q = (q_{ij})_{n \times n} = \left(\int_0^\infty q_{ij}(t) dt \right)_{n \times n}$, 令 $D = -(A + P + Q)$ 是一个非奇异的 M-矩阵, 对于 $b \in [t_0, +\infty)$, 令 $v(t) = (v_1(t), \cdots, v_n(t))^{\mathrm{T}} \in PC([t_0, b), \mathbb{R}^n)$ 是以下微积分不等式关于初始条件 $v_{t_0} \in PC$ 的解

$$\mathrm{D}^+ v(t) \leqslant A v(t) + P v(t - r(t)) + \int_0^\infty Q(s) x(t - s) ds, \quad t \in [t_0, b), \ s \in (-\infty, 0],$$

那么存在一个向量 $z = [z_1, z_2, \cdots, z_n] \in \Omega_M(D)$, 使得 $v(t) \leqslant z e^{-\lambda(t-t_0)}$, $t \in [t_0, b)$. 设初始条件满足 $v(s) \leqslant z e^{-\lambda(t-t_0)}$, $s \in (-\infty, t_0)$, 且正数 $\lambda \leqslant \lambda_1$ 满足以下不等式

$$\lambda E + A + P e^{\lambda \tau} + \int_0^\infty Q(s) e^{\lambda s} ds < 0.$$

引理 2.9 [63]   令 $P = (p_{ij})_{n \times n}$, $p_{ij} \geqslant 0 (i \neq j)$, $W = (w_{ij})_{n \times n} \geqslant 0$, $Q(t) = (q_{ij})_{n \times n} \geqslant 0$, 记 $Q = (q_{ij})_{n \times n} = \left(\int_0^\infty q_{ij}(t) dt \right)_{n \times n}$, 令 $D = -(A + P + Q)$ 是一个非奇异 M-矩阵, 假设存在函数 $U_i(x) \in C^2[\mathbb{R}^n; \mathbb{R}_+]$, 使得

$$\mathcal{L} U_i(x) \leqslant \sum_{j=1}^{n} p_{ij} U_j(t) + \sum_{j=1}^{n} w_{ij} [U_j(x)]_\tau + \sum_{j=1}^{n} \int_0^\infty q_{ij}(s) U_j(x(t-s)) ds, \quad i \in \mathbb{N},$$

那么 $\mathbb{E} U_i(t) \leqslant z e^{-\lambda(t-t_0)}$, $t \in [t_k, t_k + 1]$, $i \in \mathbb{N}$. 初始条件满足

$$\mathbb{E} U_i(t) \leqslant z e^{-\lambda(t-t_0)}, \quad s \in (-\infty, t_k], \ i \in \mathbb{N},$$

其中 $z = [z_1, z_2, \cdots, z_n] \in \Omega_M(D_1)$, 正数 $\lambda \leqslant \lambda_0$ 满足以下不等式

$$\lambda I + P + W e^{\lambda \tau} + \int_0^\infty Q(s) e^{\lambda s} ds < 0.$$

引理 2.10[64]　令 Ω 是一个立方形, $x_k \leqslant \omega_k$ $(k=1,\cdots,l)$, 令 $h(t)$ 是 $C^1(\Omega)$ 的一个实值函数, 在 Ω 的边界 $\partial\Omega$ 上取值为零, 即 $h(t)|_{\partial\Omega}=0$, 那么 $\int_\Omega h(x)^2 \mathrm{d}x \leqslant$ $\omega_k^2 \int_\Omega \left|\dfrac{\partial h}{\partial x_k}\right|^2 \mathrm{d}x.$

2.4.2　脉冲模糊细胞神经网络的全局均方指数稳定性

接下来, 我们研究系统 (2.88) 的全局均方指数稳定性.

定理 2.7　假设条件 A1—A9 成立, 那么随机脉冲模糊反应扩散细胞神经网络 (2.88) 的平衡解 $u^* = [u_1^*,\cdots,u_n^*]^T$ 是全局均方指数稳定的, 指数收敛率等于 $\lambda-\eta$.

证明　由假设条件 A1—A4 和 A9, 很容易知道系统 (2.88) 存在一个唯一的平衡点 $u^* = [u_1^*(t,x),\cdots,u_n^*(t,x)]$, 令 $u(t,x)=[u_1(t,x),\cdots,u_n(t,x)]$ 是系统 (2.88) 的任意解, 设 $y_i(t,x)=u_i(t,x)-u_i^*(t,x)$, 则

$$\begin{aligned}
\mathrm{d}y_i(t,x) = &\Bigg\{ \sum_{i=1}^m \frac{\partial}{\partial x_l}\left(D_{il}\frac{\partial y_j(t,x)}{\partial x_l}\right) - a_i(u_i(t,x))\bigg[b_i(u_i(t,x))-b_i(u_i^*) \\
& - \sum_{j=1}^n a_{ij}(\hat{f}_j(u_j(t,x))-\hat{f}_j(u_j^*(t,x))) \\
& - \bigwedge_{j=1}^n \alpha_{ij}(g_j(u_j(t-\tau_{ij}(t),x))-g_j(u_j^*)) \\
& - \bigwedge_{j=1}^n \gamma_{ij}\int_{-\infty}^t K_{ij}(t-s)(f_j(u_j(s,x))-f_j(u_j^*))\mathrm{d}s \\
& - \bigvee_{j=1}^n \theta_{ij}\int_{-\infty}^t K_{ij}(t-s)(f_j(u_j(s,x))-f_j(u_j^*))\mathrm{d}s \\
& - \bigvee_{j=1}^n \beta_{ij}(g_j(u_j(t-\tau_{ij}(t),x))-g_j(u_j^*))\bigg]\Bigg\}\mathrm{d}t \\
& + \sum_{j=1}^n \sigma_{ij}(y_i(t,x)+u_i^*, y_i(t-\tau_{ij}(t),x)+u_i^*)\mathrm{d}w_j(t),
\end{aligned}$$

$$t_0 \leqslant t \neq t_k,\quad x\in\Omega. \tag{2.91}$$

对 $y_i^2(t,x)$ 应用 Itô 公式, 并在 Ω 上关于 x 积分得

$$\mathrm{d}\|y_i(t,x)\|_2^2 = 2\Bigg\{ \int_\Omega y_i(t,x)\sum_{l=1}^m \frac{\partial}{\partial x_l}\left(D_{il}\frac{\partial y_i(t,x)}{\partial x_l}\right)\mathrm{d}x$$

$$
- \int_{\Omega} y_i(t,x) a_i(u_i) b_i(y_i(t,x)) \mathrm{d}x
$$

$$
+ \int_{\Omega} a_i(u_i) y_i(t,x) \sum_{j=1}^{n} a_{ij} [\hat{f}_j(u_j(t,x))
$$

$$
- \hat{f}_j(u_j^*(t,x))] \mathrm{d}x + \int_{\Omega} a_i(u_i) y_i(t,x) \bigwedge_{j=1}^{n} \alpha_{ij} [g_j(u_j(t-\tau_{ij}(t),x))
$$

$$
- g_j(u_j)^*] \mathrm{d}x + \int_{\Omega} a_i(u_i) y_i(t,x) \Big[\bigwedge_{j=1}^{n} \gamma_{ij} \int_{-\infty}^{t} K_{ij}(t-s)
$$

$$
\times (f_j(u_j(s,x)) - f_j(u_j^*)) \mathrm{d}s \Big] \mathrm{d}x + \int_{\Omega} a_i(u_i) y_i(t,x)
$$

$$
\times \Big[\bigvee_{j=1}^{n} \theta_{ij} \int_{-\infty}^{t} K_{ij}(t-s)(f_j(u_j(s,x))) - f_j(u_j^*) \mathrm{d}s \Big] \mathrm{d}x
$$

$$
+ \int_{\Omega} a_i(u_i) y_i(t,x) \Big[\bigvee_{j=1}^{n} \beta_{ij} (g_j(u_j(t-\tau_{ij}(t),x))
$$

$$
- g_j(u_j^*)) \Big] \mathrm{d}x \Big\} \mathrm{d}t + \int_{\Omega} \sum_{j=1}^{n} \sigma_{ij}^2 (u_i(t,x), u_i(t-\tau_{ij}(t),x)) \mathrm{d}x \mathrm{d}t
$$

$$
+ 2 \int_{\Omega} y_i(t,x) \sum_{j=1}^{n} \sigma_{ij}(u_i(t,x), u_i(t-\tau_{ij}(t))) \mathrm{d}x \mathrm{d}w_j(t),
$$

$$
t_0 \leqslant t \neq t_k, \quad x \in \Omega. \tag{2.92}
$$

由边界条件和引理 2.10, 我们得到

$$
\sum_{l=1}^{m} \int_{\Omega} (u_i - u_i^*) \frac{\partial}{\partial x_l} \Big(D_{il} \frac{\partial (u_i - u_i^*)}{\partial x_l} \Big) \mathrm{d}x
$$

$$
= \int_{\Omega} (u_i - u_i^*) \nabla \diamond \Big(D_{il} \frac{\partial (u_i - u_i^*)}{\partial x_l} \Big)_{t=1}^{m} \mathrm{d}x
$$

$$
\leqslant - \sum_{l=1}^{m} \int_{\Omega} \frac{D_{il}}{\pi^2} (u_i - u_i^*)^2 \mathrm{d}x = - \sum_{l=1}^{m} \frac{D_{il}}{\pi^2} \|u_i - u_i^*\|_2^2, \tag{2.93}
$$

其中 $\diamond$ 表示内积, $\nabla = \Big(\dfrac{\partial}{\partial x_1}, \dfrac{\partial}{\partial x_2}, \cdots, \dfrac{\partial}{\partial x_m} \Big)$ 是梯度算子, 且

$$\left(D_{il}\frac{\partial(u_i-u_i^*)}{\partial x_l}\right)_{l=1}^m = \left(D_{il}\frac{\partial(u_i-u_i^*)}{\partial x_1}, D_{i2}\frac{\partial(u_i-u_i^*)}{\partial x_2}, \cdots, D_{im}\frac{\partial(u_i-u_i^*)}{\partial x_m}\right).$$

由假设条件 A1 和 A2, 我们有

$$\int_\Omega y_i(t,x)a_i(u_i)b_i(y_i(t,x))\mathrm{d}x \geqslant \underline{a}_i b_i \int_\Omega (y_i(t,x))^2\mathrm{d}x = \underline{a}_i b_i\|u_i-u_i^*\|_2^2.$$

由假设 A1, A3, 引理 2.7 和 Schwarz 不等式, 我们可得

$$\int_\Omega a_i(u_i)y_i(t,x)\left[\bigwedge_{j=1}^n \alpha_{ij}(g_j(u_j(t-\tau_{ij}(t),x))-g_j(u_j^*))\right]\mathrm{d}x$$

$$\leqslant \overline{a}_i \int_\Omega |u_i-u_i^*|\sum_{j=1}^n |\alpha_{ij}|G_j^g|u_j(t-\tau_{ij}(t))-u_j^*|\mathrm{d}x$$

$$\leqslant \overline{a}_i \sum_{j=1}^n |\alpha_{ij}|G_j^g\|u_i-u_i^*\|_2\|u_j(t-\tau_{ij}(t),x)-u_j^*\|_2,$$

$$\int_\Omega a_i(u_i)y_i(t,x)\left[\bigvee_{j=1}^n \beta_{ij}(g_j(u_j(t-\tau(t),x))-g_j(u_j^*))\right]$$

$$\leqslant \overline{a}_i \int_\Omega |u_i-u_i^*|\sum_{j=1}^n |\beta_{ij}|G_j^g|u_j(t-\tau_{ij}(t))-u_j^*|\mathrm{d}x$$

$$\leqslant \overline{a}_i \sum_{j=1}^n |\beta_{ij}|G_j^g\|u_i-u_i^*\|_2\|u_j(t-\tau_{ij}(t),x)-u_j^*\|_2,$$

$$\int_\Omega a_i(u_i)y_i(t,x)\left[\bigwedge_{j=1}^n \gamma_{ij}\int_{-\infty}^t K_{ij}(t-s)\times(f_j(u_j(s,x))-f_j(u_j^*))\mathrm{d}s\right]\mathrm{d}x$$

$$\leqslant \overline{a}_i \sum_{j=1}^n |\gamma_{ij}|F_j\|u_i-u_i^*\|_2 \times \int_{-\infty}^t K_{ij}(t-s)\|u_j(s,x)-u_j^*\|_2\mathrm{d}s,$$

$$\int_\Omega a_i(u_i)y_i(t,x)\left[\bigvee_{j=1}^n \theta_{ij}\int_{-\infty}^t K_{ij}(t-s)\times(f_j(u_j(s,x))-f_j(u_j^*))\mathrm{d}s\right]\mathrm{d}x$$

$$\leqslant \overline{a}_i \sum_{j=1}^n |\theta_{ij}|F_j^f\|u_i-u_i^*\|_2 \times \int_{-\infty}^t K_{ij}(t-s)\|u_j(s,x)-u_j^*\|_2\mathrm{d}s.$$

令 $U_i(y_i(t,x),t) = \frac{1}{2}\|y_i(t,x)\|_2^2$. 由假设条件 A1—A4 和 Hölder 不等式, 得

$$
\begin{aligned}
\mathcal{L}U_i(y(t,x),t) \leqslant\ & \overline{a}_i \sum_{j=1}^n |a_{ij}| \hat{F}_j \|u_j - u_j^*\|_2 \\
& - \left(\underline{a}_1 b_i + \sum_{l=1}^m \frac{D_{il}}{\pi^2} - \sum_{j=1}^m \frac{1}{2}\overline{L}_{ij}^2 \right) \|u_i - u_i^*\|_2 \\
& + \overline{a}_i \sum_{j=1}^m (|\alpha_{ij}| + |\beta_{ij}|) G_j^g \|u_j(t - \tau_{ij}(t),x) - u_j^*\| \\
& + \sum_{j=1}^m \frac{1}{2}\underline{L}_{ij}^2 \|u_j(t - \tau_{ij}(t),x) - u_j^*\| \\
& + \overline{a}_i \sum_{j=1}^m (|\theta_{ij}| + |\gamma_{ij}|) F_j^f \int_0^\infty k_{ij}(s) \|u_j(t - s,x) - u_j^*\| \mathrm{d}s.
\end{aligned}
$$

记 $U(t) = \mathrm{col}(\|u_i - u_i^*\|_2) = [\|u_1 - u_1^*\|_2, \cdots, \|u_n - u_n^*\|_2]^{\mathrm{T}}$ 且 $\tau(t) = (\tau_{ij}(t))_{n \times n}$, 那么

$$
\mathcal{L}U(t) \leqslant \tilde{P}U(t) + PU(t - \tau(t)) + \int_0^\infty Q(s)U(t-s)\mathrm{d}s, \quad t_0 \leqslant t \neq t_k. \tag{2.94}
$$

另一方面, 由初始条件 $u_i(s + t_0, x) = \varphi_i(s,x) \in PC_{\mathcal{F}_0}^b((-\infty, 0] \times \Omega; \mathbb{R}^n)$, $-\infty < s \leqslant 0$, $x \in \Omega$, 我们可得

$$
\mathrm{E}\|u_i(s + t_0, x) - u_i^*\|_2 = \mathrm{E}\|\varphi_i(s,x) - u_i^*\|_2.
$$

不失一般性, 假设 $t_0 \leqslant t_1$, 那么

$$
EU(t) \leqslant \varrho \mathrm{E}\|\varphi\|_2 \mathrm{e}^{-\lambda(t-t_0)}, \quad t \in (-\infty, t_0], \tag{2.95}
$$

其中 $\varrho = z / \min_{1 \leqslant i \leqslant n}\{z_i\} \geqslant e_n$, $z \in \Lambda$, $\|\varphi\|_2 = \max\{\|\varphi_1(s,x) - u_1^*\|_2, \cdots, \|\varphi_n(s,x) - u_n^*\|_2\}$, $\lambda \in (-\infty, t_0]$ 满足假设条件 A8 中的式 (2.90).

由引理 2.6 和 $z \in \Lambda \subseteq \Omega_M(D)$, 我们有 $\varrho \mathrm{E}\|\varphi\|_2 \in \Omega_M(D)$, 所以由 (2.94), (2.95) 和假设条件 A6 可得, 引理 2.8 的所有条件都被满足, 那么我们可得

$$
EU(t) \leqslant \varrho \mathrm{E}\|\varphi\|_2 \mathrm{e}^{-\lambda(t-t_0)}, \quad t \in [t_0, t_1). \tag{2.96}
$$

假设对于所有的 $m = 1, \cdots, k$, 不等式

$$
EU(t) \leqslant \varrho\varrho_0\varrho_1 \cdots \varrho_n \mathrm{E}\|\varphi\|_2 \mathrm{e}^{-\lambda(t-t_0)}, \quad t \in [t_{m-1}, t_m) \tag{2.97}
$$

成立, 其中 $\varrho_0 = 1$, 那么由 (2.97) 和假设条件 A5, 系统 (2.88) 的不连续的部分满足

$$EU(t_k) = \text{col}(E\|u_i(x, t_k) - u_i^*\|_2) \leqslant \text{col}\bigg(\sum_{j=1}^{n} h_{ij}^{(k)} E\|u_j(x, t_k^-) - u_j^*\|_2\bigg)$$

$$+ \text{col}\bigg(\sum_{j=1}^{n} \Gamma_{ij}^{(k)} E\|u_j((t_k - \tau_{ij}(t_k))^-, x) - u_j^*\|_2\bigg)$$

$$= H_k EU(t_k^-) + \Gamma_k EU((t_k - \tau(t_k))^-)$$

$$\leqslant H_k \varrho \varrho_0 \varrho_1 \cdots \varrho_n E\|\varphi\|_2 e^{-\lambda(t_k - t_0)}$$

$$+ I_k e^{\lambda\tau} \varrho \varrho_0 \varrho_1 \cdots \varrho_n E\|\varphi\|_2 e^{-\lambda(t_k - t_0)}. \tag{2.98}$$

由于 $\varrho \in \Lambda \in \Omega_\rho(H_k) \cap \Omega_\rho(\Gamma_k)$, 我们有 $H_k \varrho = \rho(H_k)\varrho$ 和 $\Gamma_k \varrho = \rho(\Gamma_k)\varrho$, 那么由假设 A8 和 (2.98), 我们得

$$EU(t_k) \leqslant (\rho(H_k) + \rho(\Gamma_k)e^{\lambda\tau}) \times \varrho \varrho_0 \varrho_1 \cdots \varrho_n E\|\varphi\|_2 e^{-\lambda(t_k - t_0)}$$

$$\leqslant \varrho \varrho_0 \varrho_1 \cdots \varrho_n E\|\varphi\|_2 e^{-\lambda(t_k - t_0)}. \tag{2.99}$$

那么, 再由 (2.97) 可得

$$EU(t) \leqslant \varrho \varrho_0 \varrho_1 \cdots \varrho_n E\|\varphi\|_2 e^{-\lambda(t - t_0)}, \quad t \in (-\infty, t_k]. \tag{2.100}$$

再由引理 2.6, 向量 $\varrho \varrho_0 \varrho_1 \cdots \varrho_n E\|\varphi\|_2 \in \Omega_M(D)$, 引理 2.8, 引理 2.9 和式 (2.100) 得

$$EU(t) \leqslant \varrho \varrho_0 \varrho_1 \cdots \varrho_n E\|\varphi\|_2 e^{-\lambda(t - t_0)}, \quad t \in [t_k, t_{k+1}). \tag{2.101}$$

由数学归纳法可得

$$EU(t) \leqslant \varrho \varrho_0 \varrho_1 \cdots \varrho_n E\|\varphi\|_2 e^{-\lambda(t - t_0)}, \quad t \in [t_k, t_{k+1}), \ k = 1, 2, \cdots. \tag{2.102}$$

由假设条件 A8 我们得 $\varrho_k \leqslant e^{\eta(t_k - t_{k-1})}$, $k = 1, 2, \cdots$, 所以

$$EU(t) \leqslant \varrho \varrho_0 \varrho_1 \cdots \varrho_n E\|\varphi\|_2 e^{-\lambda(t - t_0)}$$

$$\leqslant \varrho e^{\eta(t_1 - t_0)} \cdots e^{\eta(t_k - t_{k-1})} E\|\varphi\|_2 e^{-\lambda(t - t_0)}$$

$$\leqslant \varrho E\|\varphi\|_2 e^{-(\lambda - \eta)(t - t_0)}, \quad t \in [t_k, t_{k+1}), \ k = 1, 2, \cdots. \tag{2.103}$$

即

$$E\|u_i(t, x) - u_i^*\| \leqslant \varrho_i E\|\varphi\|_2 e^{-(\lambda - \eta)(t - t_0)}.$$

这说明系统 (2.88) 的平衡解 u^* 是全局均方指数稳定的, 指数收敛率等于 $\lambda - \eta$.　□

注 2.7　在定理 2.7 中, 我们通过适当的选择条件 A5 中的矩阵 H_k 和 Γ_k, 使得 M 锥 $\Lambda \neq 0$. 特别地, 当 $H_k = h_k E, \Gamma_k = \Gamma^{(k)} E$ (h_k 和 Γ_k 是非负常数), M 锥 Λ 是确定非空的, 所以由定理 2.7, 我们容易得到下面的推论.

推论 2.4　在假设条件 A0—A9 成立的情况下, 其中 $H_k = h_k E, \Gamma_k = \Gamma^{(k)} E$, 令 $\varrho_k \geqslant \max\{1, h_k + \Gamma^{(k)} \mathrm{e}^{\lambda \tau}\}$, 正数 $\lambda \leqslant \lambda_0$ 在假设条件 A8 中定义, $z \in \Omega_M(D)$, 那么模型 (2.88) 的解 u^* 是全局均方指数稳定的, 指数收敛率等于 $\lambda - \eta$.

证明　注意到 $\rho(H_k) = h_k, \rho(\Gamma_k) = \Gamma_k$, 我们有 $\Omega_M(\Gamma_k) = \mathbb{R}^n$, 这说明 M 锥 $\Lambda = \Omega_M(D)$, 由于 M 锥 $\Omega_M(D)$ 是非空的, 由引理 2.6 知假设条件 A7 显然成立, 因此, 我们得出定理 2.7 形式的结论.　　　　□

注 2.8　若 $\Gamma_{ik}(u_1((t_k - \tau_{i1}(t_k))^-, x), \cdots, u_n((t_k - \tau_{in}(t_k))^-, x)) = h_{ik}(u_1(t_k, x), \cdots, u_n(t_k^-, x)) = J_{ik} = 0$, 那么系统 (2.88) 变成以下带有混合时滞和反应扩散形式的随机模糊反应扩散 Cohen-Grossberg 神经网络:

$$
\begin{aligned}
\mathrm{d}u_i(t,x) = \Bigg\{ & \sum_{i=1}^m \frac{\partial}{\partial x_l}\left(D_{il}\frac{\partial u_j(t,x)}{\partial x_l}\right) - a_i(u_i(t,x)) \\
& \times \Bigg[b_i(u_i(t,x)) - \sum_{j=1}^n b_{ij}\mu_j - \sum_{j=1}^n a_{ij}\hat{f}_j(u_j(t,x)) \\
& - \bigwedge_{j=1}^n T_{ij}\mu_j - \bigwedge_{j=1}^n \alpha_{ij}g_j(u_j(t-\tau_{ij}(t),x)) \\
& - \bigvee_{j=1}^n H_{ij}\mu_j - \bigvee_{j=1}^n \beta_{ij}g_j(u_j(t-\tau_{ij}(t),x)) \\
& - \bigvee_{j=1}^n \theta_{ij}\int_{-\infty}^t K_{ij}(t-s)f_j(u_j(s,x))\mathrm{d}s \\
& - \bigwedge_{j=1}^n \gamma_{ij}\int_{-\infty}^t K_{ij}(t-s)f_j(u_j(s,x))\mathrm{d}s + I_i \Bigg] \Bigg\}\mathrm{d}t \\
& + \sum_{j=1}^n \sigma_{ij}(u_i(t,x), u_i(t-\tau_{ij}(t),x))\mathrm{d}w_j(t), \quad t \geqslant t_0,
\end{aligned}
$$

$$u_i(s+t_0, x) = \varphi_i(s,x), \quad -\infty < s \leqslant 0, \ x \in G,$$

$$u_i(t,x) = 0, \quad x \in \partial G. \tag{2.104}$$

由推论 2.4, 我们很容易得到以下推论.

推论 2.5 在假设条件 A0—A4 和 A6—A9 成立的条件下, (2.104) 的平衡解 u^* 是全局均方指数稳定的, 指数收敛率等于 $\lambda - \eta$.

注 2.9 若 $\underline{L}_{ij} = \overline{L}_{ij} = 0$, 其他条件如 (2.88) 中定义, 带有混合时滞和反应扩散形式的脉冲模糊 Cohen-Grossberg 神经网络 (2.88) 的确定性对应

$$\frac{\partial u_i(t,x)}{\partial t} = \sum_{l=1}^m \frac{\partial}{\partial x_l}\left(D_{il}\frac{\partial u_j(t,x)}{\partial x_l}\right) - a_i(u_i(t,x))$$

$$\times \left[b_i(u_i(t,x)) - \sum_{j=1}^n b_{ij}\mu_j - \sum_{j=1}^n a_{ij}\hat{f}_j(u_j(t,x)) \right.$$

$$- \bigwedge_{j=1}^n T_{ij}\mu_j - \bigwedge_{j=1}^n \alpha_{ij}g_j(u_j(t-\tau_{ij}(t),x))$$

$$- \bigvee_{j=1}^n H_{ij}\mu_j - \bigvee_{j=1}^n \beta_{ij}g_j(u_j(t-\tau_{ij}(t),x))$$

$$- \bigvee_{j=1}^n \theta_{ij}\int_{-\infty}^t K_{ij}(t-s)f_j(u_j(s,x))\mathrm{d}s$$

$$\left. - \bigwedge_{j=1}^n \gamma_{ij}\int_{-\infty}^t K_{ij}(t-s)f_j(u_j(s,x))\mathrm{d}s + I_i \right],$$

$$u_i(s+t_0,x) = \varphi_i(s,x), \quad -\infty < s \leqslant 0, \ x \in G,$$

$$u_i(t,x) = 0, \quad x \in \partial G,$$

$$u_i(t_k,x) = \Gamma_{ik}(u_1((t_k-\tau_{i1}(t_k))^-,x),\cdots,u_n((t_k-\tau_{in}(t_k))^-,x))$$

$$+ h_{ik}(u_1(t_k^-,x),\cdots,u_n(t_k^-,x)) + J_{ik}, \quad x \in G. \tag{2.105}$$

因此, 由定理 2.7, 我们很容易得到以下推论 2.6.

推论 2.6 在条件 A0—A3, A5—A9 成立的情况下, 其中 $\tilde{P} = -(\underline{A}B+D) + \overline{A}[A]^+\hat{F}$, $P = \overline{A}([\alpha]^+ + [\beta]^+)G^g$, $-\tilde{P} - P - Q$ 是非奇异 M-矩阵, 那么 (2.105) 的平衡解 u^* 是全局均方指数稳定的, 指数收敛率等于 $\lambda - \eta$.

注 2.10 若 $\Gamma_{ik}(u_1((t_k-\tau_{i1}(t_k))^-,x),\cdots,u_n((t_k-\tau_{in}(t_k))^-,x)) = h_{ik}(u_1(t_k^-, x),\cdots,u_n(t_k^-,x)) = J_{ik} = 0$, 那么系统 (2.105) 变成以下带有混合时滞和反应扩散的模糊 Cohen-Grossberg 神经网络:

$$\frac{\partial u_i(t,x)}{\partial t} = \sum_{l=1}^m \frac{\partial}{\partial x_l}\left(D_{il}\frac{\partial u_j(t,x)}{\partial x_l}\right) - a_i(u_i(t,x))$$

$$\times \left[b_i(u_i(t,x)) - \sum_{j=1}^n b_{ij}\mu_j - \sum_{j=1}^n a_{ij}g(u_j(t,x)) \right.$$

$$- \bigwedge_{j=1}^n \alpha_{ij}g_j(u_j(t-\tau_{ij}(t),x)) - \bigvee_{j=1}^n H_{ij}\mu_j + I_i$$

$$- \bigwedge_{j=1}^n \gamma_{ij} \int_{-\infty}^t K_{ij}(t-s)f_j(u_j(s,x))\mathrm{d}s$$

$$\bigvee_{j=1}^n \theta_{ij} \int_{-\infty}^t K_{ij}(t-s)f_j(u_j(s,x))\mathrm{d}s - \bigwedge_{j=1}^n T_{ij}\mu_j$$

$$\left. - \bigvee_{j=1}^n \beta_{ij}g_j(u_j(t-\tau_j(t),x)) \right], \quad t_0 \leqslant t, \ x \in \Omega,$$

$$u_i(s+t_0,x) = \varphi_i(s,x), \quad -\infty < s \leqslant 0, \ x \in G,$$

$$u_i(t,x) = 0, \quad x \in \partial G. \tag{2.106}$$

因此由定理 2.88, 我们很容易得到以下推论 2.7.

推论 2.7 在假设条件 A0—A3, A5—A9 成立的情况下, 其中 $\tilde{P} = -(\underline{A}B + D) + \overline{A}[A]^+\hat{F}$, $P = \overline{A}([\alpha]^+ + [\beta]^+)G^g$, $-\tilde{P} - P - Q$ 是非奇异 M-矩阵, 那么 (2.106) 的平衡解 u^* 是全局均方指数稳定的, 指数收敛率等于 $\lambda - \eta$.

注 2.11 若 $\hat{f}_i(\cdot) = g_i(\cdot)$, $f_i(\cdot) \equiv 0$, 那么系统 (2.106) 变成带有时滞和反应扩散形式的模糊 Cohen-Grossberg 神经网络:

$$\frac{\partial u_i(t,x)}{\partial t} = \sum_{l=1}^m \frac{\partial}{\partial x_l}\left(D_{il}\frac{\partial u_j(t,x)}{\partial x_l} \right) - a_i(u_i(t,x))$$

$$\times \left[b_i(u_i(t,x)) - \sum_{j=1}^n b_{ij}\mu_j - \sum_{j=1}^n a_{ij}g(u_j(t,x)) \right.$$

$$- \bigwedge_{j=1}^n \alpha_{ij}g_j(u_j(t-\tau_{ij}(t),x)) - \bigwedge_{j=1}^n T_{ij}\mu_j$$

$$\left. - \bigvee_{j=1}^n \beta_{ij}g_j(u_j(t-\tau_j(t),x)) - \bigvee_{j=1}^n H_{ij}\mu_j + I_i \right],$$

$$u_i(s+t_0,x) = \varphi_i(s,x), \quad -\infty < s \leqslant 0, \ x \in G,$$

$$u_i(t,x) = 0, \quad x \in \partial G. \tag{2.107}$$

由推论 2.7, 我们很容易得到以下推论.

推论 2.8   在假设条件 A0—A2, A3 中 $\hat{f}_i(\cdot) = g_i(\cdot), f_i(\cdot) \equiv 0$, 假设条件 A8 中 $Q = 0$, 假设条件 A6 中 $\tilde{P} = -(\underline{A}B + D) + \overline{A}[A]^+\hat{F}$, $P = \overline{A}([\alpha]^+ + [\beta]^+)G^g$, $-(\tilde{P} + P)$ 是非奇异 M-矩阵成立的条件下, 那么 (2.107) 的平衡解 u^* 是全局均方指数稳定的, 指数收敛率等于 $\lambda - \eta$.

注 2.12   若 $\hat{f}_i(\cdot) = g_i(\cdot)$, $f_i(\cdot) \equiv 0$, 那么系统 (2.88) 变成带有时滞和反应扩散形式的模糊 Cohen-Grossberg 神经网络:

$$
\begin{aligned}
\frac{\partial u_i(t,x)}{\partial t} = &\sum_{l=1}^m \frac{\partial}{\partial x_l}\left(D_{il}\frac{\partial u_j(t,x)}{\partial x_l}\right) - a_i(u_i(t,x)) \times \Bigg[b_i(u_i(t,x)) \\
&- \sum_{j=1}^n b_{ij}\mu_j - \sum_{j=1}^n a_{ij}\hat{f}_j(u_j(t,x)) \\
&- \bigwedge_{j=1}^n \alpha_{ij}g_j(u_j(t-\tau_{ij}(t)),x) - \bigvee_{j=1}^n H_{ij}\mu_j + I_i \\
&- \bigvee_{j=1}^n \beta_{ij}g_j(u_j(t-\tau_{ij}(t)),x) - \bigwedge_{j=1}^n T_{ij}\mu_j \Bigg]\mathrm{d}t \\
&+ \sum_{j=1}^n \sigma_{ij}(u_i(t,x))\mathrm{d}w_j(t), \quad t_0 \leqslant t \neq t_k,\ x \in \Omega,
\end{aligned}
$$

$$u_i(s+t_0,x) = \varphi_i(s,x), \quad -\infty < s \leqslant 0,\ x \in G,$$

$$u_i(t,x) = 0, \quad x \in \partial G,$$

$$u_i(t_k,x) = \Gamma_{ik}(u_1((t_k-\tau_{i1}(t_k))^-,x),\cdots,u_n((t_k-\tau_{in}(t_k))^-,x))$$

$$+ h_{ik}(u_1(t_k^-,x),\cdots,u_n(t_k^-,x)) + J_{ik}, \quad x \in G. \tag{2.108}$$

由定理 2.88, 我们很容易得到以下推论.

推论 2.9   在假设条件 A0—A9 定义的除了 $F_j^f = 0$, $Q = 0$, $-\tilde{P} - P$ 是一个非奇异 M-矩阵的条件下, (2.108) 的平衡解是全局均方指数稳定的, 指数收敛率等于 $\lambda - \eta$.

注 2.13   正如 [65] 中指出的, Cohen-Grossberg 神经网络包含神经生物学、种群生物学和进化论中的许多模型. 实际上, Hopfield 神经网络和细胞神经网络是其特殊情况, 因此, 系统 (2.88) 和 (2.104)—(2.108) 包含大量的模型.

下面给出例子说明所得结论的有效性.

例子 2.4   我们考虑 $n = 2, m = 1, i,j = 1,2$ 的时滞随机脉冲模糊 Cohen-

Grossberg 神经网络, 其参数为: $\Omega = \{x \in \mathbb{R} |\ |x| < 1\}$, $D_{11} = 1$, $D_{21} = 2$, $\tau_{ij}(t) = |\sin((i+j)t)| \leqslant 1 = \tau$, $a_1(u(t,x)) = 1$, $a_2(u(t,x)) = 1$, $b_1(u(t,x)) = 27$, $b_2(u(t,x)) = 26$, $a_{11} = 1$, $a_{12} = \dfrac{1}{2}$, $a_{21} = 3$, $a_{22} = 1$, $\alpha_{11} = 1$, $\alpha_{12} = 1$, $\alpha_{21} = 1$, $\alpha_{22} = 2$, $\beta_{11} = 2$, $\beta_{12} = 1$, $\beta_{21} = 1$, $\beta_{22} = 2$, $\theta_{11} = 1$, $\theta_{12} = 2$, $\theta_{21} = 2$, $\theta_{22} = 4$, $\gamma_{11} = 1$, $\gamma_{12} = 2$, $\gamma_{21} = 2$, $\gamma_{22} = 4$, $I_1 = -18 + \dfrac{\pi}{4}$, $I_2 = 37 - \dfrac{\pi}{4}$, $b_{ij} = 1$, $k_{ij}(t) = \mathrm{e}^{-ijt}$, $T_{ij} = 1$, $H_{ij} = 1$, $\mu_j = 1$, $\hat{f}_j(u_j(t,x)) = j|u_j(t,x)|$, $g_j(u_j(t,x)) = \arctan u_j(t,x)$, $f_j(u_j(t,x)) = |u_j(t,x)|$, 因此 $\hat{f}_j$, g_j 和 f_j 满足假设条件 A1, 其中 $\hat{F}_j = j$, $G_j^g = F_j = 1$. 此外, $\overline{L}_{ij} = \underline{L}_{ij} = 2$, 脉冲时刻 t_k $(k = 1, 2, \cdots)$ 满足: $t_1 = 0.1$, $t_k = t_{k-1} + k$, $k = 2, 3, \cdots$. 可以证明当 $0 < \lambda_0 < 1$ 时, 假设条件 A0 被满足, 在这个例子中, 令 $\lambda_0 = 0.5$.

情况 1 若 $\Gamma_{ik}(u_1((t_k - \tau_{i1}(t_k))^-, x), \cdots, u_n((t_k - \tau_{in}(t_k))^-, x)) = h_{ik}(u_1(t_k^-, x), \cdots, u_n(t_k^-, x)) = J_{ik} = 0$, $i = 1, 2$, $k = 1, 2, \cdots$. 那么系统 (2.88) 变成系统 (2.104), 我们很容易得到

$$M = -(\tilde{P} + P + Q) = \begin{bmatrix} 23 & -4 \\ -9 & 21 \end{bmatrix}$$

是一个非奇异的 M-矩阵, 由推论 2.5, 系统 (2.104) 有一个全局均方指数稳定的平衡点 $[1, -1]^{\mathrm{T}}$.

情况 2 现在我们考虑情况:

$$h_{ik}(u_1, u_2) = 0.4\mathrm{e}^{0.05k}u_1 - 0.3\mathrm{e}^{0.05k}u_2,$$
$$h_{2k}(u_1 - u_2) = -0.4\mathrm{e}^{0.05k}u_1 + 0.3\mathrm{e}^{0.05k}u_2,$$
$$\Gamma_{1k}(u_1, u_2) = 0.1\mathrm{e}^{0.05k}u_1,$$
$$\Gamma_{2k}(u_1, u_2) = -0.1\mathrm{e}^{0.05k}u_2,$$
$$J_1 = 1 - 0.8\mathrm{e}^{0.05k}, \quad J_2 = -1 + 0.6^{0.05k}.$$

我们可以证明点 $[1, -1]^{\mathrm{T}}$ 也是系统 (2.88) 的平衡解, 且

$$\Omega_M(H_k) = \left\{ [z_1, z_2]^{\mathrm{T}} \middle|\ z_2 = \frac{4}{3}z_1 \right\}, \quad \Omega_\rho(\Gamma_k) = \mathbb{R}^2,$$
$$\Omega_M(D) = \left\{ [z_1, z_2]^{\mathrm{T}} \middle|\ z_1 < z_2 < \frac{5}{3}z_1 \right\}.$$

因此, $\Lambda = \left\{ [z_1, z_2]^{\mathrm{T}} \middle|\ z_2 = \dfrac{4}{3}z_1 \right\}$ 是非空的, 令 $[3, 4]^{\mathrm{T}} \in \Lambda$, 且存在 $\lambda = 0.3 < \lambda_0$,

满足下面的不等式

$$\left[\lambda I + \tilde{P} + P\mathrm{e}^{\lambda\tau} + \int_0^\infty Q(s)\mathrm{e}^{\lambda s}\mathrm{d}s\right] z = -[23.7086, -7.5959] < [0,0]^{\mathrm{T}}.$$

对 $k = 1, 2, \cdots$，有

$$\varrho_k = \mathrm{e}^{0.05k} \geqslant \max\{1.07\mathrm{e}^{0.05k} + 0.1\mathrm{e}^{0.03}\mathrm{e}^{0.05k}\},$$

$$\frac{\ln \varrho_k}{t_k - t_{k-1}} \leqslant \frac{\ln \mathrm{e}^{0.05k}}{k} = 0.05 < \lambda.$$

显然，定理 2.88 的所有条件都满足了. 因此，平衡点 $[-1, 1]^{\mathrm{T}}$ 是全局均方指数稳定的，指数收敛率等于 0.25，我们可以通过修改参数来获得更大的指数收敛率.

2.4.3　本节小结

在本节，我们研究了一类带有分布时滞和反应扩散形式的脉冲随机模糊细胞神经网络. 通过选择适当的 Lyapunov 函数，使用 Itô 公式、M 锥的性质、非负定矩阵谱半径的特征空间和不等式技巧，给出了保证平衡解的指数稳定的充分条件，这在设计和应用带有反应扩散形式的脉冲随机模糊神经网络有重要的意义，因为指数稳定性条件容易验证在神经网络的设计和应用中都是重要的.

2.5　脉冲随机不确定反应扩散广义细胞神经网络

2.5.1　本节预备知识

设 $C(H \times K, \mathbb{R}^n)$ 是 $H \times K \to \mathbb{R}^n$ 的 Banach 空间. 对于 $y(t, x) = [y_1(t, x), \cdots,$ $y_n(t, x)]^{\mathrm{T}} \in C[(0, +\infty) \times G, \mathbb{R}^n]$，定义

$$\|y(t, x)\| = \left(\sum_{i=1}^n \|y_i(t)\|_2^2\right)^{\frac{1}{2}}, \quad \|y_i(t)\|_2^2 = \left(\int_G y_i^2(t, x)\mathrm{d}x\right)^{\frac{1}{2}}.$$

对于 $\varphi(t, x) = [\varphi_1(t, x), \cdots, \varphi_n(t, x)]^{\mathrm{T}} \in C[(0, +\infty) \times G, \mathbb{R}^n]$，定义

$$\|\varphi(t, x)\| = \left(\sum_{i=1}^n \|\varphi_i(t, x)\|_2^2\right)^{\frac{1}{2}}, \quad \|\varphi_i(t, x)\|_2^2 = \left(\int_G \sup_{-\tau \leqslant t \leqslant 0} \varphi_i^2(t, x)\mathrm{d}x\right)^{\frac{1}{2}}.$$

考虑以下时滞脉冲随机不确定反应扩散广义细胞神经网络：

$$\frac{\partial y_i(t, x)}{\partial t} = \sum_{j=1}^m \frac{\partial}{\partial x_j}\left(D_{ij}\frac{\partial y_i(t, x)}{\partial x_j}\right) - \gamma_i h(y_i(t, x)) + \sum_{l=1}^n \alpha_{il} g_l(y_l(t, x))$$

$$+ \sum_{l=1}^{n} \beta_{il} g_l(y_l(t - d_{ij}(t), x)) + I_i, \quad t \geqslant 0, \ t \neq t_k, \ x \in G,$$

$$\Delta y_i(t_k, x) = L_k y_i(t_k^-, x), \quad t = t_k, \ k \in \mathbb{Z}^+,$$

$$y_i(t_0 + \theta, x) = \varphi_i(\theta, x), \quad \theta \in [-\tau, 0], \ x \in G,$$

$$y_i(t, x) = 0, \quad (t, x) \in \mathbb{R} \times \partial G, \tag{2.109}$$

其中 $G = \{x | l_1 \leqslant x_i \leqslant l_2, \ l_1, l_2 \in \mathbb{R}, l_1 < l_2, i = 1, \cdots, m\} \subset \mathbb{R}^m$ 是紧集, 具有边界 ∂G. $\varphi_i(\theta, x)$ $(i = 1, \cdots, n)$ 在 $[-\tau, 0] \times G$ 上有界连续. $y_i(t, x)$ 是第 i 单元在时间 t 和空间 x 上的状态变量. $D_{ij} \geqslant 0$ 是光滑扩散算子. 设

$$h(y_i(t, x)) = \begin{cases} a[y_i(t, x) - 1] + 1, & y_i(t, x) \geqslant 1, \\ y_i(t, x), & |y_i(t, x)| < 1, \\ a[y_i(t, x) + 1] - 1, & y_i(t, x) \leqslant -1, \end{cases} \tag{2.110}$$

其中 $a \geqslant 1$ 是常数. $g_l(y_i(t, x))$ 是第 l 单元于时间 t 和空间 x 的激活函数. I_i 是第 i 单元所受的常数驱动力. $\gamma_i > 0$ 表示第 i 个神经元恢复其孤立静息状态的速率. α_{il} 和 β_{il} 分别表示第 i 个神经元和第 l 个神经元之间的连接强度. $\Delta y_i(t_k, x) = L_k y_i(t_k^-, x)$ 是脉冲时刻 t_k 处的脉冲, 且脉冲时刻 t_k 满足 $0 = t_0 < t_1 < t_2 < \cdots < t_k < \cdots$, 且 $\lim\limits_{k \to \infty} t_k = +\infty$, $k \in \mathbb{Z}^+$. L_k 是一个常数, 表示 y_i 在时刻 t_k 处的脉冲扰动. $y(t_k^-, x)$ 和 $y(t_k^+, x)$ 分别表示 t_k 处的左右极限, 并且假设 $y(t_k, x) = y(t_k^+, x)$, $k \in \mathbb{Z}^+$.

下面给出以下假设:

假设 2.10 对于任意的 $z_1, z_2 \in \mathbb{R}$, 存在对称矩阵 $M = \mathrm{diag}(m_1, m_2, \cdots, m_n) \geqslant 0$, 使得

$$|g_k(z_1) - g_k(z_2)| \leqslant m_k |z_1 - z_2|, \quad k = 1, \cdots, n.$$

假设 2.11 传输时间延迟 $d_{ij}(t)$ 可微, 且满足 $0 \leqslant d_{ij}(t) \leqslant \tau$, $\dot{d}_{ij}(t) \leqslant \rho < 1$, ρ 是正常数.

注 2.14 在假设 2.11 中, $0 \leqslant d_{ij}(t) \leqslant \tau$, $\dot{d}_{ij}(t) \leqslant \rho < 1$. 既然它们都是一个边界, 为什么不用相同的时滞函数来表示它们呢? 因为尽管多个延迟有多个不同的有限的边界, 但对所有不同有限边界一定有一个最大的上界. 因此, 用相同的时间延迟常数 τ 表示它们是合理的; 同样地, ρ 与 τ 具有相同的解释. 而且 $\rho < 1$ 表示时间延迟变化缓慢.

有界激活函数总能保证 (2.109) 的平衡点的存在. 在假设 2.10下, 系统 (2.109) 存在唯一平衡点[66], 并且表示为 $y^* = [y_1^*, \cdots, y_n^*]^{\mathrm{T}}$. 通过变换 $u(t, x) = y(t, x) -$

y^*, 把平衡点 $y^* = [y_1^*, \cdots, y_n^*]^{\mathrm{T}}$ 移到原点后得到以下系统:

$$\frac{\partial u(t,x)}{\partial t} = \bar{D}\nabla^2 u(t,x) - \gamma\bar{h}(u(t,x)) + \alpha\bar{g}(u(t,x))$$
$$+ \beta\bar{g}(u(t-d(t),x)), \quad t \geqslant 0, \ x \in G,$$
$$\Delta u(t_k,x) = L_k u(t_k^-,x), \quad t = t_k, \ k \in \mathbb{Z}^+,$$
$$u(t_0+\theta,x) = \phi(\theta,x), \quad \theta \in [-\tau,0], \ x \in G,$$
$$u(t,x) = 0, \quad (t,x) \in \mathbb{R} \times \partial G, \tag{2.111}$$

其中 $\nabla^2 = \sum_{j=1}^m \frac{\partial^2}{\partial x_j^2}$ 是拉普拉斯算子, $u(t,x) = [u_1(t,x), \cdots, u_n(t,x)]^{\mathrm{T}} \in \mathbb{R}^n$,
$\bar{D} = \mathrm{diag}(D_{1j}, \cdots, D_{nj})$, $\gamma = \mathrm{diag}(\gamma_1, \cdots, \gamma_n)$, $\alpha = (\alpha_{il})_{n \times n}$, $\beta = (\beta_{il})_{n \times n}$,
$\bar{h}(u(t,x)) = [\bar{h}(u_1(t,x)), \cdots, \bar{h}(u_n(t,x))]^{\mathrm{T}} \in \mathbb{R}^n$, $\bar{g}(u(t,x)) = [\bar{g}_1(u_1(t,x)), \cdots,$
$\bar{g}_n(u_n(t,x))]^{\mathrm{T}} \in \mathbb{R}^n$, $\bar{h}(u_i(t,x)) = h(u_i(t,x)+y^*) - h(y_i^*)$, $\bar{g}_i(u_i(t,x)) = g_i(u_i(t,x)+y^*) - g_i(y_i^*)$, $i = 1, \cdots, n$. 由假设 2.10 易得 $|\bar{g}_i(u_i(t,x))| \leqslant m_i|u_i(t,x)|$, $i = 1, \cdots, n$.

在实际问题中, 不确定参数、随机扰动和脉冲影响对神经网络系统的影响是不可避免的. 因此, 考虑以下时滞脉冲随机不确定反应扩散广义细胞神经网络:

$$\frac{\partial u(t,x)}{\partial t} = [\bar{D}\nabla^2 u(t,x) - (\gamma + \Delta\gamma(t))\bar{h}(u(t,x)) + (\alpha + \Delta\alpha(t))\bar{g}(u(t,x))$$
$$+ (\beta + \Delta\beta(t))\bar{g}(u(t-d(t),x))]\mathrm{d}t + [(R + \Delta R(t))u(t,x)$$
$$+ (S + \Delta S(t))u(t-d(t),x)]\mathrm{d}w(t), \quad t \geqslant 0, \ x \in G,$$
$$\Delta u(t_k,x) = L_k u(t_k^-,x), \quad t = t_k, \ k \in \mathbb{Z}^+,$$
$$u(t_0+\theta,x) = \phi(\theta,x), \quad \theta \in [-\tau,0], \ x \in G,$$
$$u(t,x) = 0, \quad (t,x) \in \mathbb{R} \times \partial G, \tag{2.112}$$

其中 $w(t)$ 是定义在具有滤子 $\{\mathcal{F}\}_{t \geqslant 0}$ 的完备概率空间 $(\Omega, \mathcal{F}, \{\mathcal{F}\}_{t \geqslant 0}, P)$ 上的一维布朗运动. $d(t) \geqslant 0$ 表示传输时滞, 满足 $\dot{d}(t) < 1$. $R = (R_{ik})_{n \times n}$ 和 $S = (S_{ik})_{n \times n}$ 是随机扰动矩阵. $\Delta\alpha(t), \Delta\beta(t), \Delta\gamma(t), \Delta R(t)$ 和 $\Delta S(t)$ 表示时变不确定参数矩阵. 显然, 系统 (2.112) 存在平衡点. 此外, 给出以下假设:

假设 2.12　假设存在正定矩阵 $A \in \mathbb{R}^{n \times n^*}$, $K_\alpha, K_\beta, K_\gamma, K_R, K_S \in \mathbb{R}^{n^{**} \times n}$ 和在 $[0,+\infty)$ 上连续的未知时变矩阵函数 $l(\cdot): \mathbb{R} \to \mathbb{R}^{n^* \times n^{**}}$ 且 $l^{\mathrm{T}}(t)l(t) \leqslant I$,

$t \in [0, +\infty)$, 使得

$$[\Delta\alpha(t), \Delta\beta(t), \Delta\gamma(t), \Delta R(t), \Delta S(t)] = Al(t) [K_\alpha, K_\beta, K_\gamma, K_R, K_S].$$

定义 2.9[67]   如果存在正实值常数 b_1, b_2, 使得对于 $\|\phi(t,x)\|^2 \leqslant b_1$, 有

$$\mathrm{E}\|u(t,x)\|^2 \leqslant b_2, \quad \forall t \geqslant t_0,$$

则称系统 (2.112) 的平衡点是鲁棒均方稳定的.

引理 2.11[68]   假设存在一个定义在 $[a,b] \in \mathbb{R}$ 上的实值函数 $z(v)$, $z(v) \in C^1[a,b]$, 并且 $z(a) = z(b) = 0$, 则

$$\int_a^b (z(v))^2 \mathrm{d}v \leqslant \frac{(b-a)^2}{\pi^2} \int_a^b (z'(v))^2 \mathrm{d}v.$$

引理 2.12[68]   假设存在适当维数的实值矩阵 N_1, N_2, N_3, Q 和 H, 且满足 $Q > 0$, $H^{\mathrm{T}}H \leqslant I$, 则

(1) 对于任意的 $\epsilon > 0$, $X, Y \in \mathbb{R}^n$, 有

$$2X^{\mathrm{T}}N_1 HM_2 Y \leqslant \epsilon^{-1} X^{\mathrm{T}} N_1 N_1^{\mathrm{T}} + \epsilon Y^{\mathrm{T}} N_2 N_2^{\mathrm{T}} Y,$$

$$XHY + Y^{\mathrm{T}} H^{\mathrm{T}} X^{\mathrm{T}} \leqslant \epsilon^{-1} X^{\mathrm{T}} X + \epsilon Y^{\mathrm{T}} Y;$$

(2) 对于任意的 $\epsilon > 0$, 满足 $Q - \epsilon N_2 N_2^{\mathrm{T}} > 0$, 使得

$$(N_1 + N_2 H N_3)^{\mathrm{T}} Q^{-1} (N_1 + N_2 H N_3) \leqslant N_1^{\mathrm{T}} (Q - \epsilon N_2 N_2^{\mathrm{T}})^{-1} N_1 + \epsilon^{-1} N_3^{\mathrm{T}} N_3.$$

2.5.2   脉冲随机不确定反应扩散广义细胞神经网络的鲁棒均方稳定性

在本节中, 研究一类时滞随机不确定反应扩散广义细胞神经网络 (2.112) 在脉冲影响下的鲁棒均方稳定性.

定理 2.8   假设 2.10—假设 2.12 成立. 对于任意的实数值 $b_1 > 0$, $b_2 > 0$, 如果存在对称矩阵 $Q = \mathrm{diag}(q_1, \cdots, q_n) > 0$, 矩阵 P_1, $P_2 > 0$ 和标量 $\epsilon_1 > 0$, $\epsilon_2 > 0$, 使得

$$L_k^{\mathrm{T}} Q L_k - Q < 0, \tag{2.113}$$

$$[\lambda_{\max}(Q) + \tau\lambda_{\max}(P_1) + \tau\lambda_{\max}(P_2)\lambda_{\max}(MM)]b_1 - \lambda_{\min}(Q)b_2 < 0 \tag{2.114}$$

和

$$\Theta = \begin{bmatrix} \Phi_{11} & -Q\gamma & Q\alpha & \epsilon_2 K_R^{\mathrm{T}} K_S & Q\beta & R^{\mathrm{T}}Q & 0 & QA \\ * & \Phi_{22} & -\epsilon_1 K_\gamma^{\mathrm{T}} K_\alpha & 0 & -\epsilon_1 K_\gamma^{\mathrm{T}} K_\beta & 0 & 0 & 0 \\ * & * & \Phi_{33} & 0 & \epsilon_1 K_\alpha^{\mathrm{T}} K_\beta & 0 & 0 & 0 \\ * & * & * & \Phi_{44} & 0 & S^{\mathrm{T}}Q & 0 & 0 \\ * & * & * & * & \Phi_{55} & 0 & 0 & 0 \\ * & * & * & * & * & -Q & QA & 0 \\ * & * & * & * & * & * & -\epsilon_2 I & 0 \\ * & * & * & * & * & * & * & -\epsilon_1 I \end{bmatrix} < 0$$

$$(2.115)$$

成立, 则系统 (2.112) 的平衡点是鲁棒均方稳定的, 其中

$$\Phi_{11} = -\left[\frac{m\pi^2}{(l_1 - l_2)^2}(Q\bar{D} + \bar{D}Q)\right] + P_1 + a^2 I + MZM + \epsilon_2 K_R^{\mathrm{T}} K_R,$$

$$\Phi_{22} = -I + \epsilon_1 K_\gamma^{\mathrm{T}} K_\gamma, \quad \Phi_{33} = -Z + P_2 + \epsilon_1 K_\alpha^{\mathrm{T}} K_\alpha,$$

$$\Phi_{44} = -(1-\rho)P_1 + \epsilon_2 K_S^{\mathrm{T}} K_S, \quad \Phi_{55} = -(1-\rho)P_2 + \epsilon_1 K_\beta^{\mathrm{T}} K_\beta.$$

证明　构造以下 Lyapunov 泛函:

$$V_G(t, u(t)) = \int_G V(t, u(t, x))\mathrm{d}x, \tag{2.116}$$

其中

$$V(t, u(t, x)) = u^{\mathrm{T}}(t, x)Qu(t, x) + \int_{t-d(t)}^{t} u^{\mathrm{T}}(\theta, x)P_1 u(\theta, x)\mathrm{d}\theta$$

$$+ \int_{t-d(t)}^{t} \bar{g}^{\mathrm{T}}(u(\theta, x))P_2 \bar{g}(u(\theta, x))\mathrm{d}\theta. \tag{2.117}$$

对于 $t = t_k$, 有

$$V_G(t_k, u(t_k)) - V_G(t_k^-, u(t_k^-))$$

$$= \int_G u^{\mathrm{T}}(t_k, x)Qu(t_k, x)\mathrm{d}x - \int_G u^{\mathrm{T}}(t_k^-, x)Qu(t_k^-, x)\mathrm{d}x$$

$$+ \int_G \int_{t_k-d(t_k)}^{t_k} u^{\mathrm{T}}(\theta, x)P_1 u(\theta, x)\mathrm{d}\theta\mathrm{d}x - \int_G \int_{t_k^- - d(t_k^-)}^{t_k^-} u^{\mathrm{T}}(\theta, x)P_1 u(\theta, x)\mathrm{d}\theta\mathrm{d}x$$

$$+ \int_G \int_{t_k-d(t_k)}^{t_k} \bar{g}^{\mathrm{T}}(u(\theta, x))P_2 \bar{g}(u(\theta, x))\mathrm{d}\theta\mathrm{d}x$$

$$- \int_G \int_{t_k^- - d(t_k^-)}^{t_k^-} \bar{g}^{\mathrm{T}}(u(\theta, x)) P_2 \bar{g}(u(\theta, x)) \mathrm{d}\theta \mathrm{d}x$$

$$= \int_G u^{\mathrm{T}}(t_k^-, x)[L_k^{\mathrm{T}} Q L_k - Q] u(t_k^-, x) \mathrm{d}x.$$

故由 (2.113) 得

$$V_G(t_k, u(t_k)) < V_G(t_k^-, u(t_k^-)) \tag{2.118}$$

对于 $t \neq t_k$. 由 Itô 公式, 沿系统 (2.112) 计算 $\mathcal{L}V(t, u(t, x))$ 得

$$
\begin{aligned}
\mathcal{L}V_G(t, u(t)) &= \mathcal{L}\int_G V(t, u(t, x))\mathrm{d}x \\
&= \int_G \{2u^{\mathrm{T}}(t, x)Q[\bar{D}\nabla^2 u(t, x) - (\gamma + \Delta\gamma(t))\bar{h}(u(t, x)) \\
&\quad + (\alpha + \Delta\alpha(t))\bar{g}(u(t, x)) + (\beta + \Delta\beta(t))\bar{g}(u(t - d(t), x))] \\
&\quad + [(R + \Delta R(t))u(t, x) + (S + \Delta S(t))u(t - d(t), x)]^{\mathrm{T}}Q \\
&\quad \times [(R + \Delta R(t))u(t, x) + (S + \Delta S(t))u(t - d(t), x)] \\
&\quad + u^{\mathrm{T}}(t, x)P_1 u(t, x) + \bar{g}^{\mathrm{T}}(u(t, x))P_2 \bar{g}(u(t, x)) \\
&\quad - (1 - \dot{d}(t))u^{\mathrm{T}}(t - d(t), x)P_1 u(t - d(t), x) \\
&\quad - (1 - \dot{d}(t))\bar{g}^{\mathrm{T}}(u(t - d(t), x))P_2 \bar{g}(u(t - d(t), x))\}\mathrm{d}x. \tag{2.119}
\end{aligned}
$$

在 x_j 方向上积分并利用边界条件得

$$\int_{l_1}^{l_2} u_i(t, x) \frac{\partial^2 u_i(t, x)}{\partial x_j^2} \mathrm{d}x_j = \int_{l_1}^{l_2} u_i(t, x) \mathrm{d}\left(\frac{\partial u_i(t, x)}{\partial x_j}\right) = -\int_{l_1}^{l_2} \left[\frac{\partial u_i(t, x)}{\partial x_j}\right]^2 \mathrm{d}x_j,$$

利用引理 2.11 得

$$\int_{l_1}^{l_2} u_i(t, x) \frac{\partial^2 u_i(t, x)}{\partial x_j^2} \mathrm{d}x_j \leqslant -\frac{\pi^2}{(l_1 - l_2)^2} \int_{l_1}^{l_2} u_i^2(t, x) \mathrm{d}x_j. \tag{2.120}$$

对 (2.120) 两端同时在 G 内的 $x_1, \cdots, x_{k-1}, x_k, \cdots, x_m$ 积分得

$$\int_G u_i(t, x) \frac{\partial^2 u_i(t, x)}{\partial x_j^2} \mathrm{d}x_j \leqslant -\frac{\pi^2}{(l_1 - l_2)^2} \int_G u_i^2(t, x) \mathrm{d}x_j, \quad i = 1, \cdots, n, \ j = 1, \cdots, m,$$

故

$$\int_G 2u^{\mathrm{T}}(t,x)Q\bar{D}\nabla^2 u(t,x)\mathrm{d}x \leqslant -\frac{m\pi^2}{(l_1-l_2)^2}\int_G u^{\mathrm{T}}(t,x)(Q\bar{D}+\bar{D}Q)u(t,x)\mathrm{d}x.$$
(2.121)

由 (2.110) 可得 $1 \leqslant \dfrac{\bar{h}(u_i(t,x))}{u_i(t,x)} \leqslant a$. 故有 $\bar{h}^{\mathrm{T}}(u(t,x))\bar{h}(u(t,x)) \leqslant a^2 u^{\mathrm{T}}(t,x)u(t,x)$.

利用引理 2.12 得

$$2u^{\mathrm{T}}(t,x)Q[-\Delta\gamma(t)\bar{h}(u(t,x))+\Delta\alpha(t)\bar{g}(u(t,x))+\Delta\beta(t)\bar{g}(u(t-d(t),x))]$$
$$=2u^{\mathrm{T}}(t,x)QAl(t)K_{\gamma\alpha\beta}\psi(t,x)$$
$$\leqslant \epsilon_1^{-1}u^{\mathrm{T}}(t,x)QAA^{\mathrm{T}}Qu(t,x)+\epsilon_1\psi^{\mathrm{T}}(t,x)K_{\gamma\alpha\beta}^{\mathrm{T}}K_{\gamma\alpha\beta}\psi(t,x),$$
$$[(R+\Delta R(t))u(t,x)+(S+\Delta S(t))u(t-d(t),x)]^{\mathrm{T}}Q[(R+\Delta R(t))u(t,x)$$
$$+(S+\Delta S(t))u(t-d(t),x)]$$
$$=\psi^{\mathrm{T}}(t,x)[N_{RS}+Al(t)K_{RS}]^{\mathrm{T}}Q[N_{RS}+Al(t)K_{RS}]\psi(t,x)$$
$$\leqslant \psi^{\mathrm{T}}(t,x)[N_{RS}^{\mathrm{T}}(Q^{-1}-\epsilon_2^{-1}AA^{\mathrm{T}})^{-1}N_{RS}+\epsilon_2 K_{RS}^{\mathrm{T}}H_{RS}]\psi(t,x)$$
$$=\psi^{\mathrm{T}}(t,x)[N_{RS}^{\mathrm{T}}Q(Q-\epsilon_2^{-1}QAA^{\mathrm{T}}Q)^{-1}QN_{RS}+\epsilon_2 K_{RS}^{\mathrm{T}}H_{RS}]\psi(t,x),$$
(2.122)

其中

$$\psi(t,x)=[u^{\mathrm{T}}(t,x),\bar{h}^{\mathrm{T}}(u(t,x)),\bar{g}^{\mathrm{T}}(u(t,x)),u^{\mathrm{T}}(t-d(t),x),\bar{g}^{\mathrm{T}}(u(t-d(t),x))]^{\mathrm{T}},$$
$$K_{\gamma\alpha\beta}=[0,-K_\gamma,K_\alpha,0,K_\beta],\quad K_{RS}=[K_R,0,0,K_S,0],\quad N_{RS}=[R,0,0,S,0].$$

显然, 由假设 2.10 易得

$$\bar{g}^{\mathrm{T}}(u(t,x))Z\bar{g}(u(t,x)) \leqslant u^{\mathrm{T}}(t,x)MZMu(t,x),$$
(2.123)

其中 $Z=\mathrm{diag}(z_1,\cdots,z_n)$, $M=\mathrm{diag}(m_1,\cdots,m_n)$. 因此, 将 (2.121)—(2.123) 代入 (2.119) 后, 有

$$\mathcal{L}V_G(t,u(t)) \leqslant \int_G \psi^{\mathrm{T}}(t,x)\Lambda\psi(t,x)\mathrm{d}x,$$
(2.124)

其中

$$\Lambda = \begin{bmatrix} \Upsilon & -Q\gamma & Q\alpha & 0 & Q\beta \\ * & -I & 0 & 0 & 0 \\ * & * & -Z+P_2 & 0 & 0 \\ * & * & * & -(1-\rho)P_1 & 0 \\ * & * & * & * & -(1-\rho)P_2 \end{bmatrix} + \epsilon_1 K_{\gamma\alpha\beta}^{\mathrm{T}} K_{\gamma\alpha\beta}$$

$$+ \epsilon_2 K_{RS}^{\mathrm{T}} K_{RS} + N_{RS}^{\mathrm{T}} Q(Q - \epsilon_2^{-1} Q A A^{\mathrm{T}} Q)^{-1} Q N_{RS},$$

$$\Upsilon = -\left[\frac{m\pi^2}{(l_1-l_2)^2}(Q\bar{D} + \bar{D}Q)\right] + P_1 + a^2 I + MZM + \epsilon_1^{-1} Q A A^{\mathrm{T}} Q.$$

通过 Schur 补引理和 (2.115) 得 $\Lambda < 0$. 故

$$\mathcal{L}V_G(t, u(t)) = \int_G V(t, u(t,x))\mathrm{d}x < 0. \tag{2.125}$$

因此, 通过 (2.118), (2.125) 和数学归纳法得

$$\mathrm{E}V_G(t_k, u(t_k)) < \mathrm{E}V_G(t_k^-, u(t_k^-)) < \mathrm{E}V_G(t_{k-1}, u(t_{k-1}))$$
$$< \mathrm{E}V_G(t_{k-1}^-, u(t_{k-1}^-)) < \cdots < \mathrm{E}V_G(t_0, u(t_0)), \quad k \geqslant 1. \tag{2.126}$$

显然, 由 (2.116) 和 (2.120) 得

$$\mathrm{E}V_G(t, u(t)) \geqslant \lambda_{\min}(Q)\mathrm{E}\|u(t,x)\|^2. \tag{2.127}$$

另一方面,

$$V_G(0, u(0)) = \int_G \left[u^{\mathrm{T}}(0,x)Qu(0,x) + \int_{0-d(0)}^0 u^{\mathrm{T}}(\theta,x)P_1 u(\theta,x)\mathrm{d}\theta \right.$$
$$\left. + \int_{0-d(0)}^0 \bar{g}^{\mathrm{T}}(u(\theta,x))P_2\bar{g}(u(\theta,x))\mathrm{d}\theta \right]\mathrm{d}x$$
$$\leqslant [\lambda_{\max}(Q) + \tau\lambda_{\max}(P_1) + \tau\lambda_{\max}(P_2)\lambda_{\max}(MM)]\|\phi(t,x)\|^2. \tag{2.128}$$

因此, 通过 (2.126)—(2.128) 得 $\mathrm{E}\|u(t,x)\|^2 \leqslant b_2$, $t \geqslant t_0$, 其中 $b_2 = \dfrac{b_1\eta}{\lambda_{\min}(Q)}$, $\eta = \lambda_{\max}(Q) + \tau\lambda_{\max}(P_1) + \tau\lambda_{\max}(P_2)\lambda_{\max}(MM)$. 即系统 (2.112) 的平衡点是鲁棒均方稳定的. □

如果忽略参数不确定性, 得到以下系统:

$$\frac{\partial u(t,x)}{\partial t} = [\bar{D}\nabla^2 u(t,x) - \gamma\bar{h}(u(t,x)) + \alpha\bar{g}(u(t,x))$$

$$+ \beta\bar{g}(u(t-d(t),x))]\mathrm{d}t$$

$$+ [Ru(t,x) + Su(t-d(t),x)]\mathrm{d}w(t), \quad t \geqslant 0, \ x \in G,$$

$$\Delta u(t_k,x) = L_k u(t_k^-,x), \quad t = t_k, \ k \in \mathbb{Z}^+,$$

$$u(t_0+\theta,x) = \phi(\theta,x), \quad \theta \in [-\tau,0], \ x \in G \subseteq \mathbb{R}^m,$$

$$u(t,x) = 0, \quad (t,x) \in \mathbb{R} \times \partial G, \tag{2.129}$$

其中 $\bar{D}, \gamma, \alpha, \beta, R, L_k$ 和 S 与系统 (2.112) 相同. 故由定理 2.8, 得到以下推论:

推论 2.10　如果假设 2.10 和假设 2.11 成立, 并且存在对称矩阵 $Q = \mathrm{diag}(q_1, \cdots, q_n) > 0$, 矩阵 $P_1, P_2 > 0$, 使得 (2.114) 和

$$\begin{bmatrix} \tilde{\Phi} & -Q\gamma & Q\alpha & 0 & Q\beta & R^{\mathrm{T}}Q \\ * & -I & 0 & 0 & 0 & 0 \\ * & * & -Z+P_2 & 0 & 0 & 0 \\ * & * & * & -(1-\rho)P_1 & 0 & S^{\mathrm{T}}Q \\ * & * & * & * & -(1-\rho)P_2 & 0 \\ * & * & * & * & * & -Q \end{bmatrix} < 0 \tag{2.130}$$

成立, 则称系统 (2.129) 的平衡点是均方稳定的, 其中 $\tilde{\Phi} = -\left[\dfrac{m\pi^2}{(l_1-l_2)^2}(Q\bar{D} + \bar{D}Q)\right] + P_1 + a^2 I + MZM.$

下面给出系统 (2.112) 的平衡点是鲁棒均方稳定的另一个结论. 如果假设

$$\tilde{\gamma} = \gamma + \Delta\gamma(t), \quad \tilde{\alpha} = \alpha + \Delta\alpha(t), \quad \tilde{\beta} = \beta + \Delta\beta(t),$$

$$\tilde{R} = R + \Delta R(t), \quad \tilde{S} = S + \Delta S(t), \tag{2.131}$$

那么对于系统 (2.112), 得到以下结论.

定理 2.9　假设 2.10 和假设 2.11 成立. 如果存在对称矩阵 $Q = \mathrm{diag}(q_1, \cdots, q_n) > 0$, 矩阵 $P_1, P_2 > 0$ 和常数 $\epsilon_i \ (i = \alpha, \beta, \gamma, R, S)$, 满足 (2.114) 和

$$\check{\Theta} = \begin{bmatrix} \check{\Phi}_{11} & -Q\gamma & Q\alpha & 0 & Q\beta & R^{\mathrm{T}}Q & QA & QA & QA & 0 & 0 \\ * & \check{\Phi}_{22} & 0 & 0 & 0 & 0 & 0 & 0 & 0 & 0 & 0 \\ * & * & \check{\Phi}_{33} & 0 & 0 & 0 & 0 & 0 & 0 & 0 & 0 \\ * & * & * & \check{\Phi}_{44} & 0 & S^{\mathrm{T}}Q & 0 & 0 & 0 & 0 & 0 \\ * & * & * & * & \check{\Phi}_{55} & 0 & 0 & 0 & 0 & 0 & 0 \\ * & * & * & * & * & -Q & 0 & 0 & 0 & QA & QA \\ * & * & * & * & * & * & -\epsilon_\gamma I & 0 & 0 & 0 & 0 \\ * & * & * & * & * & * & * & -\epsilon_\alpha I & 0 & 0 & 0 \\ * & * & * & * & * & * & * & * & -\epsilon_\beta I & 0 & 0 \\ * & * & * & * & * & * & * & * & * & -\epsilon_R I & 0 \\ * & * & * & * & * & * & * & * & * & * & -\epsilon_S I \end{bmatrix}$$

$$< 0, \tag{2.132}$$

则系统 (2.112) 的平衡点是鲁棒均方稳定的, 其中

$$\check{\Phi}_{11} = -\left[\frac{m\pi^2}{(l_1 - l_2)^2}(Q\bar{D} + \bar{D}Q)\right] + P_1 + a^2 I + MZM + \epsilon_R K_R^{\mathrm{T}} K_R,$$

$$\check{\Phi}_{22} = -I + \epsilon_\gamma K_\gamma^{\mathrm{T}} K_\gamma, \quad \check{\Phi}_{33} = -Z + P_2 + \epsilon_\alpha K_\alpha^{\mathrm{T}} K_\alpha,$$

$$\check{\Phi}_{44} = -(1-\rho)P_1 + \epsilon_S K_S^{\mathrm{T}} K_S, \quad \check{\Phi}_{55} = -(1-\rho)P_2 + \epsilon_\beta K_\beta^{\mathrm{T}} K_\beta. \tag{2.133}$$

证明 对于 $t = t_k$, 这与定理 2.8 相似.

对于 $t \neq t_k$, 上述假设 (2.131) 成立, 则 (2.119) 可以写成以下形式:

$$\mathcal{L}V_G(t, u(t))$$

$$\leqslant \int_G \{2u^{\mathrm{T}}(t,x)Q[\bar{D}\nabla^2 u(t,x) - \tilde{\gamma}\bar{h}(u(t,x)) + \tilde{\alpha}\bar{g}(u(t,x)) + \tilde{\beta}\bar{g}(u(t-d(t),x))]$$

$$+ [\tilde{R}u(t,x) + \tilde{S}u(t-d(t),x)]^{\mathrm{T}}Q[\tilde{R}u(t,x) + \tilde{S}u(t-d(t),x)] + u^{\mathrm{T}}(t,x)P_1 u(t,x)$$

$$- (1-\rho)u^{\mathrm{T}}(t-d(t),x)P_1 u(t-d(t),x) + \bar{g}^{\mathrm{T}}(u(t,x))P_2\bar{g}(u(t,x))$$

$$- (1-\rho)\bar{g}^{\mathrm{T}}(u(t-d(t),x))P_2\bar{g}(u(t-d(t),x))\}\mathrm{d}x. \tag{2.134}$$

将 (2.121)—(2.123) 代入 (2.134) 得

$$\mathcal{L}V_G(t, u(t)) \leqslant \int_G \psi^{\mathrm{T}}(t,x)\Pi\psi(t,x)\mathrm{d}x, \tag{2.135}$$

其中

$$\Pi = \begin{bmatrix} \Upsilon & -Q\tilde{\gamma} & Q\tilde{\alpha} & 0 & Q\tilde{\beta} \\ * & -I & 0 & 0 & 0 \\ * & * & -Z+P_2 & 0 & 0 \\ * & * & * & -(1-\rho)P_1 & 0 \\ * & * & * & * & -(1-\rho)P_2 \end{bmatrix} + \vartheta^{\mathrm{T}}Q\vartheta,$$

$$\Upsilon = -\left[\frac{m\pi^2}{(l_1-l_2)^2}(Q\bar{D}+\bar{D}Q)\right] + P_1 + a^2I + MZM, \quad \vartheta = [\tilde{R}, 0, 0, \tilde{S}, 0].$$

通过 Schur 补引理, 如果 $\Pi < 0$, 则存在 $\tilde{\Pi} < 0$, 使得

$$\tilde{\Pi} = \begin{bmatrix} \Upsilon & -Q\tilde{\gamma} & Q\tilde{\alpha} & 0 & Q\tilde{\beta} & \tilde{R}^{\mathrm{T}}Q \\ * & -I & 0 & 0 & 0 & 0 \\ * & * & -Z+P_2 & 0 & 0 & 0 \\ * & * & * & -(1-\rho)P_1 & 0 & \tilde{S}^{\mathrm{T}}Q \\ * & * & * & * & -(1-\rho)P_2 & 0 \\ * & * & * & * & * & -Q \end{bmatrix}. \tag{2.136}$$

通过 (2.131) 得 $\tilde{\Pi} = \Pi_1 + \Pi_2$, 其中

$$\Pi_1 = \begin{bmatrix} \Upsilon & -Q\gamma & Q\tilde{\alpha} & 0 & Q\tilde{\beta} & \tilde{R}^{\mathrm{T}}Q \\ * & -I & 0 & 0 & 0 & 0 \\ * & * & -Z+P_2 & 0 & 0 & 0 \\ * & * & * & -(1-\rho)P_1 & 0 & \tilde{S}^{\mathrm{T}}Q \\ * & * & * & * & -(1-\rho)P_2 & 0 \\ * & * & * & * & * & -Q \end{bmatrix}, \tag{2.137}$$

$$\Pi_2 = \begin{bmatrix} 0 & -Q\Delta\gamma(t) & Q\Delta\alpha(t) & 0 & Q\Delta\beta(t) & \Delta R^{\mathrm{T}}(t)Q \\ * & 0 & 0 & 0 & 0 & 0 \\ * & * & 0 & 0 & 0 & 0 \\ * & * & * & 0 & 0 & \Delta S^{\mathrm{T}}(t)Q \\ * & * & * & * & 0 & 0 \\ * & * & * & * & * & 0 \end{bmatrix}, \tag{2.138}$$

故 (2.138) 可以写成以下:

$$\Pi_2 = \xi_1^{\mathrm{T}}l(t)\chi_{\gamma} + \chi_{\gamma}A^{\mathrm{T}}(t)\xi_1 + \xi_1^{\mathrm{T}}A(t)\chi_{\alpha} + \chi_{\alpha}^{\mathrm{T}}A^{\mathrm{T}}(t)\xi_1 + \xi_1^{\mathrm{T}}A(t)\chi_{\beta} + \chi_{\beta}^{\mathrm{T}}A^{\mathrm{T}}(t)\xi_1$$

$$+ \xi_2^{\mathrm{T}} A(t)\chi_R + \chi_R^{\mathrm{T}} A^{\mathrm{T}}(t)\xi_2 + \xi_2^{\mathrm{T}} A(t)\chi_S + \chi_S^{\mathrm{T}} A^{\mathrm{T}}(t)\xi_2, \tag{2.139}$$

其中 $\xi_1 = [A^{\mathrm{T}}Q, 0, 0, 0, 0, 0]$, $\xi_2 = [0, 0, 0, 0, 0, A^{\mathrm{T}}Q]$, $\chi_\gamma = [0, -K_\gamma, 0, 0, 0, 0]$, $\chi_\alpha = [0, 0, K_\alpha, 0, 0, 0]$, $\chi_\beta = [0, 0, 0, 0, K_\beta, 0]$, $\chi_R = [K_R, 0, 0, 0, 0, 0]$, $\chi_S = [0, 0, 0, K_S, 0, 0]$.

通过引理 2.12 得

$$\begin{aligned}
\tilde{\Pi} &= \Pi_1 + \xi_1^{\mathrm{T}} l(t)\chi_\gamma + \chi_\gamma A^{\mathrm{T}}(t)\xi_1 + \xi_1^{\mathrm{T}} A(t)\chi_\alpha \\
&\quad + \chi_\alpha^{\mathrm{T}} A^{\mathrm{T}}(t)\xi_1 + \xi_1^{\mathrm{T}} A(t)\chi_\beta + \chi_\beta^{\mathrm{T}} A^{\mathrm{T}}(t)\xi_1 \\
&\quad + \xi_2^{\mathrm{T}} A(t)\chi_R + \chi_R^{\mathrm{T}} A^{\mathrm{T}}(t)\xi_2 + \xi_2^{\mathrm{T}} A(t)\chi_S + \chi_S^{\mathrm{T}} A^{\mathrm{T}}(t)\xi_2 \\
&\leqslant \Pi_1 + (\epsilon_\gamma^{-1} + \epsilon_\alpha^{-1} + \epsilon_\beta^{-1})\xi_1^{\mathrm{T}}\xi_1 + \epsilon_\gamma \chi_\gamma^{\mathrm{T}}\chi_\gamma + \epsilon_\alpha \chi_\alpha^{\mathrm{T}}\chi_\alpha + \epsilon_\beta \chi_\beta^{\mathrm{T}}\chi_\beta \\
&\quad + (\epsilon_R^{-1} + \epsilon_S^{-1})\xi_2^{\mathrm{T}}\xi_2 + \epsilon_R \chi_R^{\mathrm{T}}\chi_R + \epsilon_S \chi_S^{\mathrm{T}}\chi_S. \tag{2.140}
\end{aligned}$$

并且 (2.140) 可以写成以下:

$$\check{\Pi} = \begin{bmatrix}
\acute{\Phi}_{11} & -Q\gamma & Q\alpha & 0 & Q\beta & R^{\mathrm{T}}Q \\
* & \check{\Phi}_{22} & 0 & 0 & 0 & 0 \\
* & * & \check{\Phi}_{33} & 0 & 0 & 0 \\
* & * & * & \check{\Phi}_{44} & 0 & S^{\mathrm{T}}Q \\
* & * & * & * & \check{\Phi}_{55} & 0 \\
* & * & * & * & * & \acute{\Phi}_{66}
\end{bmatrix}, \tag{2.141}$$

其中 $\acute{\Phi}_{11} = -\left[\dfrac{m\pi^2}{(l_1 - l_2)^2}(Q\bar{D} + \bar{D}Q)\right] + P_1 + a^2 I + MZM + \epsilon_R K_R^{\mathrm{T}} K_R + (\epsilon_\gamma^{-1} + \epsilon_\alpha^{-1} + \epsilon_\beta^{-1})QAA^{\mathrm{T}}Q$, $\acute{\Phi}_{66} = -Q + (\epsilon_R^{-1} + \epsilon_S^{-1})QAA^{\mathrm{T}}Q$. 而 $\check{\Phi}_{22}, \check{\Phi}_{33}, \check{\Phi}_{44}, \check{\Phi}_{55}$ 为 (2.133) 式所述. 因此, 又通过 Schur 补引理, (2.141) 等价于 (2.132). 接下来的证明与定理 2.8 相似. $\qquad\square$

注 2.15 对于定理 2.8, 定理 2.9 和推论 2.10, 假设了矩阵 Q 是一个对角矩阵, 那么潜在的保守性可能来自矩阵 Q. 限制 Q 可以降低计算复杂度, 但 Q 所要求的形式可能会对所得到结果的应用产生限制.

注 2.16 如果忽略系统 (2.112) 的脉冲、不确定参数和随机扰动, 考虑以下系统:

$$\frac{\partial u(t, x)}{\partial t} = \bar{D}\nabla^2 u(t, x) - \gamma \bar{h}(u(t, x)) + \alpha \bar{g}(u(t, x))$$

$$+ \beta \bar{g}(u(t - d(t), x)), \quad t \geqslant 0, \ x \in G,$$

$$u(t_0 + \theta, x) = \phi(\theta, x), \quad \theta \in [-\tau, 0], \ x \in G,$$

$$u(t, x) = 0, \quad (t, x) \in \mathbb{R} \times \partial G. \tag{2.142}$$

文献 [69] 考虑了系统 (2.142) 的全局指数稳定性. 如果假设 $d(t) = d$ (d 是时滞), 并且系统 (2.112) 没有考虑脉冲影响、反应扩散项、不确定参数以及随机扰动, 则文献 [70] 研究了时滞广义细胞神经网络的全局指数稳定性. 因此, 本节所研究的系统模型和结论是新颖的, 并且所得结论是现有结论的推广.

注 2.17　如果忽略反应扩散项, 文献 [71] 研究了具有时滞脉冲的脉冲随机时滞系统. 在相同的脉冲控制系统和初始数据下, 得到了系统均方指数稳定的条件, 这不同于本节所讨论的鲁棒均方稳定性的判据.

注 2.18　文献 [72] 研究了时变时滞不确定中立型 Lur'e 系统的绝对稳定性和鲁棒绝对稳定性. 然而, 上述论文没有考虑脉冲影响和反应扩散效应. 因此, 本节所得结论是新颖的.

下面给出数值算例分别说明定理 2.8 和定理 2.9. 考虑以下二维时滞脉冲随机不确定反应扩散广义细胞神经网络:

$$\begin{aligned}
\frac{\partial u(t,x)}{\partial t} &= [\bar{D}\nabla^2 u(t,x) - (\gamma + \Delta\gamma(t))\bar{h}(u(t,x)) + (\alpha + \Delta\alpha(t))\bar{g}(u(t,x)) \\
&\quad + (\beta + \Delta\beta(t))\bar{g}(u(t-d(t),x))]dt + [(R + \Delta R(t))u(t,x) \\
&\quad + (S + \Delta S(t))u(t-d(t),x)]dw(t), \ t \geqslant 0, \ x \in G,
\end{aligned}$$

$$\Delta u(t_k, x) = L_k u(t_k^-, x), \quad t = t_k, \ k \in \mathbb{Z}^+,$$

$$u(t_0 + \theta, x) = \phi(\theta, x), \quad \theta \in [-\tau, 0], \ x \in G,$$

$$u(t, x) = 0, \quad (t, x) \in \mathbb{R} \times \partial G. \tag{2.143}$$

例子 2.5　假设系统 (2.143) 的参数为

$$\bar{g}_i(u_i(t,x)) = \frac{3}{4}(|u_i(t,x)+1| - |u_i(t,x)-1|),$$

$$\bar{h}(u_i(t,x)) = \begin{cases} 26[u_i(t,x)-1]+1, & u_i(t,x) \geqslant 1, \\ u_i(t,x), & |u_i(t,x)| < 1, \\ 26[u_i(t,x)+1]-1, & u_i(t,x) \leqslant -1, \end{cases}$$

$$\phi_1(\theta, x) = \cos(1.2\omega\pi)\sin(0.2\pi), \quad \phi_2(\theta, x) = \cos(1.2\omega\pi)\sin(0.4\pi),$$

$$d(t) = 0.5 + 0.5\sin t, \quad L_k = \begin{bmatrix} 1 & 0 \\ 0 & -0.2 \end{bmatrix},$$

$i = 1, 2, \omega \in \mathbb{R}, k = 1, 2, \cdots$. 故 $a = 26, M = \mathrm{diag}(1.5, 1.5)$. 又设

$$\gamma = \begin{bmatrix} 0.04 & 0 \\ 0 & 0.02 \end{bmatrix}, \quad \alpha = \begin{bmatrix} 0.04 & 0.06 \\ -0.02 & 0.03 \end{bmatrix}, \quad \beta = \begin{bmatrix} 0.05 & 0.04 \\ 0.03 & -0.04 \end{bmatrix},$$

$$R = \begin{bmatrix} 4 & 0 \\ 0 & 2 \end{bmatrix}, \quad S = \begin{bmatrix} 2 & 0 \\ 0 & 1 \end{bmatrix}, \quad A = \begin{bmatrix} 0.1 & 0 \\ 0 & 0.1 \end{bmatrix},$$

$$K_\gamma = K_\alpha = K_\beta = K_R = K_S = \begin{bmatrix} 0.1 & 0 \\ 0 & 0.1 \end{bmatrix},$$

$$\bar{D} = \begin{bmatrix} 0.002 & 0 \\ 0 & 0.003 \end{bmatrix}, \quad Z = \begin{bmatrix} 0.03 & 0 \\ 0 & 0.03 \end{bmatrix},$$

$$\tau = 2, \quad m = 2, \quad l_1 = 0, \quad l_2 = 1, \quad \rho = 0.4, \quad L(t) = \begin{bmatrix} \sin(t) & 0 \\ 0 & \cos(t) \end{bmatrix}.$$

通过计算式 (2.115) 和 (2.113) 得

$$\epsilon_1 = 0.2159, \quad \epsilon_2 = 329.7293, \quad Q = \begin{bmatrix} 0.5892 & 0 \\ 0 & 0.5892 \end{bmatrix},$$

$$P_1 = \begin{bmatrix} 1.8843\mathrm{e} + 03 & -3.9182\mathrm{e} - 04 \\ -3.9182\mathrm{e} - 04 & 3.3150\mathrm{e} + 03 \end{bmatrix}, \quad P_2 = \begin{bmatrix} 0.0193 & 1.5375\mathrm{e} - 06 \\ 1.5375\mathrm{e} - 06 & 0.0193 \end{bmatrix}.$$

设 $b_1 = 0.01, b_2 = 120$, 则 (2.114) 成立. 当系统 (2.143) 忽略脉冲影响时, 系统状态 $u_1(t, x)$ 和 $u_2(t, x)$ 的仿真如图 2.11 和图 2.12 所示; 当系统 (2.143) 具有脉冲影响时, 系统状态 $u_1(t, x)$ 和 $u_2(t, x)$ 的仿真如图 2.13 和图 2.14 所示. 显然, 系统 (2.143) 的平衡点是鲁棒均方稳定的.

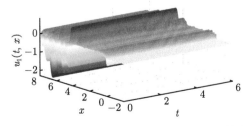

图 2.11 忽略脉冲影响时, 系统状态 $u_1(t, x)$ 的仿真

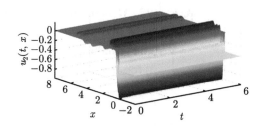

图 2.12   忽略脉冲影响时, 系统状态 $u_2(t,x)$ 的仿真

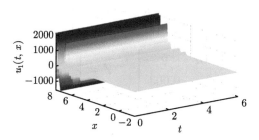

图 2.13   具有脉冲影响时, 系统状态 $u_1(t,x)$ 的仿真

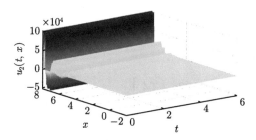

图 2.14   具有脉冲影响时, 系统状态 $u_2(t,x)$ 的仿真

例子 2.6   假设系统 (2.143) 的参数为

$$\bar{g}_i(u_i(t,x)) = 2u_i(t,x),$$

$$d(t) = 0.5 + 0.5\sin t, \quad L_k = \begin{bmatrix} -2 & 0 \\ 0 & -2.6 \end{bmatrix},$$

$$\bar{h}(u_i(t,x)) = \begin{cases} 22[u_i(t,x) - 1] + 1, & u_i(t,x) \geqslant 1, \\ u_i(t,x), & |u_i(t,x)| < 1, \\ 22[u_i(t,x) + 1] - 1, & u_i(t,x) \leqslant -1, \end{cases}$$

$$\phi_1(\theta,x) = \cos(0.081\omega\pi)\sin(1.22\pi), \quad \phi_2(\theta,x) = \cos(0.08\omega\pi)\sin(1.2\pi),$$

$i = 1, 2,\ \omega \in \mathbb{R},\ k = 1, 2, \cdots.$ 故 $a = 22,\ M = \mathrm{diag}(2, 2).$ 又设

$$\gamma = \begin{bmatrix} 3 & 0 \\ 0 & 3 \end{bmatrix}, \quad \alpha = \begin{bmatrix} 0.04 & -0.03 \\ -0.02 & 0.04 \end{bmatrix}, \quad \beta = \begin{bmatrix} 0.03 & -0.04 \\ 0.03 & -0.02 \end{bmatrix}, \quad R = \begin{bmatrix} 3 & 0 \\ 0 & 2 \end{bmatrix},$$

$$S = \begin{bmatrix} 2 & 0 \\ 0 & 4 \end{bmatrix}, \quad A = \begin{bmatrix} 0.2 & 0 \\ 0 & 0.2 \end{bmatrix}, K_\gamma = K_\alpha = K_\beta = K_R = K_S = \begin{bmatrix} 0.2 & 0 \\ 0 & 0.2 \end{bmatrix},$$

$$\bar{D} = \begin{bmatrix} 0.004 & 0 \\ 0 & 0.005 \end{bmatrix}, \quad Z = \begin{bmatrix} 0.02 & 0 \\ 0 & 0.02 \end{bmatrix},$$

$$\tau = 2, \quad m = 2, \quad l_1 = 0.1, \quad l_2 = 0.08, \quad \rho = 0.6.$$

通过计算式 (2.113) 和 (2.132) 得

$$\epsilon_\gamma = 10.2155, \quad \epsilon_\alpha = 0.1284, \quad \epsilon_\beta = 0.0298, \quad \epsilon_R = 34.5048, \quad \epsilon_S = 34.9147,$$

$$Q = \begin{bmatrix} 0.2976 & 0 \\ 0 & 0.2976 \end{bmatrix}, \quad P_1 = \begin{bmatrix} 68.6455 & -0.0063 \\ -0.0063 & 100.1746 \end{bmatrix},$$

$$P_2 = \begin{bmatrix} 0.0110 & -2.7265\mathrm{e}-06 \\ -2.7265\mathrm{e}-06 & 0.0110 \end{bmatrix}.$$

设 $b_1 = 0.2$, $b_2 = 150$, 则 (2.114) 成立. 当系统 (2.143) 忽略脉冲影响时, 系统状态 $u_1(t, x)$ 和 $u_2(t, x)$ 的仿真如图 2.15 和图 2.16 所示; 当系统 (2.143) 具有脉冲影响时, 系统状态 $u_1(t, x)$ 和 $u_2(t, x)$ 的仿真如图 2.17 和图 2.18 所示. 显然, 系统 (2.143) 的平衡点是鲁棒均方稳定的.

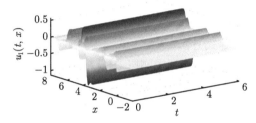

图 2.15　忽略脉冲影响时, 系统状态 $u_1(t, x)$ 的仿真

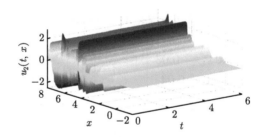

图 2.16　忽略脉冲影响时, 系统状态 $u_2(t, x)$ 的仿真

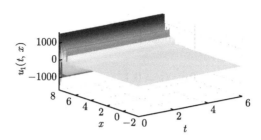

图 2.17　具有脉冲影响时, 系统状态 $u_1(t, x)$ 的仿真

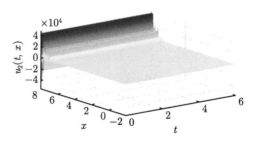

图 2.18　具有脉冲影响时, 系统状态 $u_2(t, x)$ 的仿真

2.5.3　本节小结

为了便于神经网络的硬件实现, Espejo 等提出了广义细胞神经网络[73]. 对广义细胞神经网络的研究引入反应扩散项、时滞、不确定项是具有实际意义的. 本节主要考虑了一类时滞脉冲广义随机不确定反应扩散细胞神经网络的鲁棒均方稳定性. 利用线性矩阵不等式方法和 Lyapunov 函数方法, 讨论了时滞随机不确定反应扩散广义细胞神经网络在脉冲影响下的鲁棒均方稳定性. 本节所研究的模型是新的, 更复杂, 包含了时滞和反应扩散项.

第 3 章　网络化随机反应扩散系统

本章讨论随机反应扩散系统的稳定性问题.

在 3.1 节, 研究了一些网络上的耦合随机反应扩散系统的稳定性问题. 我们利用图论的知识给出了构造这些反应扩散耦合系统的全局 Lyapunov 函数的一个系统方法, 研究了系统的随机稳定性、渐近随机稳定性和全局渐近随机稳定性, 得出的结果比 Luo 和 Zhang[24] 得到的结果保守性更小, 事实上, 文献 [24] 讨论的系统是我们的特殊情况. 此外, 我们的新稳定性判据与网络的拓扑性质有密切的联系, 我们的新方法建立了网络上耦合系统的稳定性判据与网络的一些拓扑性质之间的联系, 有助于用 Lyapunov 函数法分析复杂网络的稳定性.

在 3.2 节, 探讨了网络上带有马尔可夫跳变的耦合随机反应扩散系统的稳定性问题. 利用 Lyapunov 函数, 我们建立了带有马尔可夫跳变的耦合随机反应扩散网络系统的随机稳定性、随机渐近稳定、随机全局渐近稳定性和几乎必然指数稳定的稳定性新判据. 这些稳定性判据与网络的拓扑性质有着密切的联系. 我们还结合图论的知识给出了构造网络上带有马尔可夫跳变的反应扩散耦合系统的全局 Lyapunov 函数的一个系统方法. 这种新方法可以帮助分析复杂网络的动态变化.

3.1　网络上耦合随机反应扩散系统

3.1.1　本节预备知识

令 $\mathrm{E}(\cdot)$ 表示关于给定概率测度 P 数学期望, $|\cdot|$ 表示向量的欧几里得范数或矩阵的迹范数. $\mathbb{S}_\delta^n = \left\{ \xi : G \to \mathbb{R}^n : \left| \int_G \xi(x)\mathrm{d}x \right| < \delta \right\}$, $\mathbb{R}_+^n = \{x \in \mathbb{R}^n : x_i > 0, i = 1, 2 \cdots, n\}$.

考虑以下随机反应扩散系统[74]:

$$\mathrm{d}v(t,x) = [\rho\Delta v(t,x) + f(t,x,v(t,x))]\mathrm{d}t$$
$$+ g(t,x,v(t,x))\mathrm{d}w(t), \quad (t,x) \in \mathbb{R}_{t_0}^+ \times \Omega,$$
$$v(t_0,x) = \varphi(x), \quad x \in \Omega,$$
$$\frac{\partial v(t,x)}{\partial \mathcal{N}} = 0, \quad (t,x) \in \mathbb{R}_{t_0}^+ \times \partial\Omega, \tag{3.1}$$

其中 $G = \{x = [x_1, x_2, \cdots, x_r]^{\mathrm{T}} : \|x\| < l < +\infty\} \subset \mathbb{R}^r$, $f : \mathbb{R}_+ \times G \times \mathbb{R}^n \to \mathbb{R}^n$ 和 $g : \mathbb{R}_+ \times G \times \mathbb{R}^n \to \mathbb{R}^{n \times m}$ 都是 Borel 可测函数, $D_{ik}(t, x, v(t, x)) \geqslant 0$ 足够光滑, $\rho = \mathrm{diag}(\rho_1, \rho_2, \cdots, \rho_n)$, $\rho_n \geqslant 0$ 是常数, $w(\cdot)$ 是定义在完备概率空间 $(\Omega, \mathcal{F}, \mathcal{F}_t, \mathrm{P})$ 上的 m-维布朗运动, 滤子 $\{\mathcal{F}_t\}_{t \geqslant t_0}$ 满足一般条件, $\mathcal{N}$ 是 ∂G 的单位法向量, $\varphi(x)$ 是适当的光滑已知函数, $\| \cdot \|$ 表示向量范数, $\Delta v(t, x) \triangleq$ $\left[\sum\limits_{k=1}^r \frac{\partial}{\partial x_k} \left[D_{1k}(t, x, v(t, x)) \frac{\partial u_1}{\partial x_k} \right], \cdots, \sum\limits_{k=1}^r \frac{\partial}{\partial x_k} \left[D_{nk}(t, x, v(t, x)) \frac{\partial u_n}{\partial x_k} \right] \right]^{\mathrm{T}}$.

给出以下假设.

H1. 函数 $g(t, x, v(t, x))$ 满足线性增长条件, 且 f, g 满足 Lipschitz 条件, 也就是说, 存在常数 $L > 0$, 使得

$$\|g(t, x, v(t, x))\|_G \leqslant L(1 + \|v\|),$$

$$\|g(t, x, v_1(t, x)) - g(t, x, v_2(t, x))\|_G \leqslant L\|v_1 - v_2\|_G,$$

$$\|f(t, x, v_1(t, x)) - f(t, x, v_2(t, x))\|_G \leqslant L\|v_1 - v_2\|_G \tag{3.2}$$

成立, 其中 $\|v(\cdot, x)\|_G \triangleq \left| \int_G v(\cdot, x)\mathrm{d}x \right|$.

因为随机反应扩散系统可以通过半群方法转化为带有无穷线性算子和非线性项的 Banach 空间中的抽象微分系统, 系统 (3.1) 解的存在性和唯一性可以参阅文献 [17] 中的相关结论. 假设 $f(t, x, 0) \equiv 0$, $g(t, x, 0) \equiv 0$, $t \geqslant t_0$, 这说明 $v(t, x) = 0$ 是系统 (3.1) 的一个平凡解.

给出以下零解的随机稳定性定义, 可参见文献 [24, 75].

定义 3.1　若对任意的 $\varepsilon_1 \in (0, 1)$, $\varepsilon_2 > 0$, $t_0 \geqslant 0$, 存在 $\delta = \delta(\varepsilon_1, \varepsilon_2, t_0) > 0$, 使得

$$\mathrm{P}(\|v(t, x, t_0, v_0)\|_G < \varepsilon_2, t \geqslant t_0) \geqslant 1 - \varepsilon_1$$

对于任意的 $\|v_0\|_G = \|\varphi(x)\|_G < \delta$ 成立, 则称系统 (3.1) 的零解是依概率稳定的, 否则称零解不稳定.

定义 3.2　称方程 (3.1) 的零解是随机渐近稳定的, 若它是随机稳定的, 且对任意的 $\varepsilon \in (0, 1)$, $t_0 \geqslant 0$, 存在一个 $\delta_0 = \delta_0(\varepsilon, t_0) > 0$, 使得

$$\mathrm{P}\left(\lim_{t \to \infty} \|v(t, x, t_0, v_0)\|_G = 0 \right) \geqslant 1 - \varepsilon$$

对所有 $\|v_0\|_G = \|\varphi(x)\|_G < \delta_0$ 成立.

定义 3.3　称方程 (3.1) 的零解是随机全局渐近稳定的, 若它是随机稳定的, 且对任意的 $\delta > 0$, $\mathrm{P}\left(\lim\limits_{t \to \infty} \|v(t, x, t_0, v_0)\|_G = 0 \right) = 1$ 对所有 $\|v_0\|_G = \|\varphi(x)\|_G < \delta$

成立.

定义 3.4 若 $\mu(\cdot) \in C[[0,r],\mathbb{R}]$ 是一个严格单调递增函数, 且 $\mu(0) = 0$, 则称函数 μ 是 $\mathcal{K}$ 类函数, 简记为 $\mu \in \mathcal{K}$. 若 $\mu(\cdot) \in C[\mathbb{R}^+, \mathbb{R}^+]$ 且 $\mu \in \mathcal{K}$, $\lim\limits_{r \to +\infty} \mu(r) = +\infty$, 那么 $\mu \in \mathcal{KR}$.

如 [74, 76, 77, 81] 中提出的, 连续函数 $V(t,\xi)$ 被称为正定的, 若 $V(t,0) = 0$, 且存在 $\mu \in \mathcal{K}$, 使得 $V(t,\xi) \geqslant \mu(|\xi|)$. $C^{1,2}(\mathbb{R}_+ \times \mathbb{R}^n; \mathbb{R}_+)$ 表示所有定义在 $\mathbb{R}_+ \times \mathbb{R}^n$ 上的非负定函数 $V(t,\xi)$ 的集合, $V(t,\xi)$ 关于 ξ 二阶可微, 关于 t 一阶可微. 若 $V(t,\xi) \in C^{1,2}(\mathbb{R}_+ \times \mathbb{R}^n; \mathbb{R}_+)$, 那么沿着系统 (3.1) 定义以下算子 $\mathcal{L}V(t,\xi)$: $\mathbb{R}_+ \times \mathbb{R}^n \mapsto \mathbb{R}$, 即

$$\mathcal{L}V(t,\xi) = V_t(t,\xi) + V_\xi^{\mathrm{T}}(t,\xi)f(t,x,\xi) + \frac{1}{2}\mathrm{Trace}[g^{\mathrm{T}}(t,x,\xi)V_{\xi\xi}(t,\xi)g(t,x,\xi)], \quad (3.3)$$

其中

$$V_t(t,\xi) = \frac{\partial V(t,\xi)}{\partial t}, \quad V_\xi^{\mathrm{T}}(t,\xi) = \left[\frac{\partial V(t,\xi)}{\partial \xi_1}, \cdots, \frac{\partial V(t,\xi)}{\partial \xi_n}\right],$$

且

$$V_{\xi\xi}(t,\xi) = \left(\frac{\partial^2 V(t,\xi)}{\partial \xi_k \partial \xi_j}\right)_{n \times n}.$$

对于任意的 $t \geqslant t_0$, 对 $\int_G V(t, v(t,x))\mathrm{d}x$ 沿着系统 (3.1) 应用 Itô 公式得

$$\left(\mathrm{d}\int_G V(t, v(t,x))\mathrm{d}x\right)\bigg|_{(3.1)} = \int_G [\mathcal{L}V(t, v(t,x)) + V_v^{\mathrm{T}}(t,v)\rho\Delta v(t,x)\mathrm{d}t$$

$$+ V_v^{\mathrm{T}}(t,v)g(t,x,v(t,x))\mathrm{d}W(t)]\mathrm{d}x. \quad (3.4)$$

我们需要说明 $V(t,v) \in C^{1,2}$ 的存在性, 还需要利用经典 Lyapunov 理论中的一些其他的条件来说明系统 (3.1) 的稳定性[75]. 为了方便, 我们给出以下定义.

定义 3.5 函数 $V \in C^{1,2}(\mathbb{R}_+ \times \mathbb{R}^n; \mathbb{R}_+)$ 被称为系统 (3.1) 的 A 类 Lyapunov 函数, 若 $\mathcal{L}\int_G V(t,v)\mathrm{d}x \leqslant 0$; 被称为 (3.1) 的 B 类 Lyapunov 函数, 若 $\mathcal{L}\int_G V(t,v)\mathrm{d}x \leqslant -b\int_G V(t,v)\mathrm{d}x$, 其中 $b > 0$.

下面关于图论的基本概念和定理在文献 [79, 80] 中可以找到.

一个有向图 $\mathcal{G} = (V, E)$ 包含一个顶点集合 $V = \{1, 2, \cdots, n\}$ 和一个弧集合 E, 弧 (i,j) 从始点 i 指向终点 j. 子图 $\mathcal{H}$ 被称作 $\mathcal{G}$ 的生成图, 若 $\mathcal{H}$ 与 $\mathcal{G}$ 有相同的顶点集合. 有向图 $\mathcal{G}$ 被称为加权图, 若每一条弧 (j,i) 都被分配了一个正

的权重 a_{ij}, 这里 $a_{ij} > 0$ 当且仅当在 $\mathcal{G}$ 中存在一条从顶点 j 到顶点 i 的弧. 图 $\mathcal{G}$ 的权重 $W(\mathcal{G})$ 是所有弧上权重之和. 图 $\mathcal{G}$ 中的有向通路 $\mathcal{P}$ 是一个有着不同顶点 $\{i_1, i_2, \cdots, i_m\}$ 的子图, 它的弧集合是 $\{(i_k, i_{k+1}) : k = 1, 2, \cdots, m-1\}$, 若 $i_m = i_1$, 我们称 $\mathcal{P}$ 是一个有向圈. 一个连通子图 $\mathcal{T}$ 被称作树如果其中没有形成环, 树 $\mathcal{T}$ 以顶点 i 为根, 称作根节点, 若 i 不是任意一条弧的终点, 而其他的顶点都是某条弧的终点. 一个有向图 $\mathcal{G}$ 被称作强连通图, 若对于任意两个不同的顶点, 都存在一条从一个到另一个的有向路. 给出一个带有 n 个顶点的加权图 $\mathcal{G}$, 定义权矩阵 $A = (a_{ij})_{n \times n}$, 其中 a_{ij} 表示弧 (j, i) 的权重, 用 0 表示不存在相关的弧. 将带有权矩阵 A 的有向图记为 $(\mathcal{G}, A)$. 加权图 $(\mathcal{G}, A)$ 是平衡的, 若 $W(\mathcal{C}) = W(-\mathcal{C})$, 对于所有的有向圈 $\mathcal{C}$ 成立, 这里 $-\mathcal{C}$ 表示 $\mathcal{C}$ 的逆, 由图 C 中的反向弧构成. 对于一个带有环 $C_{\mathcal{Q}}$ 的单圈图 $\mathcal{Q}$, 令 $\tilde{\mathcal{Q}}$ 表示将 $C_{\mathcal{Q}}$ 用 $-C_{\mathcal{Q}}$ 代替得到的单圈图. 假设 $(\mathcal{G}, A)$ 是平衡的, 那么 $W(\mathcal{Q}) = W(\tilde{\mathcal{Q}})$, $(\mathcal{G}, A)$ 的拉普拉斯算子矩阵定义为

$$
L = \begin{bmatrix}
\displaystyle\sum_{k \neq 1} a_{1k} & -a_{12} & \cdots & -a_{1n} \\
-a_{21} & \displaystyle\sum_{k \neq 2} a_{2k} & \cdots & -a_{2n} \\
\vdots & \vdots & \ddots & \vdots \\
-a_{n1} & -a_{n2} & \cdots & \displaystyle\sum_{k \neq n} a_{nk}
\end{bmatrix},
$$

c_i 表示 L 的第 i 个对角线元素的余子式.

引理 3.1[78](Kirchhoff 的矩阵树定理)　假设 $n \geqslant 2$, 那么

$$
c_i = \sum_{\mathcal{T} \in \mathbb{T}_i} W(\mathcal{T}), \quad i = 1, 2, \cdots, n, \tag{3.5}
$$

其中 $\mathbb{T}_i$ 是 $(\mathcal{G}, A)$ 中以 i 为根节点的所有生成树 $\mathcal{T}$ 的集合. 特别地, 若 $(\mathcal{G}, A)$ 是强连通图, 那么 $c_i > 0$, $i = 1, 2, \cdots, n$.

引理 3.2[80]　假设 $n \geqslant 2$. c_i 如 (3.5) 中给出, 那么以下等式成立:

$$
\sum_{i,j=1}^{n} c_i a_{ij} F_{ij}(x_i, x_j) = \sum_{\mathcal{Q} \in \mathbb{Q}} W(\mathcal{Q}) \sum_{(r,s) \in E(C_{\mathcal{Q}})} F_{rs}(x_r, x_s), \tag{3.6}
$$

这里 $F_{ij}(x_i, x_j), 1 \leqslant i, j \leqslant n$ 是任意函数, $\mathbb{Q}$ 是由 $(\mathcal{G}, A)$ 的生成单圈图的集合, $W(\mathcal{Q})$ 是 $\mathcal{Q}$ 的权重, 且 $C_{\mathcal{Q}}$ 代表 $\mathcal{Q}$ 中的有向圈.

3.1.2 网络上耦合随机反应扩散系统的全局稳定性

在给出主要结果之前, 我们首先给出一个由带有 $N(N \geqslant 2)$ 个顶点的有向图 $\mathcal{G}$ 描述的网络上耦合随机反应扩散系统, 给每个顶点分配了一个随机反应扩散系统, 即

$$\mathrm{d}v_i(t,x) = [\rho_i \Delta v_i(t,x) + f_i(t,x,v_i(t,x))]\mathrm{d}t$$
$$+ g_i(t,x,v_i(t,x))\mathrm{d}w(t), \quad (t,x) \in \mathbb{R}_{t_0}^+ \times \Omega, \tag{3.7}$$

这里 $v_i(t,x) \in \mathbb{R}^{n_i}$, $f_i : \mathbb{R}_+ \times G \times \mathbb{R}^{n_i} \to \mathbb{R}^{n_i}$, $g_i : \mathbb{R}_+ \times G \times \mathbb{R}^{n_i \times m_i} \to \mathbb{R}^{n_i \times m}$. 若这些系统是耦合的, 令

$$H_{ij} : \mathbb{R}^{n_i} \times \mathbb{R}^{n_j} \times \mathbb{R} \to \mathbb{R}^{n_i}, \quad N_{ij} : \mathbb{R}^{n_i} \times \mathbb{R}^{n_j} \times \mathbb{R}i \to \mathbb{R}^{n_i \times m}, \quad i,j = 1,2,\cdots,N$$

代表顶点 j 对顶点 i 的影响, 若 $\mathcal{G}$ 中没有从 j 到 i 的弧, 则 $H_{ij} = N_{ij} = 0$. 然后用 $f_i + \sum_{j=1}^n H_{ij}$ 和 $g_i + \sum_{j=1}^n N_{ij}$ 代替 f_i 和 g_i, 我们得到下面在图 $\mathcal{G}$ 上的随机耦合系统:

$$\mathrm{d}v_i(t,x) = \left[\rho_i \Delta v_i(t,x) + f_i(t,x,v_i(t,x)) + \sum_{j=1}^N H_{ij}(v_i,v_j,t)\right]\mathrm{d}t$$

$$+ \left[g_i(t,x,v_i(t,x)) + \sum_{j=1}^N N_{ij}(v_i,v_j,t)\right]\mathrm{d}w(t), \quad (t,x) \in \mathbb{R}_{t_0}^+ \times \Omega,$$

$$v_i(t_0,x) = \varphi_i(x), \quad x \in \Omega,$$

$$\frac{\partial v_i(t,x)}{\partial \mathcal{N}} = 0, \quad (t,x) \in \mathbb{R}_{t_0}^+ \times \partial\Omega. \tag{3.8}$$

为不失一般性, 我们假设函数 f_i, g_i, H_{ij} 和 N_{ij} 使得 (3.7) 和 (3.9) 的初始值问题有唯一解和零解 $v(t,x) = [v_1,\cdots,v_n] = 0$. 函数 f_i 和 g_i 满足 Lipschitz 条件, 其中常数 $L > 0$. 对 $V_i(t,v_i) \in C^{1,2}(\mathbb{R}_+ \times \mathbb{R}^{n_i}; \mathbb{R}_+)$, 沿着系统 (3.8) 定义以下微分算子 $\mathcal{L}V_i(t,v_i)$, 即

$$\mathcal{L}V_i(t,v_k) \triangleq \frac{\partial V_i(t,v_i)}{\partial t} + \left(\frac{\partial V_i(t,v_i,i)}{\partial v_i}\right)^{\mathrm{T}}\left[f_i(t,x,v_i(t,x)) + \sum_{j=1}^N H_{ij}(v_i,v_j,t)\right]$$

$$+ \frac{1}{2}\mathrm{Trace}\left\{\left[g_i(t,x,v_i(t,x)) + \sum_{j=1}^N N_{ij}(v_i,v_j,t)\right]^{\mathrm{T}}(V_i(t,v_i))''_{v_iv_j}\right.$$

$$\times \left[g_i(t, x, v_i(t, x)) + \sum_{j=1}^{N} N_{ij}(v_i, v_j, t) \right] \Bigg\}. \tag{3.9}$$

定理 3.1　假设以下条件成立:

A1. 假设存在正定函数 $V_i(t, \xi) \in C^{1,2}(\mathbb{R}_+ \times \mathbb{R}^{n_i}; \mathbb{R}_+)$, 函数 $F_{ij}(v_i, v_j, t)$ 和常数 $a_{ij} \geqslant 0$, 满足

(I) 存在 $\mu_1, \mu_2 \in \mathcal{KR}$, 对任意的 $(t, v_i(t, x)) \in [t_0, \infty) \times \mathbb{S}_h^{n_i}$, 使得

$$\mu_1(\|v_i\|) \leqslant \int_G V_i(t, v_i) \mathrm{d}x \leqslant \mu_2(\|v_i\|),$$

$$\mathcal{L} \int_G V_i(t, v_i) \mathrm{d}x \leqslant \sum_{j=1}^{N} a_{ij} F_{ij}(v_i, v_j, t), \quad t \geqslant t_0, \quad i = 1, 2, \cdots, N \tag{3.10}$$

成立, 这里 $v_i(t, \cdot) \in \mathbb{S}_h^{n_i} = \left\{ \zeta : G \to \mathbb{R}^{n_i} \,\middle|\, \left| \int_G \zeta(x) \mathrm{d}x \right| < h \right\}$;

(II) $V_i(t, \xi)$ 可分离出变量 ξ $(i = 1, \cdots, N)$;

(III) $\dfrac{\partial^2 V_i(t, \xi)}{\partial \xi_i^2} \geqslant 0, i = 1, \cdots, N, (t, \xi) \in \mathbb{R}_+ \times \mathbb{R}^n.$

A2. 在加权图 $(\mathcal{G}, A)$ 的每个有向圈 $\mathcal{C}$ 中, $A = (a_{ij})_{n \times n}$,

$$\sum_{(i,j) \in E(\mathcal{C})} F_{ij}(v_i, v_j, t) \leqslant 0, \quad t \geqslant t_0. \tag{3.11}$$

那么函数 $V(t, v) \triangleq \sum_{i=1}^{N} c_i V_i(t, v_i)$ 是关于 (3.8) 的 A 类 Lyapunov 函数, 其中 c_i 如 (3.5) 中定义. 如果再加些条件, 则系统 (3.8) 的零解是随机稳定的.

A3. 若 $V_i(t, \xi)$ 是无边界的, 那么系统 (3.8) 的零解是依概率全局渐近稳定的.

证明　首先, 我们证明系统 (3.8) 的零解是随机稳定的.

对于任意的 $\varepsilon_1 \in (0, 1)$, $\varepsilon_2 \geqslant 0$, 假设 $\varepsilon_2 < h$, 因为 $V_i(t, \xi)$ 是连续的, 且 $V_i(t_0, 0) = 0$, 我们得 $V(t, v) \triangleq \sum_{i=1}^{N} c_i V_i(t, v_i)$ 是连续的, 且 $V(t, x) = 0$. 因此, 存在 $\delta = \delta(\varepsilon_1, \varepsilon_1, t_0) > 0$, 使得

$$\frac{1}{\varepsilon_1} \sup_{v(t,x) \in \mathbb{S}_\delta^n} \int_G V(t_0, v(t, x)) \mathrm{d}x \leqslant \mu^*(\varepsilon_2), \tag{3.12}$$

这里 $n = n_1 + n_2 + \cdots + n_N$, $\mu^* \in \mathcal{KR}$.

由条件 (I) 和 (3.12) 可得 $\delta < \varepsilon_2$, 记 $\bar{v}(t) = \int_G v(t,x,t_0,v_0)\mathrm{d}x$, 对于任意的 $v_0 \in \mathbb{S}_\delta^n$, 令 τ 表示 $\bar{v}(t)$ 逃离 $\mathbb{S}_{\varepsilon_2}^n$ 的第一时间, 即

$$\tau = \inf\{t \geqslant t_0 | \bar{v}(t) \notin \mathbb{S}_{\varepsilon_2}^n\}.$$

对 $\int_G V_i(t,v_i(t,x))\mathrm{d}x$ 沿着系统 (3.8) 应用 Itô 公式得, 对任意的 $t \geqslant t_0$, 有

$$
\begin{aligned}
\mathrm{d}\int_G V_i(\tau \wedge t, v_i(\tau \wedge t, x))\mathrm{d}x\Big|_{(3.8)} &= \int_G \Big[\mathcal{L}V_i(\tau \wedge t, v_i(\tau \wedge t, x)) \\
&\quad + \left(\frac{\partial V_i(t,v_i)}{\partial v_i}\right)^{\mathrm{T}} \rho_i \Delta v_i(t,x)\mathrm{d}t \Big]\mathrm{d}x \\
&\quad + \int_G \left(\frac{\partial V_i(t,v_i)}{\partial v_i}\right)^{\mathrm{T}} \Big[g_i(t,x,v_i(t,x)) \\
&\quad + \sum_{j=1}^N N_{ij}(v_i,v_j,t) \Big]\mathrm{d}w(t)\mathrm{d}x.
\end{aligned} \tag{3.13}
$$

故

$$
\begin{aligned}
&\int_G V_i(\tau \wedge t, v_i(\tau \wedge t, x), t_0, v_{i0})\mathrm{d}x \\
&= \int_G V_i(t_0, v_{i0})\mathrm{d}x \\
&\quad + \int_{t_0}^{\tau \wedge t} \int_G \mathcal{L}V_i(s, v_i(s,x,t_0,v_{i0}))\mathrm{d}x\mathrm{d}s \\
&\quad + \int_{t_0}^{\tau \wedge t} \int_G \left(\frac{\partial V_i(t,v_i)}{\partial v_i}\right)^{\mathrm{T}} \rho_i \Delta v_i(s,x)\mathrm{d}x\mathrm{d}s \\
&\quad + \int_{t_0}^{\tau \wedge t} \int_G \left(\frac{\partial V_i(t,v_i)}{\partial v_i}\right)^{\mathrm{T}} \Big[g_i(t,x,v_k(t,x,t_0,v_{i0})) \\
&\quad + \sum_{j=1}^N N_{ij}(v_i,v_j,t) \Big]\mathrm{d}x\mathrm{d}w(t).
\end{aligned} \tag{3.14}
$$

由条件 A1(II), 我们有 $\dfrac{\partial^2 V_i(t,\xi)}{\partial \xi_i \partial \xi_j} = 0 \ (i,j=1,\cdots,N, i \neq j)$. 由分部积分法、假

设条件 A1(II), A1(III) 和系统 (3.8) 的边界条件得

$$\int_G \left(\frac{\partial V_i(t,v_i)}{\partial v_i}\right)^{\mathrm{T}} \rho_i \Delta v_i(t,x)\mathrm{d}x \leqslant 0. \tag{3.15}$$

此外, 由 $\dfrac{\partial V_i(t,v_i)}{\partial v_i}$ 在 $[t_0, \tau \wedge t] \times \mathbb{S}_h^{n_i}$ 上的连续性, 必然存在常数 $L_1 > 0$, 使得

$\left\|\left(\dfrac{\partial V_i(t,v_i)}{\partial v_i}\right)^{\mathrm{T}}\right\| \leqslant L_1$ 对于 $(t,v) \in [t_0, \tau \wedge t] \times \mathbb{S}_h^{n_i}$ 成立. 因为 $g_k(t,x,v_k(t,x))$ 满

足线性积分增长条件, 对 $(t, v_i(t,x)) \in [t_0, \tau \wedge t] \times \mathbb{S}_h^{n_i}$, 有

$$\left\|\left(\frac{\partial V_i(t,v_i)}{\partial v_i}\right)^{\mathrm{T}} g_i(t,x,v_i(t,x))\right\|_G \leqslant L_1 L(1 + \|v_i(t,x)\|_G) \leqslant L_1 L(1+h).$$

由参考文献 [81] 中的定理 2.8, 我们有

$$\mathrm{E}\Bigg[\int_{t_0}^{\tau \wedge t}\int_G \left(\frac{\partial V_i(t,v_i)}{\partial v_i}\right)^{\mathrm{T}} \bigg(g_i(t,x,v_i(t,x,t_0,v_{i0}))$$
$$+ \sum_{j=1}^N N_{ij}(v_i,v_j,t)\bigg)\mathrm{d}x\mathrm{d}w(t)\Bigg] = 0. \tag{3.16}$$

另一方面, 由 (3.10) 可得

$$\mathcal{L}\int_G V(t,v)\mathrm{d}x = \sum_{i=1}^N c_i \mathcal{L}\int_G V_i(t,v_i)\mathrm{d}x \leqslant \sum_{i,j=1}^{} c_i a_{ij} F_{ij}(v_i,v_j,t). \tag{3.17}$$

对于加权图 $(\mathcal{G}, A)$, 由引理 3.2 可得

$$\sum_{i,j=1}^{} c_i a_{ij} F_{ij}(v_i,v_j,t) = \sum_{\mathcal{Q}\in\mathbb{Q}} W(\mathcal{Q}) \sum_{(i,j)\in E(C_{\mathcal{Q}})} F_{ij}(v_i,v_j,t). \tag{3.18}$$

考虑到假设条件 A2 和 $W(\mathcal{Q}) > 0$, 我们得到

$$\mathcal{L}\int_G V(t,v)\mathrm{d}x \leqslant \sum_{\mathcal{Q}\in\mathbb{Q}} W(\mathcal{Q}) \sum_{(i,j)\in E(C_{\mathcal{Q}})} F_{ij}(v_i,v_j,t) \leqslant 0. \tag{3.19}$$

因此, $V(t,v)$ 是关于系统 (3.8) 的 A 类 Lyapunov 函数. 在方程 (3.14) 两边同时取数学期望, 由 (3.15), (3.16) 和 (3.19) 我们有

$$\mathrm{E}\Bigg[\int_G V(\tau \wedge t, v(\tau \wedge t, x))\mathrm{d}x\Bigg] \leqslant \int_G V(t_0, v_0)\mathrm{d}x. \tag{3.20}$$

已经证得 $\|v(\tau \wedge t, x)\|_G = \|v(\tau, x)\|_G = \varepsilon_2 \ (\tau \leqslant t)$, 由此可得

$$\mathrm{E}\left[\int_G V(\tau \wedge t, v(\tau \wedge t, x))\mathrm{d}x\right] \geqslant \mathrm{E}\left[I_{\{\tau < t\}} \int_G V(\tau, v(\tau, x))\mathrm{d}x\right] \geqslant \mu^*(\varepsilon_2)\mathrm{P}(\tau \leqslant t).$$

结合 (3.12) 和 (3.20), 我们得到 $\mathrm{P}(\tau \leqslant t) \leqslant \varepsilon_1$. 令 $t \to \infty$, 进一步可以推出

$$\mathrm{P}(\tau \leqslant \infty) \leqslant \varepsilon_1.$$

也就是 $\mathrm{P}(|\bar{v}(t)| < \varepsilon_2, \ t \geqslant t_0) \geqslant 1 - \varepsilon_1$, 即

$$\mathrm{P}(\|v(t, x, t_0, v_0)\|_G < \varepsilon_2, t \geqslant t_0) \geqslant 1 - \varepsilon_1.$$

这就说明系统 (3.8) 的零解是依概率稳定的.

其次, 我们来证明系统 (3.8) 的零解是依概率全局渐近稳定的. 接下来, 我们只需证对任意的 v_0, 有

$$\mathrm{P}\left(\lim_{t \to \infty} \|v(t, x, t_0, v_0)\|_G = 0\right) = 1. \tag{3.21}$$

对任意的 $\varepsilon \in (0, 1)$, 因为 $V_i(t, \xi)$ 是无边界的, 我们可以找到 $h > \|v_0\|_G$ 满足

$$\inf_{t \geqslant t_0, \|v\|_G \geqslant h} \int_G V(t_0, v(t, x))\mathrm{d}x \geqslant \frac{4}{\varepsilon} \int_G V(t_0, v_0)\mathrm{d}x. \tag{3.22}$$

定义停止时间 $\tau_h = \inf\{t \geqslant t_0, \|\bar{v}(t)\| \geqslant h\}$, 利用 Itô 公式, 对 $t \geqslant t_0$, 有

$$\mathrm{E}\left[\int_G V(\tau_h \wedge t, v(\tau_h \wedge t, x))\mathrm{d}x\right] \leqslant \int_G V(t_0, v_0)\mathrm{d}x. \tag{3.23}$$

由 (3.22), 有

$$\mathrm{E}\left[\int_G V(\tau_h \wedge t, v(\tau_h \wedge t, x))\mathrm{d}x\right] \geqslant \frac{4}{\varepsilon} \int_G V(t_0, v_0)\mathrm{d}x \, \mathrm{P}(\tau_h \leqslant t). \tag{3.24}$$

由此可见 $\mathrm{P}(\tau_h \leqslant t) \leqslant \dfrac{\varepsilon}{4}$. 令 $t \to \infty$, 得 $\mathrm{P}(\tau_h \leqslant \infty) \leqslant \dfrac{\varepsilon}{4}$. 故

$$\mathrm{P}\left(|\bar{v}(t)| < h, t \geqslant t_0\right) \geqslant 1 - \frac{\varepsilon}{4}.$$

由参考文献 [81] 第 115 页中的定理 4.2.3, 可得

$$\mathrm{P}\left(\lim_{t \to \infty} |\bar{v}(t)| = 0\right) \geqslant 1 - \varepsilon.$$

因此, 由 ε 的任意性知, (3.21) 式成立. □

注意到 $(\mathcal{G}, A)$ 是平衡的, 那么

$$\sum_{i,j=1} c_i a_{ij} F_{ij}(v_i, v_j, t) = \frac{1}{2} \sum_{\mathcal{Q} \in \mathbb{Q}} W(\mathcal{Q}) \sum_{(i,j) \in E(C_{\mathcal{Q}})} [F_{ij}(v_j, v_i, t) + F_{sr}(v_i, v_j, t)].$$

如果用

$$\sum_{(i,j) \in E(C_{\mathcal{Q}})} [F_{ji}(x_j, x_i, t) + F_{ij}(v_i, v_j, t)] \leqslant 0 \tag{3.25}$$

来替换条件 A2, 我们得到以下推论:

推论 3.1　假设 $(\mathcal{G}, A)$ 是平衡的, 那么如果用 (3.25) 代替 (3.11), 定理 3.1 的结论也成立.

注 3.1　网络上耦合随机反应扩散系统太复杂了, 以至于很难得到它的解析解, 而研究系统的定性性质是重要的, 因此, 如何构造合适的 Lyapunov 函数是很重要的. 证明显示, 如果系统 (3.8) 的每个顶点系统存在一个全局稳定的零解和一个 Lyapunov 函数 V_i, 那么 (3.8) 的 Lyapunov 函数能够被 V_i 系统地构造出来. 特别地, [76] 中给出了当 $\rho_i = 0$, $m = 1$ 时的一些例子, 当 $g_i = 0$, $N_{ij} = 0$ $(i, j = 1, 2, \cdots, n)$ 时的一些例子在 [80] 中给出.

定理 3.2　假设以下条件成立.

B1. 假设存在正定函数 $V_i(t, \xi) \in C^{1,2}(\mathbb{R}_+ \times \mathbb{R}^{n_k}; \mathbb{R}_+)$, 满足

(I) 存在 $\mu_1, \mu_2 \in \mathcal{KR}$, 使得对于任意的 $(t, v_i(t, x)) \in [t_0, \infty) \times \mathbb{S}_h^{n_i}$,

$$\mu_1(\|v_i\|) \leqslant \int_G V_i(t, v_i) \mathrm{d}x \leqslant \mu_2(\|v_i\|) \tag{3.26}$$

成立, 这里 $v_i(t, \cdot) \in \mathbb{S}_h^{n_i} = \left\{ \zeta : G \to \mathbb{R}^{n_i} \,\middle|\, \left| \int_G \zeta(x) \mathrm{d}x \right| < h \right\}$;

(II) $V_i(t, \xi)$ 可分离出变量 ξ $(i = 1, \cdots, N)$;

(III) $\dfrac{\partial^2 V_i(t, \xi)}{\partial \xi^2} \geqslant 0$, $i = 1, \cdots, N$, $(t, \xi) \in \mathbb{R}_+ \times \mathbb{R}^n$.

B2. 存在函数 $F_{ij}(v_i, v_j, t)$ 和常数 $a_{ij} \geqslant 0$, $b_i > 0$, 使得

$$\mathcal{L} \int_G V_i(t, v_i) \mathrm{d}x \leqslant -b_i \int_G V_i(t, v_i) \mathrm{d}x$$

$$+ \sum_{j=1}^N a_{ij} F_{ij}(v_i, v_j, t), \quad t \geqslant t_0, \ i = 1, 2, \cdots, N. \tag{3.27}$$

B3. 假设条件 A2 成立或者若 $(\mathcal{G}, A)$ 是平衡的, 且 (3.25) 成立, 那么 $V(t, v) \triangleq \sum_{i=1}^{N} c_i V_i(t, v_i)$ 是 B 类 Lyapunov 函数, 其中 c_i 如 (3.25) 中定义. 如果再加些条件, 系统 (3.8) 的零解是依概率渐近稳定的.

B4. 每个 $V_i(x, t)$ 满足

$$\lim_{\|v_i\| \to \infty} \inf_{t \geqslant t_0} \int_G V_i(t, v_i) \mathrm{d}x = \infty.$$

那么 (3.8) 的零解是依概率全局渐近稳定的.

证明 可以用证明定理 3.1 的方法证明

$$\mathcal{L} \int_G V(t, v) \mathrm{d}x = \sum_{i=1}^{N} c_i \mathcal{L} \int_G V_i(t, v_i) \mathrm{d}x \leqslant -b \int_G V(t, v) \mathrm{d}x, \tag{3.28}$$

这里 $b = \min\{b_1, b_2, \cdots, b_N\}$, 因此, 我们得出函数 $V(t, v)$ 是关于 (3.8) 的 B 类 Lyapunov 函数. 令 $C = \max\{c_1, c_2, \cdots, c_N\}$, 易得

$$\int_G V(t, v) \mathrm{d}x = \sum_{k=1}^{N} c_i \int_G V_i(t, v_i) \mathrm{d}x \leqslant \sum_{i=1}^{N} C \mu_2(\|v_i\|) \leqslant NC \mu_2(\|v\|), \tag{3.29}$$

其中 $\|v\| = \sum_{i=1}^{N} \|v_i\|$, 显然, $\|v\| \geqslant \|v_i\|$. 由文献 [75] 中的定理 4.2.3 可得, 系统 (3.8) 的零解是随机渐近稳定的. 此外, 由假设 B4 可得

$$\lim_{\|v\| \to \infty} \inf_{t \geqslant 0} \int_G V(t, v) \mathrm{d}x = \lim_{\|v_i\| \to \infty} \inf_{t \geqslant 0} \left(\sum_{i=1}^{N} c_i \int_G V_i(t, v_i) \mathrm{d}x \right) = \infty.$$

那么, 系统 (3.8) 的零解是依概率全局渐近稳定的. □

注 3.2 本节, 我们提出了构造 Lyapunov 函数的新方法来研究网络上的耦合随机反应扩散系统的稳定性条件, 我们构造 Lyapunov 函数的方法不同于近期的其他方法[82,83]. 因为我们的方法建立了网络上的耦合系统的稳定性条件与网络的一些拓扑性质之间的联系, 网络的拓扑性质对于耦合网络的动力学分析是重要的. 所以, 对于处理网络上的耦合系统, 我们的保守性更小.

3.1.3 本节小结

在本节, 我们研究了网络上的耦合随机反应扩散系统的一些稳定性. 首先, 我们提出了一个网络上的耦合随机反应扩散系统模型, 然后给出利用图论构造网络

上的耦合随机反应扩散系统的全局 Lyapunov 函数的一个系统方法, 这种方法克服了找耦合系统 Lyapunov 函数的困难. 最后获得了一些网络上的耦合随机反应扩散系统稳定的充分条件. 我们的方法还能够处理网络上的耦合随机神经微分方程, 以后的工作是找出能够系统构造网络上带有时滞的耦合随机反应扩散系统的 Lyapunov 函数的方法.

3.2 网络上带有马尔可夫跳变的耦合随机反应扩散系统

3.2.1 本节预备知识

令 $(\Omega, \mathcal{F}, \mathcal{F}_t, \mathrm{P})$ 是完备概率空间, 滤子 $\{\mathcal{F}_t\}_{t \geqslant t_0}$ 满足一般性条件. $w(\cdot)$ 是定义在完备概率空间上的 m-维布朗运动. 令 $\{\gamma(t), t \geqslant 0\}$ 是概率空间的一个右连续的马尔可夫过程, 它在有限样本空间 $\mathbb{S} = \{1, 2, \cdots, \tilde{N}\}$ 上有意义, 转移速率矩阵 $\Gamma = (\pi_{kj})\,(k, j \in \mathbb{S})$ 为

$$\mathrm{P}\{\gamma(t+\Delta) = j | \gamma(t) = k\} = \begin{cases} \pi_{kj}\Delta + o(\Delta), & k \neq j, \\ 1 + \pi_{ii}\Delta + o(\Delta), & k = j, \end{cases}$$

其中 $\Delta > 0$, $\lim\limits_{\delta \to 0} o(\Delta)/\Delta = 0$, π_{kj} 是从 k 到 j 的转移速率, 满足 $\pi_{kj} \geqslant 0 (k \neq j)$, 且 $\pi_{ii} = -\sum\limits_{j \neq k} \pi_{kj}$. 假设马尔可夫链 $\gamma(\cdot)$ 不依赖于布朗运动 $W(\cdot)$. 考虑如下带有马尔可夫跳变的随机反应扩散系统:

$$dv(t, x) = \big[\rho(\gamma(t))\Delta v(t, x) + f(t, x, v(t, x), \gamma(t))\big]dt$$
$$+ g(t, x, v(t, x), \gamma(t))dw(t), \quad (t, x, \gamma(t)) \in \mathbb{R}_{t_0}^+ \times G \times \mathbb{S},$$
$$v(t_0, x) = \varphi(x), \quad x \in G,$$
$$\frac{\partial v(t, x)}{\partial \mathcal{N}} = 0, \quad (t, x) \in \mathbb{R}_{t_0}^+ \times \partial G, \tag{3.30}$$

其中 $G = \{x = [x_1, x_2, \cdots, x_r]^\mathrm{T} : \|x\| < l < +\infty\} \subset \mathbb{R}^r$, $\rho = \mathrm{diag}(\rho_1, \rho_2, \cdots, \rho_n)$ 是扩散矩阵, $\rho_n \geqslant 0$ 是常量, $f : \mathbb{R}_+ \times G \times \mathbb{R}^n \times \mathbb{S} \to \mathbb{R}^n$ 与 $g : \mathbb{R}_+ \times G \times \mathbb{R}^n \times \mathbb{S} \to \mathbb{R}^{n \times m}$ 都是 Borel 可测函数. $\Delta v(t, x) \triangleq \Big(\sum\limits_{k=1}^r \frac{\partial}{\partial x_k}\Big[D_{1k}(t, x, v(t, x))\frac{\partial u_i}{\partial x_k}\Big], \cdots,$ $\sum\limits_{k=1}^r \frac{\partial}{\partial x_k}\Big[D_{nk}(t, x, v(t, x))\frac{\partial u_i}{\partial x_k}\Big]\Big)^\mathrm{T}$, $D_{ik}(t, x, v(t, x)) \geqslant 0$ 足够光滑. $\mathcal{N}$ 是 ∂G 的法向量. 初始条件 $v(t_0, x) = v_0 = \varphi(x)$ 是光滑的已知函数且 $\gamma(t_0) = \gamma_0$, 其中 γ_0 是一个 $\mathbb{S}$-维 $\mathcal{F}_{t_0}$ 可测的随机变量, $\|\cdot\|$ 代表向量范数.

假设 3.1 函数 $g(t, x, v(t,x), \gamma(t))$ 满足线性增长条件, f, g 满足 Lipschitz 条件, 即存在常数 $L > 0$, 使得对任意的 $i \in \mathbb{S}$, 有

$$\|g(t, x, v(t,x), i)\|_G \leqslant L(1 + \|v\|),$$

$$\|g(t, x, v_1(t,x), i) - g(t, x, v_2(t,x), i)\|_G \leqslant L\|v_1 - v_2\|_G,$$

$$\|f(t, x, v_1(t,x), i) - f(t, x, v_2(t,x), i)\|_G \leqslant L\|v_1 - v_2\|_G \quad (3.31)$$

成立, 其中 $\|v(\cdot, x)\|_G \triangleq \left| \int_G v(\cdot, x) \mathrm{d}x \right|$.

因为随机反应扩散系统可以通过半群方法转化为带有无穷线性算子和非线性项的 Banach 空间中的抽象微分系统, 系统 (3.30) 解的存在性和唯一性可以参考文献 [17] 的相关结论. 假设 $f(t, x, 0, i) \equiv 0$, $g(t, x, 0, i) \equiv 0$, $t \geqslant t_0$, 可得 $v(t, x) = 0$ 是系统 (3.30) 的一个平凡解.

令 $\mathrm{E}(\cdot)$ 表示关于给定概率测度 P 的数学期望, $|\cdot|$ 表示向量的欧几里得范数或矩阵的迹范数. 我们会用到以下符号: $\mathbb{S}_\delta^n = \left\{ \xi : G \to \mathbb{R}^n : \left| \int_G \xi(x) \mathrm{d}x \right| < \delta \right\}$, $\mathbb{R}_+^n = \{x \in \mathbb{R}^n : x_k > 0, i = 1, 2, \cdots, n\}$, 零解的随机稳定性定义如下给出:

假设 3.2 若对任意的 $\varepsilon_1 \in (0,1)$ 和 $\varepsilon_2 > 0$, $t_0 \geqslant 0$, 存在 $\delta = \delta(\varepsilon_1, \varepsilon_2, t_0) > 0$, 使得

$$\mathrm{P}\{\|v(t, x, t_0, v_0, i)\|_G < \varepsilon_2, t \geqslant t_0\} \geqslant 1 - \varepsilon_1$$

对于任意的 $(v_0, i) \in \mathbb{S}_\delta \times \mathbb{S}$ 成立, 则系统 (3.30) 的零解是随机稳定或依概率稳定, 否则零解不稳定.

定义 3.6 方程 (3.30) 的零解是随机渐近稳定的, 若它是随机稳定的, 且对于任意的 $\varepsilon \in (0,1)$, $t_0 \geqslant 0$, 存在一个 $\delta_0 = \delta_0(\varepsilon, t_0) > 0$, 使得

$$\mathrm{P}\{\lim_{t \to \infty} \|v(t, x, t_0, v_0, i)\|_G = 0\} \geqslant 1 - \varepsilon$$

对所有 $(v_0, i) \in \mathbb{S}_{\delta_0} \times \mathbb{S}$ 成立.

定义 3.7 方程 (3.30) 的零解是随机全局渐近稳定的, 若它是随机稳定的, 且对任意的 $\delta > 0$, 有

$$\mathrm{P}\{\lim_{t \to \infty} \|v(t, x, t_0, v_0, i)\|_G = 0\} = 1$$

对所有 $(v_0, i) \in \mathbb{S}_\delta \times \mathbb{S}$ 成立.

定义 3.8 系统 (3.30) 的零解几乎必然指数稳定的, 若对 $(v_0, i) \in \mathbb{S}_\delta \times \mathbb{S}$, 有

$$\lambda \triangleq \lim_{t \to \infty} \sup \frac{1}{t} \lg \|v(t, x, t_0, v_0, i)\|_G < 0 \quad \text{a.s.},$$

其中 λ 被称作系统 (3.30) 解的 Lyapunov 指数, 因此, 系统 (3.30) 的零解几乎必然指数稳定当且仅当 $\lambda < 0$.

定义 3.9　若 $\mu(\cdot) \in C[[0, r], \mathbb{R}]$ 是一个严格单调递增函数, 且 $\mu(0) = 0$, 则称函数 μ 是 $\mathcal{K}$ 类函数, 简记为 $\mu \in \mathcal{K}$. 若 $\mu(\cdot) \in C[\mathbb{R}^+, \mathbb{R}^+]$, 且 $\mu \in \mathcal{K}$, $\lim\limits_{r \to +\infty} \mu(r) = +\infty$, 那么 $\mu \in \mathcal{K}R$.

连续函数 $V(t, \xi, i)$ 是正定的, 若 $V(t, 0, i) = 0$ $(i \in \mathbb{S})$, 且存在 $\mu \in \mathcal{K}$, 使得 $V(t, \xi, i) \geqslant \mu(|\xi|)$, $C^{1,2}(\mathbb{R}_+ \times \mathbb{R}^n \times \mathbb{S}; \mathbb{R}_+)$ 表示所有定义在 $\mathbb{R}_+ \times \mathbb{R}^n \times \mathbb{S}$ 上的非负定函数 $V(t, \xi, i)$ 的集合, 对所有 $i \in \mathbb{S}$, $V(t, \xi, i)$ 关于 ξ 二阶可微, 关于 t 一阶可微.

若 $V(t, \xi, i) \in C^{1,2}(\mathbb{R}_+ \times \mathbb{R}^n \times \mathbb{S}; \mathbb{R}_+)$, 那么沿着系统 (3.30) 定义 $\mathcal{L}V(t, \xi, i)$: $\mathbb{R}_+ \times \mathbb{R}^n \times \mathbb{S} \mapsto \mathbb{R}$, 即

$$
\begin{aligned}
\mathcal{L}V(t, \xi, i) = {} & V_t(t, \xi, i) + V_\xi^{\mathrm{T}}(t, \xi, i) f(t, x, \xi, i) \\
& + \frac{1}{2} \mathrm{Trace}[g^{\mathrm{T}}(t, x, \xi, i) V_{\xi\xi}(t, \xi, i) g(t, x, \xi, i)] \\
& + \sum_{j=1}^{N} \gamma_{kj} V(t, \xi, j),
\end{aligned} \tag{3.32}
$$

其中 $V_t(t, \xi, i) = \dfrac{\partial V(t, \xi, i)}{\partial t}$, $V_\xi^{\mathrm{T}}(t, \xi, i) = \left[\dfrac{\partial V(t, \xi, i)}{\partial \xi_1}, \cdots, \dfrac{\partial V(t, \xi, i)}{\partial \xi_n}\right]$, $V_{\xi\xi}(t, \xi, i) = \left(\dfrac{\partial^2 V(t, \xi, i)}{\partial \xi_k \partial \xi_j}\right)_{n \times n}$.

对 $\displaystyle\int_G V(t, v(t, x), \gamma(t)) \mathrm{d}x$ 沿着系统 (3.30) 应用广义 Itô 公式得, 对任意的 $t \geqslant t_0$, 有

$$
\begin{aligned}
\int_G V(t, v(t, x), \gamma(t)) \mathrm{d}x = {} & \int_G V(t_0, v_0, \gamma_0) \mathrm{d}x \\
& + \int_G \int_0^t [\mathcal{L}V(s, v(s, x), \gamma(s)) \\
& + V_v^{\mathrm{T}}(s, v, \gamma(s)) \Delta v(s, x)] \mathrm{d}s \mathrm{d}x \\
& + \int_G \int_0^t V_v^{\mathrm{T}}(s, v) g(s, x, v(s, x), \gamma(s)) \mathrm{d}w(s) \mathrm{d}x.
\end{aligned} \tag{3.33}
$$

我们需要证明 $V(t, v, i) \in C^{1,2}(\mathbb{R}_+ \times \mathbb{R}^n \times \mathbb{S}; \mathbb{R}_+)$ 的存在性, 还需要经典 Lyapunov 理论中的一些其他的条件来说明系统 (3.30) 的稳定性. 为了方便, 类似地我们给出以下定义:

定义 3.10 函数 $V \in C^{1,2}(\mathbb{R}_+ \times \mathbb{R}^n; \mathbb{R}_+)$ 被称为关于系统 (3.30) 的 A 类 Lyapunov 函数, 若 $\mathcal{L} \displaystyle\int_G V(t,v,i)\mathrm{d}x \leqslant 0$; 被称为关于 (3.30) 的 B 类 Lyapunov 函数, 若 $\mathcal{L} \displaystyle\int_G V(t,v,i)\mathrm{d}x \leqslant -b \displaystyle\int_G V(t,v,i)\mathrm{d}x$, 其中 $b > 0$.

下面关于图论的基本概念和定理可参见文献 [79,80]. 一个有向图 $\mathcal{G} = (V, E)$ 包含一个顶点集合 $V = \{1, 2, \cdots, n\}$ 和一个弧集合 E, 弧 (i, j) 从始点 i 指向终点 j. 子图 $\mathcal{H}$ 被称作图 $\mathcal{G}$ 的生成图, 若 $\mathcal{H}$ 与 $\mathcal{G}$ 有相同的顶点集合. 有向图 $\mathcal{G}$ 被称为加权图, 若每一条弧 (j, i) 都被分配了一个正的权重 a_{kj}, 这里 $a_{kj} > 0$ 当且仅当在 $\mathcal{G}$ 中存在一条从顶点 j 到顶点 i 的弧. 图 $\mathcal{G}$ 的权重 $W(\mathcal{G})$ 是所有弧上权重之和. 图 $\mathcal{G}$ 中的有向通路 $\mathcal{P}$ 是一个有着不同顶点 $\{i_1, i_2, \cdots, i_m\}$ 的子图, 它的弧集合是 $\{(i_k, i_{k+1}): k = 1, 2, \cdots, m-1\}$. 若 $i_m = i_1$, 我们称 $\mathcal{P}$ 是一个有向圈. 一个连通子图 $\mathcal{T}$ 被称作一棵树如果其中没有形成环, 树 $\mathcal{T}$ 以顶点 i 为根, 称作根节点, 若 i 不是任意一条弧的终点, 而其他的顶点都是某条弧的终点. 一个有向图 $\mathcal{G}$ 被称作强连通图, 若对于任意两个不同的顶点, 都存在一条从一个到另一个的有向路. 给出一个带有 n 个顶点的加权图 $\mathcal{G}$, 定义权矩阵 $A = (a_{ij})_{n \times n}$, 其中 a_{kj} 表示弧 (j, i) 的权重, 用 0 表示不存在相关的弧, 将带有权矩阵 A 的有向图记为 $(\mathcal{G}, A)$. 加权图 $(\mathcal{G}, A)$ 是平衡的, 若对于所有的有向圈 $\mathcal{C}$ 成立 $W(\mathcal{C}) = W(-\mathcal{C})$, 这里 $-\mathcal{C}$ 表示 $\mathcal{C}$ 的逆, 由图 $\mathcal{C}$ 中的相反方向的弧构成. 对于一个带有环 $\mathcal{C}_{\mathcal{Q}}$ 的单圈图 $\mathcal{Q}$, $\tilde{\mathcal{Q}}$ 表示将 $\mathcal{C}_{\mathcal{Q}}$ 用 $-\mathcal{C}_{\mathcal{Q}}$ 代替得到的单圈图.

假设 $(\mathcal{G}, A)$ 是平衡的, 那么 $W(\mathcal{Q}) = W(\tilde{\mathcal{Q}})$, $(\mathcal{G}, A)$ 的拉普拉斯算子矩阵定义为

$$
L = \begin{bmatrix}
\displaystyle\sum_{k \neq 1} a_{1k} & -a_{12} & \cdots & -a_{1n} \\
-a_{21} & \displaystyle\sum_{k \neq 2} a_{2k} & \cdots & -a_{2n} \\
\vdots & \vdots & \ddots & \vdots \\
-a_{n1} & -a_{n2} & \cdots & \displaystyle\sum_{k \neq n} a_{nk}
\end{bmatrix}.
$$

用 c_k 表示 L 的谱半径.

引理 3.3 (Kirchhoff 的矩阵树定理) 假设 $n \geqslant 2$, 那么

$$
c_k = \sum_{\mathcal{T} \in \mathbb{T}_k} W(\mathcal{T}), \quad k = 1, 2, \cdots, N, \tag{3.34}
$$

其中 $\mathbb{T}_k$ 是 $(\mathcal{G}, A)$ 中以 i 为根节点的所有生成树 $\mathcal{T}$ 的集合.

特别地, 若 $(\mathcal{G}, A)$ 是强连通图, 那么 $c_k > 0$, $k = 1, 2, \cdots, n$.

引理 3.4[80]　假设 $n \geqslant 2$, c_k 如 (3.34) 中定义, 那么下面的等式成立:

$$\sum_{k,j=1}^{n} c_k a_{kj} F_{kj}(x_k, x_j) = \sum_{\mathcal{Q} \in \mathbb{Q}} W(\mathcal{Q}) \sum_{(k,j) \in E(C_{\mathcal{Q}})} F_{kj}(x_k, x_j), \qquad (3.35)$$

这里 $F_{kj}(x_k, x_j), 1 \leqslant k, j \leqslant n$ 是任意函数, $\mathbb{Q}$ 是 $(\mathcal{G}, A)$ 的生成的单圈图的集合, $W(\mathcal{Q})$ 是 $\mathcal{Q}$ 的权重, $C_{\mathcal{Q}}$ 代表 $\mathcal{Q}$ 中的有向圈.

引理 3.5　在假设 3.1 的条件下, 对于所有的 $(t_0, v_0, \gamma_0) \in \mathbb{R}_+ \times (\mathbb{R}^n - \{0\}) \times \mathbb{S}$, 有

$$\mathrm{P}\{\|v(t, x, t_0, v_0, i)\|_G \neq 0, t \geqslant t_0\} = 1,$$

即初始条件不为零时, 系统 (3.30) 的解也几乎不会为零.

证明　若引理是错误的, 那么存在 $t_0 \geqslant 0$, $v_0 \neq 0$, $i \in \mathbb{S}$, 使得 $\mathrm{P}\{\tau < \infty\} > 0$, 这里 τ 表示解是第一个零解的相应时间, 即

$$\tau = \inf\left\{ t \geqslant t_0, \int_G v(t, x, t_0, v_0, \gamma_0) \mathrm{d}x = 0 \right\}.$$

不难找出一个足够大的整数 $k > t_0 \vee (1 + \|v_0\|)$, 使得 $\mathrm{P}\{B\} > 0$, 这里 $B = \{\tau < T, \|v(t, x)\| \leqslant k - 1, (t, x) \in [t_0, \tau] \times G\}$. 考虑到 Lipschitz 条件, 存在一个正数 L_k, 使得对于任意的 $\|v(t, x)\| \geqslant k$, $(t, x, i) \in [t_0, \tau] \times G \times \mathbb{S}$, 有

$$\|f(t, x, v(t, x), i)\|_G \vee \|g(t, x, v(t, x), i)\|_G \leqslant L_k(1 + \|v\|).$$

令 $V(t, v, i) = \|v\|^{-1}$, 我们得出, 对任意的 $\|v(t, x)\| \geqslant k$, $(t, x, i) \in [t_0, \tau] \times G \times \mathbb{S}$, 有

$$
\begin{aligned}
\mathcal{L} \int_G V(t, v(t, x), i) \mathrm{d}x &= \int_G \mathcal{L}V(t, v(t, x), i) \mathrm{d}x \\
&= \int_G \bigg[-\|v\|^{-3} v^{\mathrm{T}} f(t, x, v, i) - \|v\|^{-3} v^{\mathrm{T}} \rho(i) \Delta v(t, x) \\
&\quad + \frac{1}{2} (-\|v\|^{-3} \|g(t, x, v, i)\|^2 + 3\|v\|^{-5} \|v^{\mathrm{T}} g(t, x, v, i)\|^2) \bigg] \mathrm{d}x \\
&\leqslant \int_G [\|v\|^{-2} \|f(t, x, v, i)\| + v\|^{-3} \|g(t, x, v, i)\|^2] \mathrm{d}x \\
&\leqslant \int_G [L_k \|v\|^{-1} + L_k^2 \|v\|^{-1}] \mathrm{d}x = |G| L_k (1 + L_k) \|v\|^{-1}.
\end{aligned}
$$

对于任意的 $\varepsilon \in (0, \|v_0\|)$, 定义一个停止时间 $\tau_\varepsilon = \inf\{t \geqslant t_0 : \|v_0\| \notin (\varepsilon, k)\}$, 运用 Itô 公式得

$$
\mathrm{E}\left[\mathrm{e}^{-L_k(1+L_k)(\tau_\varepsilon \wedge k)} \int_G V(\tau_\varepsilon \wedge k, v(\tau_\varepsilon \wedge k, x), i)\mathrm{d}x\right]
$$

$$
= \|v_0\|^{-1}\mathrm{e}^{-L_k(1+L_k)t_0}|G| + \mathrm{E}\int_{t_0}^{\tau_\varepsilon \wedge k} \mathrm{e}^{-L_k(1+L_k)s}\left[-|G|L_k(1+L_k)\|v(s,x)\|^{-1}\right.
$$

$$
\left. + \int_G V(s, v(s,x), \gamma(s))\mathrm{d}x\right]\mathrm{d}s
$$

$$
\leqslant \|v_0\|^{-1}\mathrm{e}^{-L_k(1+L_k)t_0}|G|.
$$

注意到 $\omega \in B$, 有 $\tau_\varepsilon \leqslant k$, $\|v(\tau_\varepsilon \leqslant k, x)\| = \varepsilon$, 我们得到

$$
\mathrm{E}[\mathrm{e}^{-L_k(1+L_k)k}\varepsilon^{-1}|G|\mathcal{X}_B] \leqslant \|v_0\|^{-1}\mathrm{e}^{-L_k(1+L_k)t_0}|G|.
$$

因此

$$
\mathrm{P}\{B\} \leqslant \varepsilon\|v_0\|^{-1}\mathrm{e}^{-L_k(1+L_k)(k-t_0)}|G|.
$$

由 $\varepsilon \to 0$ 得, $\mathrm{P}\{B\} = 0$, 这与 $\mathrm{P}\{B\} > 0$ 的定义矛盾, 结论成立. □

3.2.2 网络上带有马尔可夫跳变的耦合随机反应扩散系统的全局稳定性

在给出主要结果之前, 我们首先给出一个由带有 $N(N \geqslant 2)$ 个顶点的有向图 $\mathcal{G}$ 描述的网络上带有马尔可夫跳变的随机反应扩散耦合系统, 给每个顶点分配了一个带有马尔可夫跳变的随机反应扩散系统.

$$
\mathrm{d}v_k(t,x) = \left[\rho_k(\gamma(t))\Delta v_k(t,x) + f_k(t,x,v_k(t,x),\gamma(t))\right]\mathrm{d}t
$$

$$
+ g_k(t,x,v_k(t,x),\gamma(t))\mathrm{d}w_k(t), \quad (t,x,\gamma(t)) \in \mathbb{R}_{t_0}^+ \times \Omega \times \mathbb{S}, \quad (3.36)
$$

这里 $v_k(t,x) \in \mathbb{R}^{n_k}$, $f_k : \mathbb{R}_+ \times G \times \mathbb{R}^{n_k} \times \mathbb{S} \to \mathbb{R}^{n_k}$, $g_k : \mathbb{R}_+ \times G \times \mathbb{R}^{n_k \times m_i} \times \mathbb{S} \to \mathbb{R}^{n_k \times m}$. 如果这些系统是耦合的, 令

$$
H_{kj} : \mathbb{R}^{n_k} \times \mathbb{R}^{n_j} \times \mathbb{R} \times \mathbb{S} \to \mathbb{R}^{m_i},
$$

$$
N_{kj} : \mathbb{R}^{n_k} \times \mathbb{R}^{n_j} \times \mathbb{R} \times \mathbb{S} \to \mathbb{R}^{n_k \times m}, \quad k, j = 1, 2, \cdots, N
$$

代表顶点 j 对顶点 k 的影响, 若 $\mathcal{G}$ 中没有从 j 到 k 的弧, 则 $H_{kj} = N_{kj} = 0$. 然后用 $f_k + \sum_{j=1}^n H_{kj}$ 和 $g_k + \sum_{j=1}^n N_{kj}$ 代替 f_k 和 g_k, 我们得到下面在图 $\mathcal{G}$ 上的随机耦合系统:

$$
\mathrm{d}v_k(t,x) = \left[\rho_k(i)\Delta v_k(t,x) + f_k(t,x,v_k(t,x),i) + \sum_{j=1}^N H_{kj}(v_k,v_j,t,i)\right]\mathrm{d}t
$$

$$+ \left[g_k(t, x, v_k(t, x), i) + \sum_{j=1}^{N} N_{kj}(v_k, v_j, t, i) \right] \mathrm{d}w(t),$$

$$(t, x, i) \in \mathbb{R}_{t_0}^+ \times G \times \mathbb{S},$$

$$v_k(t_0, x) = \varphi_k(x), \quad x \in G, \ \gamma(t_0) = \gamma_0,$$

$$\frac{\partial v_k(t, x)}{\partial \mathcal{N}} = 0, \quad (t, x) \in \mathbb{R}_{t_0}^+ \times \partial G. \tag{3.37}$$

不失一般性, 我们假设函数 f_k, g_k, H_{kj} 和 N_{kj} 使得 (3.36) 和 (3.37) 的初始值问题有唯一解和零解 $v(t, x) = [v_1, \cdots, v_n] = 0$. 函数 f_k 和 g_k 满足 Lipschitz 条件和线性增长条件, 常数 $L > 0$. 对 $V_k(t, v_k, i) \in C^{1,2}(\mathbb{R}_+ \times \mathbb{R}^{n_k} \times \mathbb{S}; \mathbb{R}_+)$, 定义一个沿着 (3.37) 的微分算子 $\mathcal{L}V_k(t, v_k, i)$:

$$\mathcal{L}V_k(t, v_k, i) \triangleq \frac{\partial V_k(t, v_k, i)}{\partial t}$$

$$+ \left(\frac{\partial V_k(t, v_k, i)}{\partial v_k} \right)^{\mathrm{T}} \left[f_k(t, x, v_k(t, x), i) + \sum_{j=1}^{N} H_{kj}(v_k, v_j, t, i) \right]$$

$$+ \frac{1}{2} \mathrm{Trace} \left\{ \left[g_k(t, x, v_k(t, x), i) + \sum_{j=1}^{N} N_{kj}(v_k, v_j, t, i) \right]^{\mathrm{T}} (V_k(t, v_k))''_{v_k v_j} \right.$$

$$\left. \times \left[g_k(t, x, v_k(t, x), i) + \sum_{j=1}^{N} N_{kj}(v_k, v_j, t, i) \right] \right\} + \sum_{j=1}^{N} \gamma_{kj} V(t, v, j). \tag{3.38}$$

定理 3.3 假设下面的条件成立:

A1. 假设存在正定函数 $V_k(t, \xi, i) \in C^{1,2}(\mathbb{R}_+ \times \mathbb{R}^{n_k} \times \mathbb{S}; \mathbb{R}_+)$, 函数 $F_{kj}(v_k, v_j, t)$ 和常数 $a_{kj} \geqslant 0$, 满足

(I) 存在 $\mu_1, \mu_2 \in \mathcal{KR}$, 使得

$$\mu_1(\|v_k\|) \leqslant \int_G V_k(t, v_k, i)\mathrm{d}x \leqslant \mu_2(\|v_k\|),$$

$$\mathcal{L} \int_G V_k(t, v_k, i)\mathrm{d}x \leqslant \sum_{j=1}^{n} a_{kj} F_{kj}(v_k, v_j, t), \quad t \geqslant t_0, \ k = 1, 2, \cdots, N \tag{3.39}$$

对任意的 $(t, v_k(t, x), i) \in [t_0, \infty) \times \mathbb{S}_h^{n_k} \times \mathbb{S}$ 成立, 这里 $v_k(t, \cdot) \in \mathbb{S}_h^{n_k} = \left\{ \zeta : G \to \right.$

$\left. \mathbb{R}^{n_k} \ \middle| \ \left| \int_G \zeta(x)\mathrm{d}x \right| < h \right\};$

(II) $V_k(t,\xi,i)$ 可分离出变量 $\xi(k=1,2,\cdots,N)$, $i \in \mathbb{S}$;

(III) $\dfrac{\partial^2 V_k(t,\xi,i)}{\partial \xi^2} \geqslant 0$, $k=1,2,\cdots,N,(t,\xi) \in \mathbb{R}_+ \times \mathbb{R}^n$, $i \in \mathbb{S}$.

A2. 在加权图 $(\mathcal{G},A)$ 中的每个有向圈 $\mathcal{C}$ 中, $A=(a_{kj})_{n \times n}$, 有

$$\sum_{(i,j) \in E(\mathcal{C})} F_{kj}(v_k,v_j,t) \leqslant 0, \quad t \geqslant t_0. \tag{3.40}$$

函数 $V(t,v,i) \triangleq \sum\limits_{i=1}^{n} c_k V_k(t,v_k,i)$ 是关于 (3.37) 的 A 类 Lyapunov 函数, 其中 c_k 在 (3.34) 中定义. 此外, 若再加些条件, 系统 (3.37) 的零解是随机稳定的.

A3. 若 $V_k(t,\xi,i)$ 是无边界的, 那么 (3.37) 的零解是随机全局渐近稳定的.

证明 首先, 我们证明系统 (3.37) 的零解是随机稳定的.

对任意的 $\varepsilon_1 \in (0,1)$, $\varepsilon_2 \geqslant 0$, 假设 $\varepsilon_2 < h$, 因为 $V_k(t,\xi,i)$ 是连续的, 且 $V_k(t_0,0,i)=0$, 存在 $\delta = \delta(\varepsilon_1,\varepsilon_1,t_0) > 0$, 使得

$$\frac{1}{\varepsilon_1} \sup(t,x) \in \mathbb{S}_\delta^n \int_G V(t_0,v(t,x),i)\mathrm{d}x \leqslant \mu^*(\varepsilon_2), \tag{3.41}$$

其中 $n = n_1 + n_2 + \cdots + n_N, \mu^* \in \mathcal{KR}$.

由条件 (I) 和 (3.41), 可得 $\delta < \varepsilon_2$. 对任意的 $(v_0,i) \in \mathbb{S}_\delta^n \times \mathbb{S}$, 记 $\bar{v}(t) = \int_G v(t,x,t_0,v_0,i)\mathrm{d}x$, τ 表示 $\bar{v}(t)$ 逃离 $\mathbb{S}_{\varepsilon_2}^n$ 的第一时间, 即

$$\tau = \inf\{t \geqslant t_0 | \bar{v}(t) \notin \mathbb{S}_{\varepsilon_2}^n\}.$$

对 $\displaystyle\int_G V_k(t,v_k(t,x),i)\mathrm{d}x$ 沿着系统 (3.37) 应用 Itô 公式得, 对任意的 $t \geqslant t_0$, 有

$$\int_G V_k(\tau \wedge t, v_k(\tau \wedge t, x), \gamma(\tau \wedge t))\mathrm{d}x$$

$$= \int_G V_k(t_0,v_{k0},\gamma_0)\mathrm{d}x + \int_{t_0}^{\tau \wedge t} \int_G \mathcal{L}V_k(s,v_k(s,v,t_0,v_{k0},i))\mathrm{d}x\mathrm{d}s$$

$$+ \int_{t_0}^{\tau \wedge t} \int_G \left(\frac{\partial V_k(t,v_k,i)}{\partial v_k}\right)^{\mathrm{T}} \Delta v_k(s,x)\mathrm{d}x\mathrm{d}s$$

$$+ \int_{t_0}^{\tau \wedge t} \int_G \left(\frac{\partial V_k(t,v_k,i)}{\partial v_k}\right)^{\mathrm{T}} \Bigg[g_k(t,x,v_k(t,x,t_0,v_{k0},i))$$

$$+ \sum_{j=1}^{N} N_{kj}(v_k,v_j,t,i) \Bigg] \mathrm{d}x\mathrm{d}w(t). \tag{3.42}$$

由假设条件 A1(II), 有 $\dfrac{\partial^2 V_k(t,\xi)}{\partial \xi_k \partial \xi_j} = 0$ $(1 \leqslant k, j \leqslant n, k \neq j)$, 由分部积分法, 假设
条件 A1(II), A1(III) 和 (3.37) 的边界条件得

$$\int_G \left(\frac{\partial V_k(t,v_k,i)}{\partial v_k}\right)^{\mathrm{T}} \Delta v_k(t,x)\mathrm{d}x \leqslant 0. \tag{3.43}$$

此外, 由 $\dfrac{\partial V_k(t,v_k,i)}{\partial v_k}$ 在 $[t_0, \tau \wedge t] \times \mathbb{S}_h^{\mathbb{R}^{n_k}} \times \mathbb{S}$ 上的连续性, 必然存在常数
$L_1 > 0$, 使得 $\left\|\left(\dfrac{\partial V_k(t,v_k,i)}{\partial v_k}\right)^{\mathrm{T}}\right\| \leqslant L_1$ 对 $(t,v,i) \in [t_0, \tau \wedge t] \times \mathbb{S}_h^{\mathbb{R}^{n_k}} \times \mathbb{S}$ 成立, 因
为 $g_k(t,x,v_k(t,x),i)$ 满足线性增长条件, 我们可得, 对 $(t,v(t,x)) \in [t_0, \tau \wedge t] \times \mathbb{S}_h^{\mathbb{R}^{n_k}}$,
有

$$\left\|\left(\frac{\partial V_k(t,v_k,i)}{\partial v_k}\right)^{\mathrm{T}} g_k(t,x,v_k(t,x),i)\right\|_G \leqslant L_1 L(1 + \|v_k(t,x)\|_G) \leqslant L_1 L(1 + h).$$

由参考文献 [29] 第 49 页中定理 1.45, 有

$$\mathrm{E}\bigg[\int_{t_0}^{\tau \wedge t} \int_G \left(\frac{\partial V_k(t,v_k,i)}{\partial v_k}\right)^{\mathrm{T}} \bigg(g_k(t,x,v_k(t,x,t_0,v_{k0}),i) \\ + \sum_{j=1}^N N_{kj}(v_k,v_j,t,i)\bigg)\mathrm{d}x\mathrm{d}w(t)\bigg] = 0. \tag{3.44}$$

另一方面, 由 (3.39) 可得

$$\mathcal{L}\int_G V(t,v,i)\mathrm{d}x = \sum_{i=1}^n c_k \mathcal{L}\int_G V_k(t,v_k,i)\mathrm{d}x \leqslant \sum_{k,j=1} c_k a_{kj} F_{kj}(v_k,v_j,t). \tag{3.45}$$

对于加权图 $(\mathcal{G},A)$, 由引理 3.4 可得

$$\sum_{k,j=1} c_k a_{kj} F_{kj}(v_k,v_j,t) = \sum_{\mathcal{Q} \in \mathbb{Q}} W(\mathcal{Q}) \sum_{(i,j) \in E(C_{\mathcal{Q}})} F_{kj}(v_k,v_j,t). \tag{3.46}$$

考虑到假设条件 A2 和 $W(\mathcal{Q}) > 0$, 我们得到

$$\mathcal{L}\int_G V(t,v,i)\mathrm{d}x \leqslant \sum_{\mathcal{Q} \in \mathbb{Q}} W(\mathcal{Q}) \sum_{(i,j) \in E(C_{\mathcal{Q}})} F_{kj}(v_k,v_j,t) \leqslant 0. \tag{3.47}$$

因此, $V(t,v,i)$ 是关于 (3.37) 的 A 类 Lyapunov 函数. 在方程 (3.42) 两边同时取数学期望, 由 (3.44) 和 (3.45) 有

$$\mathrm{E}\left[\int_G V(\tau \wedge t, v(\tau \wedge t, x), \gamma(\tau \wedge t))\mathrm{d}x\right] \leqslant \int_G V(t_0, v_0, \gamma_0)\mathrm{d}x. \tag{3.48}$$

已经证得 $\|v(\tau \wedge t, x)\|_G = \|v(\tau, x)\|_G = \varepsilon_2$, $\tau \leqslant t$, 由此可得

$$\mathrm{E}\left[\int_G V(\tau \wedge t, v(\tau \wedge t, x), \gamma(\tau \wedge t))\mathrm{d}x\right]$$

$$\geqslant \mathrm{E}\left[I_{\{\tau < t\}} \int_G V(\tau, v(\tau, x), \gamma(\tau))\mathrm{d}x\right] \geqslant \mu^*(\varepsilon_2)\mathrm{P}(\tau \leqslant t).$$

结合 (3.41) 和 (3.48), 我们得到 $\mathrm{P}(\tau \leqslant t) \leqslant \varepsilon_1$, 当 $t \to \infty$ 时, 有

$$\mathrm{P}(\tau \leqslant \infty) \leqslant \varepsilon_1.$$

也就是

$$\mathrm{P}(|\bar{v}(t)| < \varepsilon_2, t \geqslant t_0) \geqslant 1 - \varepsilon_1,$$

即

$$\mathrm{P}(\|v(t, x, t_0, v_0, i)\|_G < \varepsilon_2, t \geqslant t_0) \geqslant 1 - \varepsilon_1.$$

这就说明系统 (3.37) 的零解是随机稳定的.

其次, 我们来证明系统 (3.37) 的零解是随机全局渐近稳定的. 只需证对任意的 v_0, 有

$$\mathrm{P}\left(\lim_{t \to \infty} \|v(t, x, t_0, v_0, i)\|_G = 0\right) = 1. \tag{3.49}$$

对任意的 $\varepsilon \in (0, 1)$, 由于 $V_k(t, \xi, i)$ 是无穷边界的, 对于 $i \in \mathbb{S}$, 我们可以找到 $h > \|v_0\|_G$, 满足

$$\inf_{t \geqslant t_0, \|v\|_G \geqslant h} \int_G V(t_0, v(t, x), i)\mathrm{d}x \geqslant \frac{4}{\varepsilon} \int_G V(t_0, v_0, i)\mathrm{d}x. \tag{3.50}$$

定义停止时间 $\tau_h = \inf\{t \geqslant t_0, \|\bar{v}(t)\| \geqslant h\}$. 利用 Itô 公式, 与得 (3.48) 式的相同方式, 对于 $t \geqslant t_0$, 得到

$$\mathrm{E}\left[\int_G V(\tau_h \wedge t, v(\tau_h \wedge t, x), \gamma(\tau \wedge t))\mathrm{d}x\right] \leqslant \int_G V(t_0, v_0, \gamma_0)\mathrm{d}x. \tag{3.51}$$

由 (3.50) 可得

$$\mathrm{E}\left[\int_G V(\tau_h \wedge t, v(\tau_h \wedge t, x), \gamma(\tau \wedge t))\mathrm{d}x\right] \geqslant \frac{4}{\varepsilon}\mathrm{P}\{\tau_h \leqslant t\} \int_G V(t_0, v_0, \gamma_0)\mathrm{d}x. \tag{3.52}$$

由此可见

$$P\{\tau_h \leqslant t\} \leqslant \frac{\varepsilon}{4},$$

当 $t \to \infty$ 时, 得

$$P\{\tau_h \leqslant \infty\} \leqslant \frac{\varepsilon}{4}.$$

因此

$$P(|\bar{v}(t)| < h, t \geqslant t_0) \geqslant 1 - \frac{\varepsilon}{4}.$$

由参考文献 [75] 第 112—114 页中定理 4.2.3, 可得

$$P(|\bar{v}(t)| = 0) \geqslant 1 - \varepsilon.$$

因此, 由 ε 的任意性知 (3.49) 成立.　　　　　　　　　　　　　　　　□

注意到 $(\mathcal{G}, A)$ 是平衡的, 那么

$$\sum_{k,j=1} c_k a_{kj} F_{kj}(v_k, v_j, t) = \frac{1}{2} \sum_{\mathcal{Q} \in \mathbb{Q}} W(\mathcal{Q}) \sum_{(k,j) \in E(C_{\mathcal{Q}})} [F_{jk}(v_j, v_k, t) + F_{kj}(v_k, v_j, t)].$$

如果用

$$\sum_{(k,j) \in E(C_{\mathcal{Q}})} [F_{jk}(v_j, v_k, t) + F_{kj}(v_k, v_j, t)] \leqslant 0 \tag{3.53}$$

替换假设 A2, 我们得到以下的推论:

推论 3.2　假设 $(\mathcal{G}, A)$ 是平衡的, 那么如果用 (3.53) 代替 (3.40), 定理 3.3 的结论也成立.

注 3.3　网络上带有马尔可夫跳变的反应扩散耦合系统太复杂了, 以至于很难得到它的解析解, 而研究系统的定性问题是重要的. 因此, 如何构造合适的 Lyapunov 函数是很有意义的. 证明显示, 如果系统 (3.37) 的每个顶点系统存在一个全局稳定的零解和一个 Lyapunov 函数 V_k, 那么系统 (3.37) 的 Lyapunov 函数能够被 V_k 系统的构造出来. 特别地, [76] 中给出了当 $\rho_k = 0, m = 1$ 时的一些例子. 当 $g_k = 0, N_{kj} = 0$ $(k, j = 1, 2, \cdots, n)$ 时, 在 [80] 中给出了一些例子.

定理 3.4　假设以下条件成立:

B1. 假设存在正定函数 $V_k(t, \xi, i) \in C^{1,2}(\mathbb{R}_+ \times \mathbb{R}^{n_k} \times \mathbb{S}; \mathbb{R}_+)$, 满足

(I) 存在 $\mu_1, \mu_2 \in KR$, 使得

$$\mu_1(\|v_k\|) \leqslant \int_G V_k(t, v_k, i)\mathrm{d}x \leqslant \mu_2(\|v_k\|) \tag{3.54}$$

对任意的 $(t, v_k(t, x)) \in [t_0, \infty) \times \mathbb{S}_h^{n_k}$ 成立, 其中 $v_k(t, \cdot) \in \mathbb{S}_h^{n_k} = \Big\{ \zeta : G \to$

$\mathbb{R}^{n_k} \Big| \Big| \int_G \zeta(x) \mathrm{d}x \Big| < h \Big\}$;

(II) 对于 $i \in \mathbb{S}$, $V_k(t, \xi, i)$ 可分离出变量 ξ $(k = 1, 2, \cdots, N)$;

(III) $\dfrac{\partial^2 V_k(t, \xi, i)}{\partial \xi^2} \geqslant 0, k = 1, 2, \cdots, N, (t, \xi) \in \mathbb{R}_+ \times \mathbb{R}^n, i \in \mathbb{S}$.

B2. 存在函数 $F_{kj}(v_k, v_j, t)$, 常数 $a_{kj} \geqslant 0$ 和 $b_k > 0$, 使得

$$\mathcal{L} \int_G V_k(t, v_k, i) \mathrm{d}x \leqslant -b_k \int_G V_k(t, v_k, i) \mathrm{d}x + \sum_{j=1}^n a_{kj} F_{kj}(v_k, v_j, t), \qquad (3.55)$$

$t \geqslant t_0, k = 1, 2, \cdots, N$.

B3. 假设条件 A2 成立或者如果 $(\mathcal{G}, A)$ 是平衡的, 且 (3.53) 成立. 那么函数 $V(t, v, i) \triangleq \sum_{i=1}^n c_k V_k(t, v_k, i)$ 是关于 (3.37) 的 B 类 Lyapunov 函数, 其中 c_k 如 (3.34) 中定义, 系统 (3.37) 的零解是渐近概率稳定的.

B4. 每个 $V_k(x, t, i)$ 满足

$$\lim_{\|v_k\| \to \infty} \inf_{t \geqslant t_0} \int_G V_k(t, v_k, i) \mathrm{d}x = \infty,$$

那么系统 (3.37) 的零解是概率全局渐近稳定的.

证明　利用证明定理 3.3 的方法, 可得

$$\mathcal{L} \int_G V(t, v, i) \mathrm{d}x = \sum_{i=1}^n c_k \mathcal{L} \int_G V_k(t, v_k, i) \mathrm{d}x \leqslant -b \int_G V(t, v, i) \mathrm{d}x, \qquad (3.56)$$

其中 $b = \min\{b_1, b_2, \cdots, b_n\}$. 因此, 我们得出函数 $V(t, v, i)$ 是关于 (3.37) 的 B 类 Lyapunov 函数, 令 $C = \max\{c_1, c_2, \cdots, c_n\}$, 由此可得

$$\int_G V(t, v, i) \mathrm{d}x = \sum_{k=1}^n c_k \int_G V_k(t, v_k, i) \mathrm{d}x \leqslant \sum_{k=1}^n C \mu_2(\|v_k\|) \leqslant n C \mu_2(\|v\|), \quad (3.57)$$

其中 $\|v\| = \sum_{i=1}^n \|v_k\|$, 显然 $\|v\| \geqslant \|v_k\|$. 由文献 [75] 中的定理 4.2.3, 系统 (3.37) 的零解是随机渐近稳定的. 此外, 由假设 B4 可得

$$\lim_{\|v\| \to \infty} \inf_{t \geqslant 0} \int_G V(t, v, i) \mathrm{d}x = \lim_{\|v_k\| \to \infty} \inf_{t \geqslant 0} \left(\sum_{i=1}^n c_k \int_G V_k(t, v_k, i) \mathrm{d}x \right) = \infty.$$

则 (3.37) 的零解是概率全局渐近稳定的.   □

定理 3.5 假设以下条件成立:

C1. 假设存在正定函数 $V_k(t, v_k, i) \in C^{1,2}(\mathbb{R}_+ \times \mathbb{R}^{n_k} \times \mathbb{S}; \mathbb{R}_+)$, 常数 $p > 0$, $q_1 > 0$ 和 $q_2 \geqslant 0$, 使得

(I) $V_k(t, v, i)$ 可分离出变量 $v_k(k = 1, 2, \cdots, N)$, $i \in \mathbb{S}$;

(II) 对任意的 $(t, v_k(t, x)) \in [t_0, \infty) \times s_h^{n_k}$,

$$q_1 \|v_k\|_G^p \leqslant \left| \int_G V_k(t, v_k, i) \mathrm{d}x \right| \tag{3.58}$$

成立, 其中 $v_k(t, \cdot) \in s_h^{n_k} = \left\{ \zeta : G \to \mathbb{R}^{n_k} \left| \left| \int_G \zeta(x) \mathrm{d}x \right| < h \right. \right\}$;

(III) 对于任意的 $v_k \neq 0$, $k \in N, (t, x_k) \in \mathbb{R}_+ \times G$, $i \in \mathbb{S}$, 有

$$\left\| \left(\frac{\partial V_k(t, v_k, i)}{\partial v_k} \right)^{\mathrm{T}} \left[g_k(t, x, v_k(t, x, t_0, v_{k0}), i) \right. \right.$$

$$\left. \left. + \sum_{j=1}^N N_{kj}(v_k, v_j, t, i) \right] \right\|_G^2 \geqslant q_2 \|V_k(t, v_k, i)\|_G^2.$$

C2. 存在函数 $F_{kj}(v, v_j, t)$, 常数 $a_{kj} \geqslant 0$ 和 $b_k > 0$, 使得

$$\mathcal{L} \int_G V_k(t, v_k, i) \mathrm{d}x \leqslant -b_k \int_G V_k(t, v_k, i) \mathrm{d}x + \sum_{j=1}^n a_{kj} F_{kj}(v_k, v_j, t), \tag{3.59}$$

$t \geqslant t_0$, $k = 1, 2, \cdots, N$, $i \in \mathbb{S}$, 这里 $\mathcal{L}V_k$ 如 (3.38) 所示.

C3. 假设条件 A2 成立或者如果 $(\mathcal{G}, A)$ 是平衡的且 (3.53) 成立. 那么

$$\limsup_{t \to \infty} \frac{1}{t} \lg \|v(t, x, t_0, v_0, i)\|_G \leqslant \frac{-2 \sum_{k=1}^N c_k b_k - q_2}{2p} \quad \text{a.s.} \tag{3.60}$$

成立, 函数 $V(t, v, i) \triangleq \sum_{i=1}^n c_k V_k(t, v_k, i)$ 是关于 (3.37) 的 B 类 Lyapunov 函数, 其中 c_k 如 (3.34) 中定义, 系统 (3.37) 的零解是几乎确定指数稳定的.

证明 对于任意 $v_{k0} \neq 0$, 记 $v_k(t, x) \triangleq v_k(t, x, t_0, v_{k0})$. 由引理 3.5 可得, $v_k(t, x) \neq 0$ 对 $(t, x) \in (t_0, \infty) \times G$, $i \in \mathbb{S}$ 几乎处处成立. 对 (3.37) 应用 Itô 公式得

$$\mathrm{d} \left(\int_G V_k(t, v_k(t, x), \gamma(t)) \mathrm{d}x \right) = \int_G \mathcal{L} V_k(t, v_k(t, x), i) \mathrm{d}x$$

$$+ \int_G \left(\frac{\partial V_k(t, v_k, i)}{\partial v_k} \right)^{\mathrm{T}} \Delta v_k(t, x) \mathrm{d}x$$

$$+ \int_G \left(\frac{\partial V_k(t, v_k, i)}{\partial v_k} \right)^{\mathrm{T}} \Big[g_k(t, x, v_k(t, x), i)$$

$$+ \sum_{j=1}^N N_{kj}(v_k, v_j, t, i) \Big] \mathrm{d}x \mathrm{d}w(t). \tag{3.61}$$

由假设条件 C1(I), 我们有 $\dfrac{\partial^2 V_k(t, v_k)}{\partial v_k \partial v_j} = 0$ $(1 \leqslant k, j \leqslant n, \; k \neq j)$. 由分部积分法, 假设条件 C1(III) 和边界条件, 我们有

$$\int_G \left(\frac{\partial V_k(t, v_k, i)}{\partial v_k} \right)^{\mathrm{T}} \Delta v_k(t, x) \mathrm{d}x$$

$$= \left(\sum_{m=1}^{n_k} \sum_{j=1}^r \frac{\partial V_k}{\partial v_{km}} D_{mj}(t, x, v) \frac{\partial v_{km}}{\partial x_j} \right)_{\partial G}$$

$$- \int_G \sum_{m=1}^{n_k} \sum_{j=1}^r D_{mj}(t, x, v) \frac{\partial^2 V_k}{\partial v_{km}^2} \left(\frac{\partial v_{km}}{\partial x_j} \right)^2 \mathrm{d}x \leqslant 0, \tag{3.62}$$

其中 $v_k = [v_{k1}, \cdots, v_{kn_k}]^{\mathrm{T}}$. 由条件 C2 和 C3, 利用定理 3.3 的方法, 得到

$$\mathcal{L} \int_G V(t, v, i) \mathrm{d}x = \sum_{i=1}^n c_k \mathcal{L} \int_G V_k(t, v_k, i) \mathrm{d}x$$

$$\leqslant - \sum_{i=1}^n c_k b_k \int_G V_k(t, v_k, i) \mathrm{d}x \leqslant -b \int_G V(t, v, i) \mathrm{d}x, \tag{3.63}$$

这里 $b = \min\{b_1, b_2, \cdots, b_n\}$, 因此函数 $V(t, v, i)$ 是关于 (3.37) 的 B 类 Lyapunov 函数, 由 (3.61)—(3.63) 可得

$$\log \left(\int_G V_k(t, v_k(t, x), i) \mathrm{d}x \right)$$

$$\leqslant \log \left(\int_G V_k(t_0, v_0, \gamma_0) \mathrm{d}x \right) - \sum_{i=1}^n c_k b_k(t - t_0) + M(t)$$

$$- \frac{1}{2} \int_{t_0}^t \frac{\left| \int_G \left(\frac{\partial V_k(s, v_k, i)}{\partial v_k} \right)^{\mathrm{T}} \left[g_k(s, x, v_k(s, x), i) + \sum_{j=1}^N N_{kj}(v_k, v_j, s, i) \right] \mathrm{d}x \right|^2}{\left(\int_G V_k(s, v_k(s, x), i) \mathrm{d}x \right)^2} \mathrm{d}s, \tag{3.64}$$

这里

$$M(t)=\int_{t_0}^{t}\frac{\int_{G}\left(\frac{\partial V_k(s,v_k,i)}{\partial v_k}\right)^{\mathrm{T}}\left[g_k(s,x,v_k(s,x),i)+\sum_{j=1}^{N}N_{kj}(v_k,v_j,s,i)\right]\mathrm{d}x}{\int_{G}V_k(s,v_k(s,x),i)\mathrm{d}x}\mathrm{d}W(s),$$

很明显 $M(t)$ 是一个连续鞅, 当 $i=\gamma_0$ 时, 初始值 $M(t_0)=0$. 令 $\varepsilon\in(0,1)$ 是任意的, 令 $n=1,2,\cdots$, 由指数鞅不等式得

$$\mathrm{P}\left\{\sup_{t_0\leqslant t\leqslant t_0+n}\left[M(t)\right.\right.$$
$$\left.-\frac{\varepsilon}{2}\int_{t_0}^{t}\frac{\left|\int_{G}\left(\frac{\partial V_k(s,v_k,i)}{\partial v_k}\right)^{\mathrm{T}}\left[g_k(s,x,v_k(s,x),i)+\sum_{j=1}^{N}N_{kj}(v_k,v_j,s,i)\right]\mathrm{d}x\right|^2}{\left(\int_{G}V_k(s,v_k(s,x),i)\mathrm{d}x\right)^2}\mathrm{d}s\right]$$
$$\left.>\frac{2}{\varepsilon}\log n\right\}\leqslant\frac{1}{n^2}.$$

由 Borel-Cantelli 引理[53] 知, 容易找到相应的整数 $n_0=n_0(\omega)$, $n\geqslant n_0$, 使得

$$M(t)$$
$$\leqslant\frac{\varepsilon}{2}\int_{t_0}^{t}\frac{\left|\int_{G}\left(\frac{\partial V_k(s,v_k,i)}{\partial v_k}\right)^{\mathrm{T}}\left[g_k(s,x,v_k(s,x),i)+\sum_{j=1}^{N}N_{kj}(v_k,v_j,s,i)\right]\mathrm{d}x\right|^2}{\left(\int_{G}V_k(s,v_k(s,x),i)\mathrm{d}x\right)^2}\mathrm{d}s$$
$$+\frac{2}{\varepsilon}\log n$$

对所有的 $t_0\leqslant t\leqslant t_0+n$ 成立. 将上面的不等式代入 (3.64) 中, 并由条件 C1(III), 可得

$$\log\left(\int_{G}V_k(t,v_k(t,x),i)\mathrm{d}x\right)\leqslant\log\left(\int_{G}V_k(t_0,v_0,\gamma_0)\mathrm{d}x\right)$$
$$-\frac{(1-\varepsilon)q_2+2\sum_{i=1}^{n}c_kb_k}{2}(t-t_0)+\frac{2}{\varepsilon}\log n.$$
$$(3.65)$$

对于 $t_0 \leqslant t \leqslant t_0 + n$, $n \geqslant n_0$ 几乎处处成立. 因此, 对于几乎所有的 $\omega \in \Omega$, 当 $t_0 + n - 1 \leqslant t \leqslant t_0 + n$, $n \geqslant n_0$ 时, 有

$$
\frac{1}{t} \log \left(\int_G V_k(t, v_k(t, x), i) \mathrm{d}x \right)
$$
$$
\leqslant - \frac{(t - t_0)}{2t} \left[(1 - \varepsilon) q_2 + 2 \sum_{i=1}^{n} c_k b_k \right]
$$
$$
+ \frac{\log \left(\int_G V_k(t_0, v_0, \gamma_0) \mathrm{d}x \right) + \frac{2}{\varepsilon} \log n}{t_0 + n - 1} \quad \text{a.s.}, \tag{3.66}
$$

由此推出

$$
\limsup_{t \to \infty} \frac{1}{t} \log \left(\int_G V_k(t, v_k(t, x), i) \mathrm{d}x \right) \leqslant - \frac{(1 - \varepsilon) q_2 + 2 \sum_{i=1}^{n} c_k b_k}{2} \quad \text{a.s.}. \tag{3.67}
$$

结合条件 C1(I), 我们可推出

$$
\limsup_{t \to \infty} \frac{1}{t} \log \| V_k(t, v_k(t, x), i) \| \leqslant - \frac{(1 - \varepsilon) q_2 + 2 \sum_{i=1}^{n} c_k b_k}{2p} \quad \text{a.s.}. \tag{3.68}
$$

因此, 由 $\varepsilon > 0$ 的任意性可得 (3.60) 成立. $\qquad\square$

注 3.4 如果将假设 C2 中的 $b_k > 0$ 换成 $b_k \in \mathbb{R}$ 使得 $2 \sum_{k=1}^{N} c_k b_k < q_2$. 显然, 系统 (3.37) 的零解是几乎必然指数稳定的.

在定理 3.5 中当 $q_1 = \alpha$, $b_k = \lambda$, $q_2 = 0$ 时, 得到以下推论.

推论 3.3 假设以下假设条件成立:

D1. 假设存在正定函数 $V_k(t, v_k, i) \in C^{1,2}(\mathbb{R}_+ \times \mathbb{R}^{n_k} \times \mathbb{S}; \mathbb{R}_+)$ 和常数 $p > 0, \alpha > 0$, 满足

(I) $V_k(t, v, i)$ 可分离出变量 $v_k (k \in N)$, $i \in \mathbb{S}$;

(II) 对任意的 $(t, v_k(t, x)) \in [t_0, \infty) \times \mathbb{S}_h^{n_k}$,

$$
\alpha \| V_k(t, v_k, i) \|_G^p \leqslant \int_G V_k(t, v_k, i) \mathrm{d}x \tag{3.69}
$$

成立, 其中 $v_k(t, \cdot) \in \mathbb{S}_h^{n_k} = \left\{ \zeta : G \to \mathbb{R}^{n_k} \left| \left| \int_G \zeta(x) \mathrm{d}x \right| < h \right. \right\}$;

(III) 对于任意 $v_k \neq 0$, $k \in \mathbb{N}$, $(t, x_k) \in \mathbb{R}_+ \times G$, $i \in \mathbb{S}$, 有

$$
\left\| \left(\frac{\partial V_k(t, v_k, i)}{\partial v_k} \right)^{\mathrm{T}} \left(g_k(t, x, v_k(t, x, t_0, v_{k0}), i) + \sum_{j=1}^{N} N_{kj}(v_k, v_j, t, i) \right) \right\|_G^2
$$

$$
\geqslant q_2 \| V_k(t, v_k, i) \|_G^2.
$$

D2. *存在函数 $F_{kj}(v, v_j, t)$ 和常数 $a_{kj} \geqslant 0$, $\lambda > 0$, 使得*

$$
\mathcal{L} \int_G V_k(t, v_k, i) \mathrm{d}x \leqslant -\lambda \int_G V_k(t, v_k, i) \mathrm{d}x + \sum_{j=1}^{n} a_{kj} F_{kj}(v_k, v_j, t), \tag{3.70}
$$

$t \geqslant t_0$, $k = 1, 2, \cdots, N$, $i \in \mathbb{S}$. 这里 $\mathcal{L}V_k$ 如 (3.38) 中定义.

D3. *条件 A2 成立或者如果 $(\mathcal{G}, A)$ 是平衡的且 (3.53) 成立, 那么*

$$
\limsup_{t \to \infty} \frac{1}{t} \lg \| v(t, x, t_0, v_0, i) \|_G \leqslant \frac{-\lambda \sum_{k=1}^{N} c_k}{p} \quad \text{a.s.} \tag{3.71}
$$

成立, 函数 $V(t, v, i) \triangleq \sum_{i=1}^{n} c_k V_k(t, v_k, i)$ 是关于 (3.37) 的 B 类 Lyapunov 函数, 这里 c_k 如 (3.34) 中定义, 系统 (3.37) 的零解是几乎必然指数稳定的.

下面给出例子说明所得结论的可行性.

考虑以下二维 Itô 型马尔可夫跳变随机反应扩散系统 (3.30) 满足边界条件, 假设 $(\mathcal{G}, A)$ 是强连通的并且是平衡的, 马尔可夫链 $\gamma(\cdot)$ 不依赖于布朗运动 $W(\cdot)$.

$$
\mathrm{d}v_1(t, x) = \Big[\Delta v_1(t, x) + \alpha(\gamma(t)) v_2(t, x) - \alpha(\gamma(t)) v_1(t, x)
$$

$$
- \alpha(\gamma(t)) \sum_{j=1}^{2} a_{1j}(v_1(t, x) - v_j(t, x)) \Big] \mathrm{d}t,
$$

$$
\mathrm{d}v_2(t, x) = \Big[\Delta v_2(t, x) - \alpha(\gamma(t)) v_1(t, x) - 2\alpha(\gamma(t)) v_2(t, x)
$$

$$
+ \alpha(\gamma(t)) \sum_{j=1}^{2} a_{2j}(v_2(t, x) - v_j(t, x)) \Big] \mathrm{d}t
$$

$$
+ \sqrt{\alpha(\gamma(t))} v_2(t, x) \mathrm{d}w(t). \tag{3.72}
$$

构造函数 $V = \left(\int_G v_1(t,x)\mathrm{d}x \right)^2 + \left(\int_G v_2(t,x)\mathrm{d}x \right)^2$, 我们有

$$\int_G v(t,x)\mathrm{d}x \geqslant \frac{1}{\|G\|}\|v\|.$$

此外

$$\mathcal{L}\int_G V\mathrm{d}x = \int_G \mathcal{L}V\mathrm{d}x$$

$$= \alpha(\gamma(t))\int_G [2v_1v_2 - 2v_1^2 - 2v_1v_2 - 4v_2^2 + v_2^2]\mathrm{d}x + \sum_{j=1}^2 a_{kj}F_{kj}(v_k,v_j)$$

$$= -2\alpha(\gamma(t))\int_G V\mathrm{d}x < 0,$$

其中 $F_{kj}(v_k,v_j) = 2\int_G (v_k^2 - v_j^2)\mathrm{d}x$. 容易发现沿着加权图 $(\mathcal{G}, A)$ 的每个有向圈 $\mathcal{C}$, 有

$$\sum_{(k,j)\in E(C_\mathcal{Q})} [F_{jk}(v_j,v_k,t) + F_{kj}(v_k,v_j,t)] = 0.$$

由推论 3.2 可得 $\limsup_{t\to\infty} \frac{1}{t}\lg\|v(t,x,t_0,v_0,i)\|_G \leqslant -2$ a.s.. 因此, 系统 (3.72) 的零解是几乎必然指数稳定的.

3.2.3　本节小结

　　本小节我们研究了马尔可夫跳变网络上耦合随机反应扩散系统的一些稳定性. 首先, 我们提出了一个马尔可夫跳变网络上耦合随机反应扩散系统模型, 然后给出用图论构造马尔可夫跳变网络上耦合随机反应扩散系统的全局 Lyapunov 函数的一个系统方法, 这种方法克服了找耦合系统 Lyapunov 函数的困难. 最后获得了马尔可夫跳变网络上耦合随机反应扩散系统稳定的充分条件. 以后的工作是找出构造网络上耦合脉冲分布参数系统的 Lyapunov 函数的系统方法.

参 考 文 献

[1] Gyöngy I, Rovira C. On L^p-solutions of semilinear stochastic partial differential equations. Stoch. Process. Their Appl., 2000, 90: 83-108.

[2] Alòs E, Bonaccorsi S. Stochastic partial differential equations with Dirichlet white-noise boundary conditions. Ann. I. H. Poincaré-PR38, 2002, 2: 125-154.

[3] Pardoux E, Peng S, Backward doubly stochastic differential equations and system of semilinear SPDEs. Probab. Theory Related Fields, 1994, 98: 209-227.

[4] Jing S, León J A. Semilinear backward doubly stochastic differential equations and SPDEs driven by fractional Brownian motion with Hurst parameter in (0, 1/2). Bulletin Des Sciences Mathématiques, 2011, 135(8): 896-935.

[5] Dozzi M, Maslowski B. Non-explosion of solutions to stochastic reaction-diffusion equations. Zamm-Z Angew Math. Mech., 2002, 82: 11-12, 745-751.

[6] Maity D, Raymond J P, Roy A. Existence and uniqueness of maximal strong solution of a 1D blood flow in a network of vessels. Nonlinear Analysis: Real World Applications, 2022, 63: 103405.

[7] Donati-Martin C, Pardoux E. White noise driven SPDEs with reflection. Probab. Theory Relat. Field., 1993, 95: 1-24.

[8] Kotelenez P. Comparison methods for a class of function valued stochastic partial differential equations. Probab. Theory Relat. Field., 1992, 93: 1-19.

[9] Yue D, Han Q. Delay-dependent exponential stability of stochastic systems with time-varying delays, nonlinearities, and Markovian switching. IEEE Trans. Automatic Control, 2005, 50(2): 217-222.

[10] Yue D, Won S. Delay-dependent robust stability of stochastic systems with time delay and nonlinear uncertainties. Electron. Lett., 2001, 37(15): 992-993.

[11] Yang T. Impulsive System and Control: Theory and Applications. Huntington: Nova Science Publishers, 2001.

[12] Lakshmikantham V, Bainov D D, Simeonov P S. Theory of Impulsive Differential Equations. Singapore: World Scientific, 1989.

[13] Boccaletti S, Latora V, Moreno Y, Chavez M, Hwang D. Complex networks: Structure and dynamics. Physics Reports, 2006, 424: 175-308.

[14] Motter A E, Zhou C, Kurths J. Network synchronization, diffusion, and the paradox of heterogeneity. Phys. Rev. E., 2005, 71: 016116.

[15] Nishikawa T, Motter A, Lai E, Hoppensteadt F. Heterogeneity in oscillator networks: are smaller worlds easier to synchronize. Phys. Rev. Lett., 2003, 91(1): 014101.

[16] Wu C. On the relationship between pinning control effectiveness and graph topology in complex networks of dynamical systems. Chaos, 2008, 18: 037103.

[17] Itô K. Foundations of Stochastic Differential Equations in Infinite Dimensional Spaces. CBMS Notes, Baton Rouge: SIAM, 1984: 47.

[18] Liao X. Methods and applications of stability. Wuhan: Huazhong University of Science and Technology, 1999.

[19] Liao X, Zhao X. Stability of Hopfield neural networks with reaction-diffusion term. Acta Electronica Sinica, 2000, 28: 78-80.

[20] Han W, Kao Y, Wang L. Global exponential robust stability of static interval neural networks with S-type distributed delays. Journal of the Franklin Institute, 2011, 348(8): 2072-2081.

[21] Zhu E, Zhang H, Wang Y, Zou J, Yu Z, Hou Z. P-th moment exponential stability of stochastic Cohen-Grossberg neural networks with time-varying delays. Neural Processing Letters, 2007, 26: 191-200.

[22] Krasovskii N N, Lidskii E A. Analysis and design of controllers in systems with random attributes. Automation and Remote Control, 1961, 22: 1021-1025.

[23] Zhang H, Wang Y. Stability analysis of Markovian jumping stochastic Cohen-Grossberg neural networks with mixed time delays. IEEE Transactions on Neural Networks, 2008, 19: 366-370.

[24] Luo Q, Zhang Y. Almost sure exponential stability of stochastic reaction diffusion systems. Nonlinear Anal. Theory Methods Appl., 2009, 71(12): e487-e493.

[25] Kao Y, Gao C, Han W. Global exponential robust stability of reaction-diffusion interval neural networks with continuously distributed delays. Neural Computing and Applications, 2010, 19: 867-873.

[26] Wang C, Kao Y, Yang G. Exponential stability of impulsive stochastic fuzzy reaction-diffusion Cohen-Grossberg neural networks with mixed delays. Neurocomputing, 2012, 89: 55-63.

[27] Xie L. Output feedback H_∞ control of systems with parameter uncertainty. International Journal of Control, 1996, 63(4): 741-750.

[28] Itô K, Mckean H. Diffusion Processes and Their Sample Paths. Berlin: Springer-Verlag, 1965.

[29] Mao X, Yuan C. Stochastic Differential Equations with Markovian Switching. Lordon: Imperial College Press, 2006.

[30] Karan M, Shi P, Kaya C. Transition probability bounds for the stochastic stability robustness of continuous-and discrete-time Markovian jump linear systems. Automatica, 2006, 42(12): 2159-2168.

[31] Zhang C, Kao Y, Kao B. Stability of Markovian jump stochastic parabolic Itô equations with generally uncertain transition rates. Applied Mathematics and Computation, 2018, 337: 399-407.

[32] Wang Y, Lin P, Wang L. Exponential stability of reaction-diffusion high-order Markovian jump Hopfield neural networks with time-varying delays. Nonlinear Analysis Real World Applications, 2012, 13(3): 1353-1361.

[33] Zhang P, Kao B, Kao Y. Robust sliding mode passive control for uncertain markovian jump discrete systems with stochastic communication delays. Journal of the Franklin Institute, 2023, 360: 14761-14782.

[34] Wang L, Gao Y. Global Exponential robust stability of reaction-diffusion interval neural networks with time-varying delays. Physics Letters A, 2006, 350(5-6): 342-348.

[35] Wang L, Zhang R, Wang Y. Global exponential stability of reaction-diffusion cellular neural networks with S-type distributed time delays. Nonlinear Analysis Real World Applications, 2009, 10(2): 1101-1113.

[36] Arnold L. Random Dynamical Systems. Berlin: Springer-Verlag, 1998.

[37] Gu K. An integral inequality in the stability problem of time-delay systems. Proceedings of the 39th IEEE Conference on Decision Control, Sydney, Australia, 2000, 3: 2805-2810.

[38] Balasubramaniam P, Rakkiyappan R. Delay-dependent robust stability analysis for Markovian jumping stochastic Cohen-Grossberg neural networks with discrete interval and distributed time-varying delays. Nonlinear Analysis: Hybrid Systems, 2009, 3(3): 207-214.

[39] Wang Z, Liu Y, Li M, Liu X. Stability analysis for stochastic Cohen-Grossberg neural networks with mixed time delays. IEEE Transactions on Neural Networks, 2006, 17: 814-820.

[40] Xie L. Stochastic robust stability analysis for Markovian jumping neural networks with time delays. IEEE International Conference on Networking, Sensing and Control, 2005: 923-928.

[41] Wang Z, Liu Y, Liu X. State estimation for jumping recurrent neural networks with discrete and distributed delays. Neural Networks, 2009, 22: 41-48.

[42] Xie J, Kao Y, Wang C. Delay-dependent robust stability of uncertain neutral-type Itô stochastic systems with Markovian jumping parameters. Applied Mathematics and Computation, 2015, 251: 576-585.

[43] Gao Y, Zhou W, Ji C. Globally exponential stability of stochastic neutral-type delayed neural networks with impulsive perturbations and Markovian switching. Nonlinear Dynamics, 2012, 70: 2107-2116.

[44] Mao X. Stochastic Differential Equations and Applications. Chichester: Honwood Publishing Limited, 2007.

[45] Kolmanovskii V, Myshkis A. Applied Theory of Functional Differential Equations. Netherlands: Kluwer Academic, 1992.

[46] Stamova I, Stamov G. Lyapunov-Razumikhin method for asymptotic stability of sets for impulsive functional differential equations. Electronic Journal of Differential Equations, 2008, 2008(48): 1341-1345.

[47] Li X. Uniform asymptotic stability and global stability of impulsive infinite delay differential equations. Nonlinear Analysis Theory Methods and Applications, 2009, 70(5): 1975-1983.

[48] Naghshtabrizi P, Hespanha J, Teel A. Exponential stability of impulsive systems with application to uncertain sampled-data systems. Systems and Control Letters, 2008, 57(5): 378-385.

[49] Xiong J, Lam J. Robust H_2 control of Markovian jump systems with uncertain switching probabilities. International Journal of Systems Science, 2009, 40(3): 255-265.

[50] Song J, Niu Y, Zou Y. Finite-time stabilization via sliding mode control. IEEE Transactions on Automatic Control, 2017, 62(3): 1478-1483.

[51] Chen W, Deng X, Zheng W. Sliding mode control for linear uncertain systems with impulse effects via switching gains. IEEE Transactions on Automatic Control, 2021. DOI: 10.1109/TAC.2021.3073099.

[52] Zhang H, Ji C. Delay-independent globally asymptotic stability of Cohen-Grossberg neural networks. International Journal of Information and Systems Sciences, 2005, 1(3-4): 221-228.

[53] Mao X. Exponential Stability of Stochastic Differential Equations. New York: Marcel Dekker, 1994.

[54] Song Q, Cao J. Stability analysis of Cohen-Grossberg neural network with both time-varying and continuously distributed delays. Journal of Computational and Applied Mathematics, 2006, 197(1): 188-203.

[55] Song Q, Wang Z. Dynamical behaviors of fuzzy reaction diffusion periodic cellular neural networks with variable coefficients and delays. Applied Mathematical Modelling, 2009, 33(9): 3533-3545.

[56] Huang Z, Xia Y. Exponential periodic attractor of impulsive BAM networks with finite distributed delays. Chaos, Solitons and Fractals, 2009, 39(1): 373-384.

[57] Yang T, Yang L. The global stability of fuzzy cellular neural networks. IEEE Trans. Circuits Syst. I, 1996, 43: 880-883.

[58] Yang T, Yang L, Wu C, Chua L O. Fuzzy cellular neural networks: theory. Proceedings of the 4th IEEE International Workshop on Cellular Neural Networks, and Their Applications (CNNA'96), 1996: 181-186.

[59] Liu Y, Tang W. Exponential stability of fuzzy cellular neural networks with constant and time-varying delays. Physics Letters A, 2004, 323(3-4): 224-233.

[60] Yuan K, Cao J, Deng J. Exponential stability and periodic solutions of fuzzy cellular neural networks with time-varying delays. Neurocomputing, 2006, 69(13-15): 1619-1627.

[61] Horn R, Johnson C. Matrix Analysis. London: Cambridge University Press, 1985.

[62] Wang X, Xu D. Global exponential stability of impulsive fuzzy cellular neural networks with mixed delays and reaction-diffusion terms. Chaos Solitons Fractals, 2009, 42: 2713-2721.

[63] Wang X, Guo Q, Xu D. Exponential p-stability of impulsive stochastic Cohen-Grossberg neural networks with mixed delays. Math. Comput. Simulation, 2009, 79: 1698-1710.

[64] Wang J, Lu J. Global exponential stability of fuzzy cellular neural networks with delays and reaction-diffusion terms. Chaos Solitons Fractals, 2008, 38: 878-885.

[65] Cohen M A, Grossberg S. Absolute stability of global pattern formation and parallel memory storage by competitive neural networks. IEEE Transactions on Systems, Man, and Cybernetics, 1983, 13: 815-826.

[66] Zhou F. Exponential stability of stochastic reaction-diffusion general cellular neural network with time-delays. Mathematics in Practice and Theory, 2012, 42(3): 168-179.

[67] Cheng P, Deng F, Peng Y. Robust exponential stability and delayed-state-feedback stabilization of uncertain impulsive stochastic systems with time-varying delay. Communications in Nonlinear Science and Numerical Simulation, 2012, 17(12): 4740-4752.

[68] Luo L, Liu Z. Finite-time robust stochastic stability of uncertain stochastic delayed reaction-diffusion generalized cellular neural networks. Journal of Sichuan Normal University (Natural Science), 2014, 37(2): 1001-8395.

[69] Luo Y, Xia W, Liu G. A new criterion on the global exponential stability for reaction-diffusion cellular neural networks with time-varying delays. ACTA Electronica Sinica, 2008, 36(4): 609-613.

[70] Shen Y, Liao X. Dynamic analysis for generalized cellular neural networks with delay. ACTA Electronica Sinica, 1999, 27(10): 62-64.

[71] Wang D, Gao L, Cai Y. Mean-square exponential stability of impulsive stochastic time-delay systems with delayed impulse effects. International Journal of Control, Automation and Systems, 2016, 14(3): 673-680.

[72] Duan W, Li Y, Chen J. Further stability analysis for time-delayed neural networks based on an augmented Lyapunov functional. IEEE Access, 2019, 7: 104655-104666.

[73] Espejo S, Carmona R, Domínguez-Castro R. A VLSI-oriented continuous-time CNN model. International Journal of Circuit Theory and Applications, 1996, 24: 341-356.

[74] Yang R, Gao H, Shi P. Novel robust stability criteria for stochastic Hopfield neural networks with time delays. IEEE Trans. Syst. Man Cybern. Part B Cybern., 2009, 39(2): 467-474.

[75] Mao X. Stochastic Differential Equation and Applications. Chichester: Horwood Publishing Limited, 1997.

[76] Li W, Su H, Wang K. Global stability analysis for stochastic coupled systems on networks. Automatica, 2011, 47: 215-220.

[77] Zhang L, Boukas E, Lam J. Analysis and synthesis of Markov jump linear systems with time-varying delays and partially known transition probabilities. IEEE Transactions on Automatic Control, 2008, 53(10): 2458-2464.

[78] West D. Introduction to Graph Theory. Upper Saddle River: Prentice Hall, 1996.

[79] Su X, Shi P, Wu L, Song Y. A novel approach to filter design for T-S fuzzy discrete-time systems with time-varying delay. IEEE Transactions on Fuzzy Systems, 2012, 20(6): 1114-1129.

[80] Li M, Shuai Z. Global-stability problem for coupled systems of differential equations on networks. Journal of Differential Equations, 2010, 248: 1-20.

[81] Yuan C, Jiang D, O' Regan D, Agarwal R. Stochastically asymptotically stability of the multi-group SEIR and SIR models with random perturbation. Commun. Nonlinear Sci. Numer. Simul., 2012, 17(6): 2501-2516.

[82] Lin Y, Yeh C. Carrier selection optimization based on multi-commodity reliability criterion for a stochastic logistics network under a budget constraint. Int. J. Innovative Comput. Inf. Control, 2012, 8(8): 5439-5453.

[83] Basin M, Loukianov A, Hernandez-Gonzalez M. Mean-square joint state and noise intensity estimation for linear stochastic systems. Int. J. Innovative Comput. Inf. Control, 2011, 7(1): 327-334.

"现代数学基础丛书"已出版书目

(按出版时间排序)